化学工业出版社"十四五"普通高等

国家级一流本科专业建设成果教材

工程施工组织

GONGCHENG
SHIGONG ZUZHI

纪凡荣　宋春花　主编

化学工业出版社
·北京·

内容简介

《工程施工组织》依据《高等学校工程管理本科指导性专业规范》编写，系统介绍了工程施工组织的原理及施工组织的过程。本书共分三大部分：第 1~4 章为基本理论，主要介绍施工组织的概念、施工工期定额、流水施工及网络计划原理；第 5~15 章为全过程的施工组织，涉及项目投标、组织设计、劳务管理、项目策划、施工计划、施工准备、机械选择、场地布置、施工方案编制、施工部署以及进度控制；第 16 章为施工组织的三个常见实验，包含施工进度实验、施工场地布置实验、施工工艺模拟实验。

本书按照全过程施工组织顺序进行编写，理论与实践结合，部分内容编写了算例，同时将新法规标准、工期定额、BIM 技术等融入不同章节中。

本书可以作为全国高等院校工程管理、工程造价、土木工程、智能建造等专业的教材，也可以供相关工程技术从业人员参考使用。

图书在版编目（CIP）数据

工程施工组织 / 纪凡荣，宋春花主编. -- 北京：
化学工业出版社，2025. 6. -- （化学工业出版社"十四
五"普通高等教育规划教材）. -- ISBN 978-7-122
-47960-0

Ⅰ. TU721

中国国家版本馆 CIP 数据核字第 2025R7L336 号

责任编辑：刘丽菲　　　　　　　　　　文字编辑：刘雷鹏
责任校对：王鹏飞　　　　　　　　　　装帧设计：刘丽华

出版发行：化学工业出版社
　　　　　（北京市东城区青年湖南街 13 号　邮政编码 100011）
印　　装：高教社（天津）印务有限公司
787mm×1092mm　1/16　印张 14　字数 325 千字
2025 年 8 月北京第 1 版第 1 次印刷

购书咨询：010-64518888　　　　　　　售后服务：010-64518899
网　　址：http://www.cip.com.cn
凡购买本书，如有缺损质量问题，本社销售中心负责调换。

定　　价：45.00 元

本书编写人员

主　编：纪凡荣　宋春花

副主编：李永福　曾大林　高会芹

参　编：李　颖　耿　帅　滕秀秀　王　伟

前言

像做设计一样预先进行施工阶段的工程组织设计，是工程施工组织的本意。随着新质生产力的发展，建筑业已经进入了具有高科技、高效能、高质量特征的发展时期。建筑行业作为推动国家经济发展与社会进步的重要力量，正经历着深刻而全面的变革。本书作为建筑类专业的核心课程教材，对培养新时代高素质建筑人才有重要作用。本书编写积极贯彻落实党的二十大精神，以"培根铸魂、守正创新、培育德艺双馨的建筑人才""启智增慧、自信自立、构建系统全面的知识体系"为根本出发点，按照理论-实践-实验的逻辑，系统介绍了工程施工组织的原理及施工组织的过程。具有以下特色：

（1）具有高阶性，将科教融汇、产教融合等案例内容嵌入教材，按照全过程施工组织顺序进行编写，理论与实践、科研与教学相结合，部分内容编写了算例。

（2）体现创新性，将新标准、新技术、新思想融入教材，将新质生产力、新法规标准、工期定额、BIM 技术等编入书中。

（3）富有挑战度，将工程施工组织相关实验编入教材，提供施工进度、施工场地布置、施工工艺模拟三个施工组织实验的拓展学习内容。

（4）数字资源。本书配有电子课件、在线习题拓展阅读等数字资源，读者可扫二维码查看。

本书编写获山东建筑大学教材建设基金资助，是山东京博控股集团有限公司与教育部产学合作协同育人项目"基于业主视角的建筑施工组织课程建设研究（202002204023）"、山东省本科高校教学改革研究项目"基于 BIM+CDIO 的建筑工程管理虚拟仿真教学实验研究（Z2021095)"、山东省重点研发计划（重大科技创新工程）"绿色智能建造和建筑工业化关键技术、成套设备及应用（2021CXGC011204）"、山东省优质专业学位教学案例库建设项目"建筑数字化原理与技术应用教学案例库（SDYAL2023163）"项目成果之一。

本书由山东建筑大学和山东华宇工学院的纪凡荣、宋春花、李永福、曾大林、高会芹、李颖、耿帅、滕秀秀、王伟等共同编写。纪凡荣、宋春花负责统稿。

由于编者水平所限，不当之处敬请批评指正。欢迎提出宝贵意见和建议，在此表示衷心的感谢。

编者

2025 年 1 月

目录

第1章
施工组织概论

工程是人类为了特定目的，依据自然规律，有组织地改造客观世界的活动。据考证，我国最早的"工程"一词出现在南北朝时期，主要指土木工程。在国外，"工程"这个术语和概念也有较长的演变历史。就工程活动而言，国外最早是指军事设施的建造活动，后来把民用工程，如修建运河、道路、灯塔、城市排水系统等纳入其中。

工程施工组织课程起源于苏联，是为了收集整理施工的先进管理经验并推广应用而设置的。工程施工组织课程的发展请扫二维码学习了解。

工程施工组织
课程的发展

1.1 工程施工组织的内涵

1.1.1 工程施工组织的概念

随着技术的进步，城市更新、新型城镇化的发展，为摆脱传统生产力发展路径，保证施工过程能够按计划目标顺利实施，必须进行科学的施工管理。工程施工组织有两个任务，一是根据生产的特点，从理论上阐述工程施工组织的原理；二是探索工程施工组织的系统管理和协调技术。

工程施工组织就是为了完成施工任务，确定由谁来完成任务以及如何管理和协调这些任务的过程。工程施工组织有两个方面的内涵，一是施工过程的组织。施工是工程项目生命期的重要阶段，施工单位为完成任务所做的计划和控制工作就属于工程施工组织的内容。二是指一个综合性的组织设计文件。《建筑施工组织设计规范》（GB/T 50502）对施工组织设计的定义如下：以施工项目为对象编制的，用以指导施工的技术、经济和管理的综合性文件。对组织设计的理解需要结合语境。在管理的语境下，"组织设计"的含义是设计出或构造出一个组织，也就是将个体化的人结构化、系统化，赋予其管理职能，规范其工作流程，从而去完成一个特定的使命；而在施工组织的语境下，"施工组织设计"的含义不仅是"设计出一个施工组织"，还是一个施工计划的文本，它具有技术意义、经济意义和合同意义，也是施工单位完成其承包任务的体系化文件。其内涵如图1-1所示。

面对新一轮科技革命和产业变革，中国倡导培育壮大新兴产业，超前布局未来产业，完善现代化产业体系，大力发展新质生产力。要坚持从实际出发，先立后破、因地制宜、分类指导，根据本地资源禀赋、产业基础、科研条件等，发展新质生产力。新质生产力涵盖施工工人、各类企业及相关部门的新劳动者；涵盖施工所需的软件、智能生产设备、原材料的新劳动资料；涵盖装配式建筑的生产过程及最终产品的新劳动对象，以及科学技术、科学管理、劳动热情等非实体生产资料。新质生产力与工程施工组织的关系如图 1-2 所示。

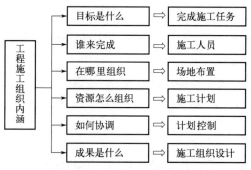

图 1-1　工程施工组织的内涵

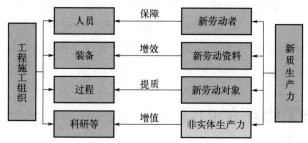

图 1-2　新质生产力与工程施工组织的关系

新质生产力通过新建造、新服务、新业态等"新"的业务方式，通过高质量、高科技、高效能等"质"的要求，通过可量化、可达成、可持续等方面"力"的效果，驱动新质生产力中"生产"所形成的"决策→设计→生产→施工→运营→拆除"工程施工组织过程。新质生产力驱动下的工程施工组织如图 1-3 所示。

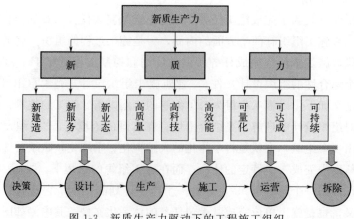

图 1-3　新质生产力驱动下的工程施工组织

1.1.2　工程施工组织设计的作用

工程施工组织设计是工程项目施工生产活动的依据，是实行施工全过程科学管理的重要手段。施工组织设计的作用主要表现在以下几个方面：

① 施工组织设计是实现建设计划，沟通工程设计和施工之间的桥梁，它既要体现拟建工程的设计和使用要求，又要符合施工的客观规律，对施工的全过程起战略部署或战术安排的作用；

② 科学地进行组织施工，建立正常的施工程序，有利于有计划地开展各项施工过程；

③ 保证各阶段施工准备工作及时地进行，指导各项施工准备工作；

④ 保证劳动力、机具设备、物资材料等各项资源的供应和使用；

⑤ 协调各协作单位、各施工单位、各工种、各种资源以及资金、时间和空间等各方面在施工程序、施工现场布置和使用上的相互关系；

⑥ 明确施工重点和影响工程进度的关键施工过程，并提出相应的技术、质量和安全施工措施，从而保证施工顺利进行，按期保质保量完成施工任务。

一个科学的施工组织设计，如能够在工程施工中得到贯彻实施，必然能够统筹安排施工的各个环节，协调好各方面的关系，使复杂的施工过程有条理地按科学程序顺利进行，从而保证建设项目的各项指标得以实现。

1.1.3　组织施工的原则

（1）贯彻工程建设法律法规

为促进建筑业健康发展，我国制定了各项方针和政策以及法律、法规和操作规程，如施工许可制度、从业资格管理制度、招标投标制度、工程总承包制度、建筑安全生产管理制度、工程质量责任制度、竣工验收制度等。在组织项目施工时，必须遵循相关法律法规，保证项目施工过程是合法的。

（2）严格执行国家规范标准

要严格执行施工验收规范、操作规程和质量检验评定标准，从各方面制订保证质量的措施，预防和控制影响工程质量的各种因素，建造满足用户要求的优质工程。

（3）尽量采用流水施工

组织流水施工，是现代工程施工组织的行之有效的施工组织方法。组织流水施工可以使工程施工连续地、均衡地、有节奏地进行，能够合理地使用人力、物力和财力，能多、快、好、省、安全地完成工程建设任务。

（4）合理布置施工现场平面

合理进行施工现场的平面布置，是组织施工的重要环节。在布置施工现场平面时，应尽量减少临时工程、减少施工用地、降低工程成本；尽量利用正式工程、原有或就近已有设施，做到暂设工程与既有设施相结合、与正式工程相结合；同时，要注意因地制宜、就地取材、减少消耗、降低生产成本。

（5）合理安排施工顺序

工程建设程序和施工顺序是生产过程中的固有规律，其既不是人为任意安排的，也不会随着建设地点的改变而改变，而是由建设规律所决定的。要组织好工程建设，必须使工程项目建设中各阶段和各环节的工作紧密衔接、相互促进，避免不必要的重复工作，加快施工进度，缩短工期。

（6）采用先进的施工技术

先进的施工技术是提高劳动生产率、改善工程质量、加快施工速度、降低工程成本的重要源泉。因此，在组织项目施工时，必须注意结合具体的施工条件，广泛地吸收国内外先进的、成熟的施工方法和劳动组织等方面的经验，尽可能地采用先进的施工技术，提高项目施工的技术经济效益。

（7）合理选择施工方案

每项工程的施工都可能存在多种可行的方案供选择，在选择时要注意从实际条件出发，在确保工程质量和生产安全的前提下，使方案在技术上是先进的、在经济上是合理的。

（8）提高机械化水平

施工是消耗巨大社会劳动的物质生产部门之一。以机械代替手工劳动，特别是在大面积场地平整、大量土方开挖、装卸、运输、吊装以及混凝土制作、墙体砌筑等繁重劳动的施工过程中，实行机械化和装配化施工可以降低劳动强度、提高劳动生产率、加快施工速度，是降低工程成本、提高经济效益的有效手段。

（9）科学地安排冬雨季施工

由于施工生产露天作业的特点，因此拟建工程项目的施工必然受气候和季节的影响，冬季的严寒和夏季的多雨都不利于施工的正常进行。科学地安排冬雨季施工，有利于保持施工的均衡性和连续性。

1.2　建设项目划分

1.2.1　建设项目的构成

凡是按一个总体设计组织施工，建成后具有完整的运行系统，可以独立地形成生产能力或使用价值的建设工程，称为一个建设项目。在工业建设中，一般以一个企业为一个建设项目，如一个纺织厂、一个钢铁厂等。在民用建设中，一般以一个事业或企业单位为一个建设项目，如一所学校、一所医院等。大型分期建设的工程可以分为几个总体设计，可有几个建设项目。一个建设项目，按其复杂程度通常分成下列工程内容。

（1）单项工程

凡是具有独立的设计文件，竣工后可以独立发挥生产能力或效益的工程，称为一个单项工程。一个建设项目，可由几个单项工程组成，也可由若干个单项工程组成。例如：工业建设项目中，各个独立的生产车间、实验楼、各种仓库等；民用建设项目中，学校的教学楼、实验室、图书馆、学生宿舍等，这些都可以称为一个单项工程。

（2）单位工程

凡是具有单独设计，可以独立施工，但完工后不能独立发挥生产能力或效益的工程，称为一个单位工程。一个单项工程一般由若干个单位工程组成。例如：一个复杂的生产车间，一般由土建工程、管道安装工程、设备安装工程、电气安装工程等单位工程组成。

（3）分部工程

一个单位工程可以由若干个分部工程组成。例如：一幢房屋的土建单位工程，按结构或构造部位划分，可以分为基础工程、主体结构工程、屋面工程、装修工程等分部工程；按工种工程划分，可以分为土（石）方工程、桩基工程、混凝土工程、砌筑工程、防水工程、抹灰工程等分部工程。

（4）分项工程

一个分部工程可以划分为若干个分项工程，为方便组建施工班组或工作队，分项工程通常按施工内容或施工方法来划分。例如：房屋的基础分部工程，可以划分为基槽（坑）挖土、混凝土垫层、基础砌筑、回填土等分项工程。以某学校新校区为例，建设项目划分如图 1-4 所示。

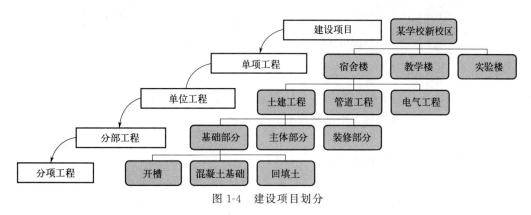

图 1-4　建设项目划分

1.2.2　建设项目划分标准

不同的标准对建设项目有不同的划分。根据《房屋建筑与装饰工程工程量计算规范》（GB 50854）的规定，建筑工程划分为 17 个分部工程：土石方工程，地基处理与边坡支护工程，桩基工程，砌筑工程，混凝土及钢筋混凝土工程，金属结构工程，木结构工程，门窗工程，屋面及防水工程，保温、隔热、防腐工程，楼地面装饰工程，墙、柱面装饰与隔断、幕墙工程，天棚工程，油漆、涂料、裱糊工程，其他装饰工程，拆除工程，措施项目。根据《建筑工程施工质量验收统一标准》（GB 50300），建筑工程划分为地基与基础、主体结构、建筑装饰装修、屋面、建筑给排水及供暖、通风与空调、建筑电气、智能建筑、建筑节能、电梯等分部工程。

1.3　建设程序

建设程序是指有关行政部门或主管单位按投资建设客观规律、项目周期各阶段的内在联系和特点，对工程项目投资建设的步骤、时序和工作深度等提出的管理要求。按建设程序办事，目的在于确保工程建设循序渐进、有条不紊地进行，收到预期效果。

工程项目建设程序由客观规律性程序和主观调控性程序构成。客观规律性程序是指由工程项目投资建设内在联系所决定的先后顺序。例如，先勘察、后设计，先设计、后施工，先竣工验收、后投产运营等。对于某些先后程序衔接较好的工程项目，可视具体情况允许上下道程序合理交叉，以节省建设时间。主观调控性程序是指有关行政管理部门按其调控意愿和职能分工制订的管理程序。例如，政府投资项目先评估、后决策，先审批、后建设等。这些程序具有行政强制约束作用，项目单位不得绕过或逃避管理程序违规建设。一般的建设程序如图 1-5 所示。

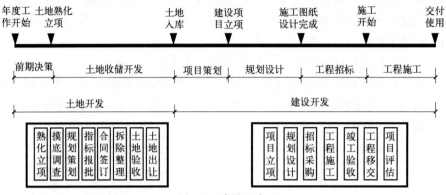

图 1-5　建设程序

政府投资主管部门依据相关法律、法规和规定对不同投资主体建设的工程项目实行分类管理，将工程项目划分为审批制项目、核准制项目和备案制项目。项目类型不同，其相应的建设管理程序有所不同。

（1）审批制项目行政管理程序

《国务院关于投资体制改革的决定》要求，对使用政府性资金投资建设的项目，实行审批制管理。各级政府投资主管部门，如发展改革部门，牵头负责政府投资项目的审批工作。政府其他管理部门，如城乡规划、国土资源、环境保护等部门，会同投资主管部门建立项目管理联动机制，分别在各自职能范围内对项目实行管理。

审批制项目的具体行政管理程序，在《国务院办公厅关于加强和规范新开工项目管理的通知》中有明确规定：实行审批制的政府投资项目，第一步，项目单位应向发展改革等项目审批部门报送项目建议书；第二步，项目单位依据项目建议书批复文件分别向城乡规划、国土资源和环境保护部门申请办理规划选址、用地预审和环境影响评价审批手续；第三步，项目单位向发展改革等项目审批部门报送可行性研究报告，并附规划选址、用地预审和环境影响评价审批文件；第四步，项目单位依据可行性研究报告批复文件，向城乡规划部门申请办理规划许可手续，向国土资源部门申请办理正式用地手续；最后，项目单位依据相关批复文件，向建设主管部门申请办理项目开工手续。项目单位提供的相关项目文件、报告等，必须满足国家发展改革委和其他行政管理部门颁布的一系列相关标准、规程和格式要求。

例如某项目的立项文件为，工程可行性研究报告及相关支撑性专题报告。具体相关支撑性专题报告包括《环境影响评价报告》《客流预测报告》《安全预评价报告》《压覆重要矿产资源评估报告》《地质灾害危险性评估报告》《节能评估报告》《水土保持方案报告》《防洪评价研究报告》《地震安全性评价报告》《社会稳定风险分析报告》《社会稳定风险评估报告》《工程可行性研究勘察报告》《交通一体化衔接规划设计》《用地预审文件》《规划选址文件》《泉水环境影响评价报告》《文物保护专题报告》等。

（2）核准制项目行政管理程序

《国务院办公厅关于加强和规范新开工项目管理的通知》明确规定了核准制项目的

行政管理程序：实行核准制的企业投资项目，第一步，项目单位分别向城乡规划、国土资源和环境保护部门申请办理规划选址、用地预审和环境影响评价审批手续；第二步，完成相关手续后，项目单位向发展改革等项目核准部门报送核准项目申请报告，并附规划选址、用地预审和环境影响评价审批文件；第三步，项目单位依据项目核准文件，向城乡规划部门申请办理规划许可手续，向国土资源部门申请办理正式用地手续；第四步，项目单位依据相关批复文件，向建设主管部门申请办理项目开工手续。核准制项目在办理各项行政管理手续过程中，应按政府主管部门的相关标准、规范和格式准备各类项目文件和报告。

（3）备案制项目行政管理程序

备案制项目由企业自主决策，但需向政府备案管理部门提交备案申请，履行备案手续后方可办理其他手续。《国务院办公厅关于加强和规范新开工项目管理的通知》明确规定了备案制项目的行政管理程序：实行备案制的企业投资项目，项目单位必须首先向发展改革等备案管理部门办理备案手续；备案后分别向城乡规划、国土资源和环境保护部门申请办理规划选址、用地和环境影响评价审批手续；最后，项目单位依据相关批复文件，向建设主管部门申请办理项目开工手续。

在企业投资项目备案过程中，政府备案管理部门应按国家有关规定，在投资者提交项目相关文件和报告等资料后，在确定的期限内完成备案手续。备案项目文件的具体内容和格式等，由各级发展改革部门根据本地实际情况确定。是否允许备案，以国家产业政策、技术政策等为判断标准，国家法律、法规和国务院专门规定禁止投资的项目不予备案。

另外，根据《企业投资项目核准和备案管理办法》项目备案（核准）通过全国投资项目在线审批监管平台实行网上受理、办理、监管和服务，实现核准、备案过程和结果的可查询、可监督。

（4）外商投资项目行政管理程序

外商投资项目，包括中外合资、中外合作、外商独资、外商投资合伙、外商并购境内企业、外商投资企业增资及再投资项目等各类外商投资项目。外商投资项目，依据国家发展改革委颁布的《外商投资项目核准和备案管理办法》进行核准。

外商投资项目管理分为核准和备案两种方式。根据《政府核准的投资项目目录（2013 年本）》（以下简称《核准目录》），实行核准制的外商投资项目的范围为：

①《外商投资产业指导目录》中有中方控股（含相对控股）要求的总投资（含增资）3 亿美元及以上鼓励类项目，总投资（含增资）5000 万美元及以上限制类（不含房地产）项目，由国家发展和改革委员会核准。

②《外商投资产业指导目录》限制类中的房地产项目和总投资（含增资）5000 万美元以下的其他限制类项目，由省级政府核准。《外商投资产业指导目录》中有中方控股（含相对控股）要求的总投资（含增资）3 亿美元以下鼓励类项目，由地方政府核准。

③ 前两项规定之外的属于《核准目录》第一至十一项所列的外商投资项目，按照《核准目录》第一至十一项的规定核准。

④ 由地方政府核准的项目，省级政府可以根据本地实际情况具体划分地方各级政府的核准权限。由省级政府核准的项目，核准权限不得下放。

范围以外的外商投资项目由地方政府投资主管部门备案。

外商投资项目备案需符合国家有关法律法规、发展规划、产业政策及准入标准，符合《外商投资产业指导目录》《中西部地区外商投资优势产业目录》。

按核准权限属于国家发展和改革委员会核准的项目，由项目所在地省级发展改革部门提出初审意见后，向国家发展和改革委员会报送项目申请报告；计划单列企业集团和中央管理企业可直接向国家发展和改革委员会报送项目申请报告，并附项目所在地省级发展改革部门的意见。

拟申请备案的外商投资项目需由项目申报单位提交项目和投资方基本情况等信息，并附中外投资各方的企业注册证明材料、投资意向书及增资、并购项目的公司董事会决议等其他相关材料。

(5) 境外投资项目行政管理程序

境外投资是指中华人民共和国境内企业（以下称"投资主体"）直接或通过其控制的境外企业，以投入资产、权益或提供融资、担保等方式，获得境外所有权、控制权、经营管理权及其他相关权益的投资活动。实行核准管理的范围是投资主体直接或通过其控制的境外企业开展的敏感类项目。核准机关是国家发展改革委。实行备案管理的范围是投资主体直接开展的非敏感类项目，也即涉及投资主体直接投入资产、权益或提供融资、担保的非敏感类项目。

依据《企业境外投资管理办法》，实行核准管理的项目，投资主体应当通过国家发展改革委建立的境外投资管理和服务网络系统（以下称"网络系统"），向核准机关提交项目申请报告并附具有关文件。其中，投资主体是中央管理企业的，由其集团公司或总公司向核准机关提交；投资主体是地方企业的，由其直接向核准机关提交。对符合核准条件的项目，核准机关应当予以核准，并向投资主体出具书面核准文件。对不符合核准条件的项目，核准机关应当出具不予核准书面通知，并说明不予核准的理由。

实行备案管理的项目，投资主体应当通过网络系统向备案机关提交项目备案表并附具有关文件。其中，投资主体是中央管理企业的，由其集团公司或总公司向备案机关提交；投资主体是地方企业的，由其直接向备案机关提交。备案机关在受理项目备案表之日起7个工作日内向投资主体出具备案通知书。备案机关发现项目违反有关法律法规、违反有关规划或政策、违反有关国际条约或协定、威胁或损害我国国家利益和国家安全的，应当在受理项目备案表之日起7个工作日内向投资主体出具不予备案书面通知，并说明不予备案的理由。

(6) 利用国际金融组织和外国政府贷款项目行政管理程序

为加强国际金融组织和外国政府贷款（以下简称国外贷款）投资项目管理，提高国外贷款使用效益，国家发展改革委制定的《国际金融组织和外国政府贷款投资项目管理暂行办法》明确规定，国外贷款属于国家主权外债，按政府投资资金进行管理。

纳入国外贷款备选项目规划的项目，应区别不同情况履行审批、核准或备案手续：由中央统借统还的项目，按照中央政府直接投资项目进行管理；由省级政府负责偿还或提供还款担保的项目，按照省级政府直接投资项目进行管理，其项目审批权限，按国务院及国家发展改革委的有关规定执行，审批权限不得下放；由项目用款单位自行偿还且不需政府担保的项目，视同企业投资项目，若属于《政府核准的投资项目目录》的项目，按照核准制的规定办理；若属于《政府核准的投资项目目录》之外的项目，报项目所在地省级发展改革部门备案。

依据《国际金融组织和外国政府贷款项目全生命周期管理暂行办法》，项目单位应当按照相关规定和要求，开展项目准备工作，完成环境和社会影响评价报告、土地利用报告、移民安置计划等的编报，配合贷款方和国内相关部门按时完成项目鉴别、评估等准备工作，落实配套资金，依次编制可行性研究报告或项目实施框架方案、资金申请报告等项目材料，办理相关审批手续。

（7）中央预算内投资补助和贴息项目行政管理程序

为引导和扶持企业和地方政府投资用于市场不能有效配置资源、需要政府支持的经济和社会领域，中央政府安排预算内资金（包括长期建设国债）对特定领域的项目给予投资补助或贷款利息补贴，由国家发展改革委按照宏观调控要求和国务院确定的工作重点进行安排，按照《中央预算内投资补助和贴息项目管理办法》等要求进行管理。

投资补助，是指国家发展改革委对符合条件的地方政府投资项目和企业投资项目给予的投资资金补助。称贴息，是指国家发展改革委对符合条件，使用了中长期贷款的投资项目给予的贷款利息补贴。投资补助和贴息资金均为无偿投入。

投资补助和贴息资金重点用于市场不能有效配置资源，需要政府支持的经济和社会领域：社会公益服务和公共基础设施；农业和农村；生态环境保护和修复；重大科技进步；社会管理和国家安全；符合国家有关规定的其他公共领域。

申请投资补助或者贴息资金的项目，应当列入三年滚动投资计划，并通过投资项目在线审批监管平台完成审批、核准或备案程序（地方政府投资项目应完成项目可行性研究报告或者初步设计审批），并提交资金申请报告。

 在线习题

本章习题请扫二维码练习。

第2章
施工工期定额

 学习目标

了解工期定额概况；
了解建筑安装工程工期定额；
掌握建筑工期计算。

2.1 工期定额概述

2.1.1 工期定额内涵

工期定额有国家发布的工期定额，也有企业内部使用的工期定额。本章主要介绍的是国家发布的定额。工期定额是指在一定的经济和社会条件下，在一定时期内由建设行政主管部门制定并发布的工程项目建设消耗时间标准。工期定额对确定具体工程项目的工期具有指导意义，体现了合理建设工期，反映了一定时期国家、地区或部门不同建设项目的建设和管理水平。工期定额是加强建设工程管理的一项基础工作，定额具有法规性、普遍性和科学性。

2.1.2 工期定额作用

工期定额是编制招标文件的依据。工期在招标文件中是主要内容之一，是业主对拟建工程建设期的期望值。

工期定额是签订建筑安装工程施工合同、确定合理工期的基础。双方签订的合同工期可以是定额工期，也可以与定额工期不一致。这是因为，工期条件是由一系列不确定因素控制的，当其中任意一种条件发生变化时，都会导致最后的工期不一致。例如，同一规模、同一结构类型、同一使用功能的工程，因施工方案的不同，工期会出现若干种结果。工期定额是按合理的劳动组织，以施工企业技术装备和管理的平均水平确定的。因此定额工期不等于合同工期，定额工期是确定合理工期的基础，合同工期总是围绕定额工期上下波动的。

工期定额是施工企业编制施工组织设计、确定投标工期、安排施工进度的参考依据。施工企业编制施工组织设计（施工方案）必须以工期定额为上限，凡超过者均为非优方案，在招标文件中工期是以工期定额为依据的，因此投标方必须在多方案中选择最优方案，确定投标工期小于或等于定额工期。

工期定额是施工索赔的基础。工程实施过程中，因各种情况有可能造成实际工期与合同工期或定额工期不一致，比如出现设计变更、业主供应材料不及时、业主资金不到位等情况。对于设计变更，除对变更后的工程内容进行索赔外，还可以对工期延误进行索赔。

工期定额是计算施工措施费的基础。在日常工作中，业主普遍要求提前工期，特别是经营性项目。这里提到的提前工期是指定额工期与业主期望工期的差值。当业主的期望值超过一定的限度时，施工企业将承担由此造成的损失。因此，应计算施工措施费。

2.1.3　工期定额主要影响因素

（1）时间因素

开工的时间不同对施工工期有一定的影响，冬季开始施工的工程，有效工作天数相对较少、施工费用较高、工期也较长。春、夏季开工的项目可赶在冬季到来之前完成主体结构工程，冬季则进行辅助工程或室内工程施工，可以缩短建设工期。

（2）空间因素

空间因素也就是地区不同的因素。如北方地区冬季较长，南方则短些；南方雨天较多，而北方则少些。一般将全国划分为Ⅰ、Ⅱ、Ⅲ类地区。

（3）施工对象因素

施工对象因素是指结构、层数、面积不同对工期的影响。在工程项目建设中，同一规模的建筑，由于其结构形式不同，如采用钢结构、预制结构、现浇结构或砖混结构，其工期不同。同一结构的建筑，由于其层数、面积的不同，工期也不相同。

（4）施工方法因素

机械化、工厂化程度不同，也影响工期的长短。机械化水平较高时，相应的工期也会缩短，如使用预拌混凝土有利于缩短工期。

（5）资金使用和物资供应方式的因素

一个工程项目批准后，其资金使用方式和物资供应方式不同，对工期也将产生不同的影响。若资金提供及时，则项目能顺利进行，否则就会拖延工期。同样，工程项目所需要的材料、物资能否及时供应，也将对建设工期带来影响。

（6）劳动力素质、数量及施工管理水平

人的因素是一个重要的因素。劳动力素质的高低影响着工期的长短，熟练工人在同等的时间和生产场所内，可以创造较高的劳动生产率，加快施工进度。每一个工程，即使其他条件相同，也会由于施工管理水平不同而造成工期上的差异。

2.1.4　工期定额编制的方法

（1）流水施工测算法

选择具体工程，根据工程施工情况按流水施工的节奏性、连续性，充分利用工作面，计算出合理的施工工期。

对调研数据较少的，按照施工工艺将各部分工期和穿插施工部分累加，通过相邻层数工期递推，并结合调研结果综合测算分析确定合理的施工工期。

（2）参考借鉴法

在调研数据分析计算的基础上，可参考借鉴地方工期定额和现行工期定额，对工期做进一步修正。按照以上方法确定Ⅰ类地区的工期后，将其数据与现行定额中同类地区的数据比较得出一个比例，按照该比例得出Ⅱ、Ⅲ类地区的工期，形成完整数值。

（3）网络法（CPM）

运用网络技术建立网络模型，揭示建设项目在各种因素的影响下，建设过程中工程或工序之间相互连接、平行交叉的逻辑关系，通过优化确定合理的建设工期。

（4）评审技术法（PERT）

对于不确定因素较多、分项工程较复杂的工程项目，主要是根据实际经验，结合工程实例，估计某一项目最大可能完成时间，最乐观、最悲观可能完成时间，用经验公式求出建设工期。通过评审技术法，可以将一个非确定性的问题转化为一个确定性的问题，达到取得一个合理工期的目的。

（5）曲线回归法

通过调查整理、分析处理，找出一个或几个与工程密切相关的参数与工期，建立平面直角坐标系，再把调查数据经过处理后反映在坐标系内，运用回归的原理，求出所需要的数据，用以确定建设工期。

（6）专家评估法（德尔菲法）

工期定额管理部门给工期预测的专家发调查表，用书面方式联系，不开会，根据专家意见的数据进行综合、整理后，再匿名（不写明谁的意见）反馈给各专家，请专家再提出工期预测意见。重复上述过程，使意见趋于一致，作为工期定额的依据。

2.1.5　工期定额编制历程

工期定额编制历程请读者扫二维码学习了解。

工期定额编制
历程

2.2　建筑安装工程工期定额

2.2.1　国家定额

《建筑安装工程工期定额》（以下简称"定额"）是在《全国统一建筑安装工程工期定额》（2000 年）基础上，依据国家现行产品标准、设计规范、施工及验收规范、质量评定标准和技术、安全操作规程，按照正常施工条件、常用施工方法、合理劳动组织及平均施工技术装备程度和管理水平，并结合当前常见结构及规模建筑安装工程的施工情况编制的。定额适用于新建和扩建的建筑安装工程。定额包括民用建筑工程、工业及其他建筑工程、构筑物工程、专业工程四部分。

国家定额是国有资金投资工程在各阶段确定工期的依据，非国有资金投资工程参照执行。它是签订建筑安装工程施工合同的基础。

国家定额的工期，是指自开工之日起，到完成各章、节所包含的全部工程内容并达到国家验收标准之日止的日历天数（包括法定节假日）；不包括三通一平、打试验桩、地下障碍物处理、基础施工前的降水和基坑支护、竣工文件编制所需的时间。定额工期是按照合格产品标准编制的。工期压缩时，宜组织专家论证，相应地增加压缩工期增加费。

我国各地气候条件差别较大，以下省、市和自治区按其省会（首府）气候条件为基准划分为Ⅰ、Ⅱ、Ⅲ类地区，工期天数分别列项。Ⅰ类地区：上海、江苏、浙江、安徽、福建、江西、湖北、湖南、广东、广西、四川、贵州、云南、重庆、海南。Ⅱ类地区：北京、天津、河北、山西、山东、河南、陕西、甘肃、宁夏。Ⅲ类地区：内蒙古、辽宁、吉林、黑龙江、西藏、青海、新疆。设备安装和机械施工工程执行定额时不分地区类别。

国家定额综合考虑了冬雨季施工、一般气候影响、常规地质条件和节假日等因素。定额还综合考虑预拌混凝土和现场搅拌混凝土、预拌砂浆和现场搅拌砂浆的施工因素。

国家定额施工工期的调整：施工过程中，遇不可抗力、极端天气或政府政策性影响施工进度或暂停施工的，按照实际延误的工期顺延；施工过程中发现实际地质情况与勘查报告出入较大的，应按照实际地质情况调整工期；施工过程中遇到障碍物或古墓、文物、化石、流沙、溶洞、暗河、淤泥、石方、地下水等需要进行特殊处理且影响关键线路时，工期相应顺延；合同履行过程中，因非承包人原因发生重大设计变更的，应调整工期；其他非承包人原因造成的工期延误应予以顺延。

同期施工的群体工程中，一个承包人同时承包 2 个以上（含 2 个）单项（位）工程时，工期的计算以一个最大工期的单项（位）工程为基数，另加其他单项（位）工程工期总和乘以相应系数计算：加 1 个时乘以系数 0.35；加 2 个时乘以系数 0.2；加 3 个时乘以系数 0.15，加 4 个及以上的单项（位）工程时不另增加工期。

加 1 个单项（位）工程：$T = T_1 + T_2 \times 0.35$；

加 2 个单项（位）工程：$T = T_1 + (T_2 + T_3) \times 0.2$；

加 3 个单项（位）工程：$T = T_1 + (T_2 + T_3 + T_4) \times 0.15$。

式中，T 为工程总工期；T_1、T_2、T_3、T_4 为所有单项（位）工程工期最大的前四个，且 $T_1 \geq T_2 \geq T_3 \geq T_4$。

国家定额建筑面积按照国家标准《建筑工程建筑面积计算规范》（GB/T 50353）计算；层数以建筑自然层数计算，设备管道层计入层数，出屋面的楼（电）梯间、水箱间不计入层数。

国家定额子目中凡注明"××以内（下）"者，均包括"××"本身，"××以外（上）"者，则不包括"××"本身。框架剪力墙结构工期按照剪力墙结构工期计算。超出国家定额范围的按照实际情况另行计算工期。

2.2.2　地方定额

为适应建筑市场的发展，引导市场主体科学合理地确定建设工程和房屋修缮工程的工期，一些地方主管部门编制了地方建设工程工期定额，如《北京市建设工程工期定额》《深圳市建设工程工期定额》等。

地方定额继承了国家定额的大部分内容，但地方定额比国家定额范围要广，比如《北京市建设工程工期定额》包括建筑工程、市政工程、城市轨道交通工程，共三部分。而国家定额主要是针对建筑工程。

地方定额比国家定额更具体，比如对群体工程工期的计算，《北京市建设工程工期定额》规定，建设工程项目总工期以最大单项（位）工程的工期为基数，加上其他单项（位）工程的工期总和乘系数计算，且增加工期不超过 180 天。

2.2.3　专项定额

针对一些具体工程，某些规范或标准中有专项定额，比如《食品检验检测中心

（院、所）建设标准》中对工期要求如表 2-1 所示。

表 2-1　食品检验检测中心（院、所）建设工期

建设规模		施工建设工期/天		
建设级别	建筑面积/m^2	Ⅰ类	Ⅱ类	Ⅲ类
一级	8000～26000	421～575	451～615	491～670
二级	2000～8000	307～421	322～451	367～491
三级	850～2000	293～307	318～332	353～367

2.3　建设工期计算

2.3.1　民用建筑工程

以下是《建筑安装工程工期定额》（TY 01—89—2016）的民用建筑工程说明。

一、本部分包括民用建筑±0.000 以下工程、±0.000 以上工程、±0.000 以上钢结构工程和±0.000 以上超高层建筑四部分。

二、±0.000 以下工程划分为无地下室和有地下室两部分。无地下室项目按基础类型及首层建筑面积划分；有地下室项目按地下室层数（层）、地下室建筑面积划分。其工期包括±0.000 以下全部工程内容，但不含桩基工程。

三、±0.000 以上工程按工程用途、结构类型、层数（层）及建筑面积划分。其工期包括±0.000 以上结构、装修、安装等全部工程内容。

四、本部分装饰装修是按一般装修标准考虑的，低于一般装修标准按照相应工期乘以系数 0.95；中级装修标准按照相应工期乘以系数 1.05；高级装修标准按照相应工期乘以系数 1.20 计算。

五、有关规定

1. ±0.000 以下工程工期：无地下室按首层建筑面积计算，有地下室按地下室建筑面积总和计算。

2. ±0.000 以上工程工期：按±0.000 以上部分建筑面积总和计算。

3. 总工期：±0.000 以下工程工期与±0.000 以上工程工期之和。

4. 单项工程±0.000 以下由 2 种或 2 种以上类型组成时，按不同类型的面积查出相应的工期，相加计算。

5. 单项工程±0.000 以上，结构相同，使用功能不同。无变形缝时，按使用功能占建筑面积比重大的计算工期；有变形缝时，先按不同使用功能的面积查出相应工期，再以其中一个最大工期为基数，另加其他部分工期的 25％计算。

6. 单项工程±0.000 以上由 2 种或 2 种以上结构组成。无变形缝时，先按全部面积查出不同结构的相应工期，再按不同结构各自的建筑面积加权平均计算；有变形缝时，先按不同结构各自的面积查出相应工期，再以其中一个最大工期为基数，另加其他部分工期的 25％计算。

7. 单项工程±0.000 以上层数（层）不同，有变形缝时，先按不同层数（层）各自的面积查出相应工期，再以其中一个最大工期为基数，另加其他部分工期的 25％计算。

8. 单项工程中±0.000以上分成若干个独立部分时，参照总说明第十二条，同期施工的群体工程计算工期。如果±0.000以上有整体部分，将其并入工期最大的单项（位）工程中计算。

9. 本定额工业化建筑中的装配式混凝土结构施工工期仅计算现场安装阶段，工期按照装配率50%编制。装配率40%、60%、70%按本定额相应工期分别乘以系数1.05、0.95、0.90计算。

10. 钢-混凝土组合结构的工期，参照相应项目的工期乘以系数1.10计算。

11. ±0.000以上超高层建筑单层平均面积按主塔楼±0.000以上总建筑面积除以地上总层数计算。

【例 2-1】 本工程为山东省济南市某住宅小区 1 号楼，结构为剪力墙结构，基础采用钢筋混凝土墙下条形基础，本工程相对标高±0.000相对于绝对标高为 190.60m。

新建住宅建筑面积地下部分为 1550.64m²，地上部分为 4731.84m²（含一半阳台面积，机房层面积），总建筑面积为 6282.48m²，建筑基底面积为 787.84m²；建筑高度 20.10m；建筑主体为 8 层，其中地下 2 层，地上 6 层；建筑工程等级为三级；耐久年限为 50 年；建筑防火设计类别为多层居住建筑；耐火等级地下一级，地上二级；防水等级地下室一级，屋面一级；设防烈度为 6 度。本工程为单元式住宅，三个单元，一个单元两户，共 36 户，地下室部分为丙 2 类物品储藏室，地下二层与车库连通，连通部分用甲级防火门与车库分隔。试求该工程工期。

【解】 该工程位于山东，是Ⅱ类地区，该工程为住宅工程，基础为钢筋混凝土墙下条形基础，其工期为地下与地上工程工期之和。该工程有地下室，面积为 1550.64m²，查定额，见下表，工期为 125 天。

2. 有地下室工程

编号	层数/层	建筑面积/m²	工期/天		
			Ⅰ类	Ⅱ类	Ⅲ类
1-31	2	2000 以内	120	125	130

该工程地上部分建筑面积为 4731.84m²，地上 6 层，剪力墙结构，居住建筑，查定额，见下表，工期为 185 天。

1. 居住建筑

结构类型：现浇剪力墙结构

编号	层数/层	建筑面积/m²	工期/天		
			Ⅰ类	Ⅱ类	Ⅲ类
1-96	6 以下	6000 以内	170	185	200

其工期为地下与地上工程工期之和：125＋185＝310 天。本工程未提及装修标准，工期不做调整。

【例 2-2】 Ⅰ类地区某市某建筑公司同时承包 3 栋住宅工程，其中一栋为现浇剪力墙结构，±0.000 以上 22 层，建筑面积 28000m²，±0.000 以下一层，建筑面积

1220m²，另两栋均为现浇剪力墙结构18层，无地下室，筏板基础，每栋建筑面积均为20000m²，其中首层建筑面积为1167m²。试求该工程工期。

【解】 （1）查定额编号

① 22层现浇剪力墙结构住宅。

编号	层数/层	建筑面积/m²	工期/天
1-26	1	3000 以内	105
1-124	30 以下	30000 以内	495

② 18层现浇剪力墙结构住宅。

编号	层数/层	建筑面积/m²	工期/天
1-11	筏板基础、满堂基础	2000 以内	51
1-118	20 以下	20000 以内	360

（2）独栋工期计算

22层现浇剪力墙结构住宅总工期：105＋495＝600天。

18层现浇剪力墙结构住宅总工期：51＋360＝411天。

（3）该工程总工期

$$600＋(411＋411)×0.2＝765 天$$

【例2-3】 Ⅰ类地区某单项工程±0.000以上从变形缝处划分为两部分：一部分为6层现浇框架结构商场，建筑面积为6500m²；另一部分为6层砖混结构办公楼，建筑面积6200m²。试求该工程工期。

【解】 （1）查定额编号

① 现浇框架结构商业建筑。

编号	层数/层	建筑面积/m²	工期/天
1-520	6 以下	9000 以内	245

② 砖混结构办公楼。

编号	层数/层	建筑面积/m²	工期/天
1-227	6	7000 以内	200

（2）该工程±0.000以上工期

$$245＋200×25\%＝295 天$$

【例2-4】 Ⅰ类地区某商业建筑，±0.000以下为2层地下室，建筑面积11000m²。±0.000以上1～2层为整体部分现浇框架结构商场，建筑面积10000m²，3层以上分为两个独立部分：12层现浇混凝土剪力墙结构公寓，建筑面积9000m²；18层现浇混凝土框架结构写字楼，建筑面积15000m²。该商业建筑示意图如图2-1所示。试求该工程工期。

图2-1 商业建筑示意图

【解】 （1）查定额编号

① 2 层地下室。

编号	层数/层	建筑面积/m²	工期/天
1-36	2	15000 以内	210

② 12 层现浇剪力墙结构居住建筑。

编号	层数/层	建筑面积/m²	工期/天
1-109	12 以下	10000 以内	255

③ 18 层现浇框架结构办公建筑。

编号	层数/层	建筑面积/m²	工期/天
1-296	20 以下	20000 以内	485

（2）分析

18 层现浇框架结构写字楼工期 485 天，为最大工期。将 ±0.000 以上 1~2 层整体部分现浇框架结构商场，建筑面积 10000m²，并入到 18 层现浇框架结构写字楼的建筑面积 15000m² 中，共计 25000m²。

（3）并入后查定额编号

编号	层数/层	建筑面积/m²	工期/天
1-297	20 以下	25000 以内	510

（4）该工程总工期

$$210＋510＋255×35\%＝810 \text{ 天}$$

2.3.2　工业及其他建筑工程

以下是《建筑安装工程工期定额》（TY 01—89—2016）的工业及其他建筑工程说明。

一、本部分包括单层厂房、多层厂房、仓库、降压站、冷冻机房、冷库、冷藏间、空压机房、变电室、开闭所、锅炉房、服务用房、汽车库、独立地下工程、室外停车场、园林庭院工程。

二、本部分所列的工期不含地下室工期，地下室工期执行 ±0.000 以下工程相应项目乘以系数 0.70。

三、工业及其他建筑工程施工内容包括基础、结构、装修和设备安装等全部工程内容。

四、本部分厂房指机加工、装配、五金、一般纺织（粗纺、制条、洗毛等）、电子、服装及无特殊要求的装配车间。

五、冷库工程不适用于山洞冷库、地下冷库和装配式冷库工程。

六、单层厂房的主跨高度以 9m 为准，高度在 9m 以上时，每增加 2m 增加工期 10 天，不足 2m 者，不增加工期。

多层厂房层高在 4.5m 以上时，每增加 1m 增加工期 5 天，不足 1m 者，不增加工期，每层单独计取后累加。

厂房主跨高度指自室外地坪至檐口的高度。

七、单层厂房的设备基础体积超过100m³时，另增加工期10天；体积超过500m³，另增加工期15天；体积超过1000m³时，另增加工期20天。带钢筋混凝土隔振沟的设备基础，隔振沟长度超过100m时，另增加工期10天，超过200m时，另增加工期15天，超过500m时，另增加工期20天。

八、带站台的仓库（不含冷库工程），其工期按本定额中仓库相应子目项乘以系数1.15计算。

九、园林庭院工程的面积按占地面积计算（包括一般园林、喷水池、花池、葡萄架、石椅、石凳等庭院道路、园林绿化等）。

【例2-5】 某机器制造厂位于Ⅲ类地区，为单层混凝土框架结构，车间面积8000m²，主跨高度为13m，中间跨为折线形屋架，预应力土屋面板，独立基础。鱼腹式吊车梁，边跨为两铰拱屋架，阶梯形基础，轻钢吊车梁，车间工段的布置能适应生产的要求，车间无地下室。试求该工程工期。

【解】 该工程位于辽宁省，属于Ⅲ类地区，单层厂房，无地下室。查定额，见下表，工期为275天。

一、单层厂房工程

编号	结构类型	建筑面积/m²	工期/天		
			Ⅰ类	Ⅱ类	Ⅲ类
2-11	现浇框架结构	10000以内	240	250	275

该工程主跨高度为13m，超过9m的标准高度4m，因此需要增加工期20天。最终该工程的工期为：275+20＝295天。

【例2-6】 Ⅰ类地区4层厂房，现浇框架结构，其中一层至四层层高依次为4.8m、6.3m、6.6m、5.7m，建筑面积21000m²，设备基础1050m³，带270m钢筋混凝土隔振沟。试求该工程工期。

（1）查定额编号

编号	层数/层	建筑面积/m²	工期/天
2-29	4	30000以内	380

（2）时间累加

工况	一层层高 4.8m	二层层高 6.3m	三层层高 6.6m	四层层高 5.7m	隔振沟 270m	设备基础 1050m³
工期增加量/天	0	5	10	5	15	20

（3）该工程工期

$$380+0+5+10+5+15+20=435 天$$

【例2-7】 Ⅰ类地区的单层厂房，采用砖混结构，厂房主跨高度11m，建筑面积4000m²，设备基础150m³，带80m钢筋混凝土隔振沟。试求该工程工期。

【解】（1）查定额编号

编号	结构类型	建筑面积/m²	工期/天
2-4	砖混结构	3000 以外	150

（2）累加计算见下表

工况	主跨高度 11m	隔振沟 80m	设备基础 150m³
工期增加量/天	10	0	10

（3）工程工期

$$150＋10＋0＋10＝170\ 天$$

2.3.3　构筑物工程

以下是《建筑安装工程工期定额》（TY 01—89—2016）的构筑物工程说明。

　　一、本部分包括烟囱、水塔、钢筋混凝土贮水池、钢筋混凝土污水池、滑模筒仓、冷却塔等工程。
　　二、烟囱工程工期是按照钢筋混凝土结构考虑的，如采用砖砌体结构工程，其工期按相应高度钢筋混凝土烟囱工期定额乘以系数 0.8。
　　三、水塔工程按照不保温结构考虑的，如增加保温内容，工期应增加 10 天。

【例 2-8】　山东省某地需要建 60m 高的砖砌体结构烟囱，烟囱上口直径 2m，底部外直径 4.8m，烟囱筒壁厚 62cm，内衬为 12cm 的耐火砖。该烟囱 12m 标高处外直径为 4.4m，烟囱筒壁厚 50cm。试求该工程工期。

【解】　该工程位于山东，是Ⅱ类地区，为构筑物工程，查定额，见下表，工期为 100 天。

一、烟囱

编号	名称	规格	工期/天		
			Ⅰ类	Ⅱ类	Ⅲ类
3-3	钢筋混凝土烟囱	高 60m 以内	95	100	110

　　另外该工程为砖砌体结构，其工期按相应高度钢筋混凝土烟囱工期定额乘以系数 0.8。其工期为 100×0.8＝80 天。

【例 2-9】　案例为Ⅰ类地区某地某火电厂钢筋混凝土双曲线自然通风冷却塔两座，单个冷却塔塔高为 114.7m。喉部标高（相对标高）85.824m，进风口标高（相对标高）7.728m。塔顶处中间半径 26.113m，喉部中间半径 24.247m，环基外半径 48.619m。通风筒壳体采用分段等厚，最小厚度 180mm，最大厚度 700mm，顶部约 5.2m 高度范围内壳体厚度由 180mm 渐变到 457mm。

【解】　本案例为钢筋混凝土双曲线自然通风冷却塔，高度 114.7m。应套用工期定额见下表。

编号	名称	规格	工期/天
3-111	钢筋混凝土冷却塔	高 120m 以内	390

冷却塔计算工期为

$$T = T_1 + T_2 \times 0.35$$

因两座冷却塔高度一致，$T_1 = T_2$。

工期计算：$T = 390 + 390 \times 0.35 = 527$ 天。

2.3.4　专业工程

以下是《建筑安装工程工期定额》（TY 01—89—2016）的专业工程说明。

一、本部分包括机械土方工程、桩基工程、装饰装修工程、设备安装工程、机械吊装工程、钢结构工程。

二、机械土方工程工期按不同挖深、土方量列项，包含土方开挖和运输。除基础采用逆作法施工的工期由甲、乙双方协商确定外，实际采用不同机械和施工方法时，不做调整。开工日期从破土开挖起开始计算，不包括开工前的准备工作时间。

三、桩基工程工期依据不同土的类别条件编制，土的分类参照《房屋建筑与装饰工程量计算规范》（GB 50854—2013）。

冲孔桩、钻孔桩穿岩层或入岩层时应适当增加工期。钻孔扩底灌注桩按同条件钻孔灌注桩工期乘以系数 1.10 计算。同一工程采用不同成孔方式同时施工时，各自计算工期取最大值。

打桩开工日期以打第一根桩开始计算，包括桩的现场搬运、就位、打桩、压桩、接桩、送桩和钢筋笼制作安装等工作内容；不包括施工准备、机械进场、试桩、检验检测时间。

预制混凝土桩的工期不区分施工工艺。

四、装饰装修工程按照装饰装修空间划分为室内装饰装修工程和外墙装饰装修工程。

住宅、其他公共建筑及科技厂房工程按照设计使用年限、功能用途、材料设备选用、装饰工艺、环境舒适度划分为三个等级，分别为一般装修、中级装修和高级装修，等级标准详见第一部分装修标准划分表。宾馆（饭店）装饰装修工程装修标准按《中华人民共和国星级酒店评定标准》确定。装饰装修工程不包括超高层。

对原建筑室内、外墙装饰装修有拆除要求的室内、外墙改造或改建的装饰装修工程，拆除原装饰装修层及垃圾外运工期另行计算。

（一）室内装饰装修工程工期说明：

1. 室内装饰装修工程内容包括：建筑物内空间范围的楼地面、天棚、墙柱面、门窗、室内隔断、厨房及厨具、卫生间及洁具、室内绿化等以及与室内装修装饰工程有关及相应项目。

2. 室内装饰装修工程工期中所指建筑面积是指装饰装修施工部分范围空间内的建筑面积。

3. 室内装饰装修工程已综合考虑建筑物的地上、地下部分和楼层层数对施工工期的影响。

4. 室内装饰装修工程按使用功能用途分为以下三类计算工期：

（1）住宅装饰装修工程：包括住宅、公寓等建筑物室内装饰装修工程；

（2）宾馆、酒店、饭店装饰装修工程：包括宾馆、酒店、饭店、旅馆、酒吧、餐厅、会所、娱乐场所等建筑物的室内装饰装修工程；

（3）公共建筑装饰装修工程：包括办公楼、写字楼、商场、学校、幼儿园、养老院、影剧院、体育馆、展览馆、机场航站楼、火车站、汽车站等建筑物的室内装饰装修工程。

（二）外墙装饰装修工程工期说明：

1. 外墙装饰装修工程的内容包括：外墙抹灰、外墙保温层、涂料、油漆、面砖、石材、幕墙、门窗、门楼雨篷、广告招牌、装饰造型、照明电气等外墙装饰装修形式。

2. 外墙装饰装修工程工期中所指外墙装饰装修高度是指室外地坪至外墙装饰装修最高点的垂直高度，外墙装饰装修面积是指进行装饰装修施工的外墙展开面积。

3. 外墙装饰装修工程是按一般装修编制的，中级装修按照相应工期乘以系数 1.20 计算，高级装修按照相应工期乘以系数 1.40 计算。

五、设备安装工程包括变电室、开闭所、降压站、发电机房、空压站、消防自动报警系统、消防灭火系统、锅炉房、热力站、通风空调系统、冷冻机房、冷库、冷藏间、起重机和金属容器安装工程。工期计算从专业安装工程具备连续施工条件起，至完成承担的全部设计内容的日历天数。设备安装工程中的给水排水、电气、弱电及预留、预埋工程已综合考虑在建筑工程总工期中，不再单独列项。本工期不包括室外工程、主要设备订货和第三方有偿检测的工程内容。

六、机械吊装工程包括构件吊装工程和网架吊装工程。构件吊装工程包括梁、柱、板、屋架、天窗架、支撑、楼梯、阳台等构件的现场搬运、就位、拼装、吊装、焊接等（后张法不包括开工前的准备、钢筋张拉和孔道灌浆）。网架吊装工程包括就位、拼装、焊接、架子搭设、安装等，不包括下料、喷漆。工期计算已综合考虑各种施工工艺，实际使用不做调整。

七、钢结构安装工程工期是指钢结构现场拼装和安装、油漆等施工工期，不包括建筑的现浇混凝土结构和其他专业工程如装修、设备安装等的施工工期，不包括钢结构深化设计、构件制作工期。

【例 2-10】　某桩基工程位于山东省，土质主要为Ⅵ类碎石土，桩基采用人工挖孔桩，总根数为 310 根，平均桩长 15～20m，桩径平均 1～2m，持力层为强风化岩。试求该桩基工程工期。

【解】　该工程位于山东，是Ⅱ类地区，该工程为构筑物工程，查定额，见下表，工期为 50 天。

4. 人工挖孔桩

编号	桩深/m	工程量/根	工期/天		
			Ⅰ、Ⅱ类土	Ⅲ类土	Ⅵ类土
4-792	20 以内	500 以内	43	46	50

【例 2-11】　某办公楼消防灭火系统安装工程，其中水喷淋系统工程施工内容包括

管道及喷洒头安装、支吊架制作安装、水流指示器、阀门仪表及附件安装、消防水泵及消防水箱等设备的安装及调试，试压、冲洗、系统联动调试等。经统计喷洒头数量为2500个。试求该工程工期。

【解】　查定额编号：4-981，工期164天。

7. 消防灭火系统安装

编号	内容	主要内容	工期/天	备注
4-981	水喷洒自动灭火系统	喷洒头2000个以内,包括管道及喷洒头安装,支、吊架制作安装,水流指示器、阀门仪表及附件安装,水泵、水箱、气压罐等设备的安装及调试,试压、冲洗,系统联动调试等	164	喷洒头在4000个以内,每增100个以内加3天

喷洒头数量超过2000个且在4000个以内，超出部分每增加100个加3天，共增加15天。

最终水喷淋计算工期：164＋15＝179天。

 在线习题

本章习题请扫二维码练习。

第 3 章
流水施工

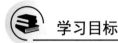 学习目标

了解流水施工概念;

掌握流水施工参数;

掌握有节奏、无节奏流水施工原理与计算。

3.1 流水施工概念

3.1.1 组织施工的方式

考虑工程项目的施工特点、工艺流程、资源利用、平面或空间布置等要求,施工方式可以采用依次、平行、流水等组织方式。

为说明三种施工方式及其特点,现设某住宅区拟建三幢结构相同的建筑物,其编号分别为 1、2、3,各建筑物的基础工程均可分解为挖土方(A)、浇混凝土基础(B)和回填土(C)三个施工过程,分别由相应的专业队按施工工艺要求依次完成,每个专业队在每幢建筑物的施工时间均为 3 周,各专业队的人数分别为 20 人、32 人和 16 人。三幢建筑物基础工程施工的不同组织方式如图 3-1 所示。

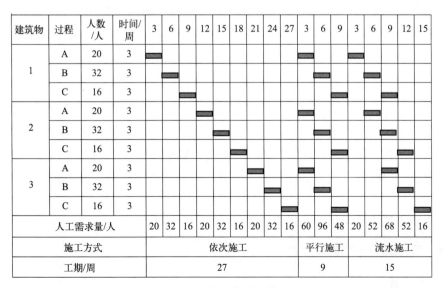

建筑物	过程	人数/人	时间/周	3	6	9	12	15	18	21	24	27	3	6	9	3	6	9	12	15
1	A	20	3	▬									▬			▬				
	B	32	3		▬									▬			▬			
	C	16	3			▬									▬			▬		
2	A	20	3				▬						▬				▬			
	B	32	3					▬						▬				▬		
	C	16	3						▬						▬				▬	
3	A	20	3							▬			▬					▬		
	B	32	3								▬			▬					▬	
	C	16	3									▬			▬					▬
人工需求量/人				20	32	16	20	32	16	20	32	16	60	96	48	20	52	68	52	16
施工方式				依次施工									平行施工			流水施工				
工期/周				27									9			15				

图 3-1　施工方式比较

（1）依次施工

依次施工是将拟建工程项目中的每一个施工对象分解为若干个施工过程，按施工工艺要求依次完成每一个施工过程的施工方式；当一个施工对象完成后，再按同样的顺序完成下一个施工对象，以此类推，直至完成所有施工对象。依次施工方式具有以下特点：

① 没有充分地利用工作面进行施工，工期长；

② 如果按专业成立工作队，则各专业队不能连续作业，有时间间歇，劳动力及施工机具等资源无法均衡使用；

③ 如果由一个工作队完成全部施工任务，则不能实现专业化施工，不利于提高劳动生产率和工程质量；

④ 单位时间内投入的劳动力、施工机具、材料等资源量较少，有利于资源供应的组织；

⑤ 施工现场的组织、管理比较简单。

（2）平行施工

平行施工方式是由几个劳动组织相同的工作队，在同一时间、不同的空间，按施工工艺要求完成各施工对象的施工方式。平行施工方式具有以下特点：

① 充分地利用工作面进行施工，工期短；

② 如每一个施工对象均按专业成立工作队，劳动力及施工机具等资源无法均衡使用；

③ 如果由一个工作队完成一个施工对象的全部施工任务，则不能实现专业化施工，不利于提高劳动生产率；

④ 单位时间内投入的劳动力、施工机具等资源量成倍增加，不利于资源供应的组织；

⑤ 施工现场的组织管理比较复杂。

（3）流水施工

流水施工方式是将拟建工程项目中的每一个施工对象分解为若干个施工过程，并按照施工过程成立相应的专业工作队，各专业队按照施工顺序依次完成各个施工对象的施工过程，同时保证施工在时间和空间上连续、均衡和有节奏地进行，使相邻两专业队能最大限度地搭接作业。流水施工最主要的组织特点是施工过程的作业连续性。流水施工方式具有以下特点：

① 尽可能地利用工作面进行施工，工期比较短；

② 各工作队实现了专业化施工，有利于提高技术水平和劳动生产率；

③ 专业工作队能够连续施工，同时能使相邻专业队的开工时间最大限度地搭接；

④ 单位时间内投入的劳动力、施工机具、材料等资源量较为均衡，有利于资源供应的组织；

⑤ 为施工现场的文明施工和科学管理创造了有利条件。

3.1.2　流水施工的表达方式

（1）横道图

某住宅区基础工程流水施工的横道图如图 3-2 所示。图中的横坐标表示流水施工的持续时间；纵坐标表示施工过程的名称或编号。n 条带有编号的水平线段表示 n 个施工过程或专业工作队的施工进度，其编号①、②、③表示不同的施工段。

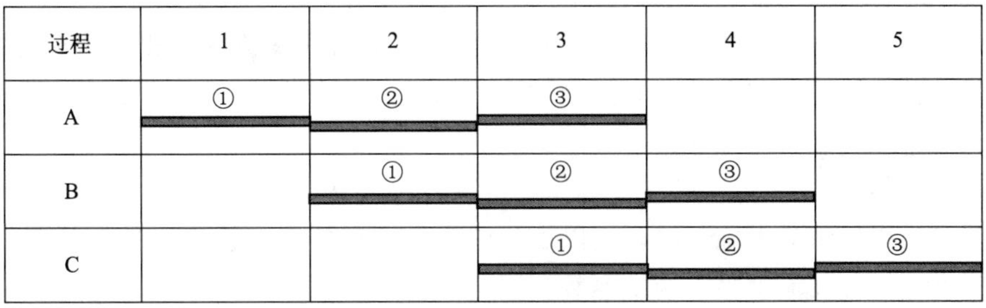

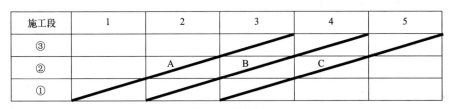

图 3-2　横道图

横道图的优点是：绘图简单，施工过程及其先后顺序表达比较清楚，时间和空间状况形象直观，使用方便，因而工程中常采用横道图来表达施工进度计划。

（2）斜线图

斜线图也叫垂直图，是横道图的一种形式。某基础工程流水施工的斜线图如图 3-3 所示。图中的横坐标表示流水施工的持续时间；纵坐标表示流水施工所处的空间位置，即施工段的编号。n 条斜向线段表示 n 个施工过程或专业工作队的施工进度。

施工段	1	2	3	4	5
③					
②		A	B	C	
①					

图 3-3　斜线图

斜线图的优点是：施工过程及其先后顺序表达比较清楚，时间和空间状况形象直观，斜向进度线的斜率可以直观地表示出各施工过程的进展速度。但编制实际工程进度计划时不如横道图方便。

（3）网络图

某基础工程流水施工的网络图如图 3-4 所示。数字表示施工段数，字母表示施工过程或施工队伍，箭线长度表示工期。

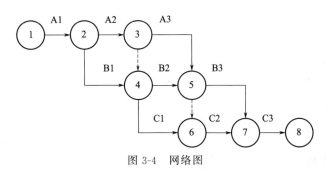

图 3-4　网络图

网络图的优点是：施工过程及其先后顺序表达比较清楚，时间和空间状况形象直观。但编制实际工程进度计划时不如横道图方便。

3.2　流水施工参数

流水施工参数是表达各施工过程在时间和空间上的开展情况及相互依存关系的参数，包括工艺参数、空间参数和时间参数。

3.2.1　工艺参数

工艺参数指组织流水施工时，用以表达流水施工在施工工艺方面进展状态的参数，通常包括施工过程和流水强度两个参数。

(1) 施工过程

根据施工组织及计划安排需要而将计划任务划分成的子项称为施工过程。施工过程划分的粗细程度由实际需要而定。当编制控制性施工进度计划时，组织流水施工的施工过程可以划分得粗一些，施工过程可以是单位工程，也可以是分部工程。当编制实施性施工进度计划时，施工过程可以划分得细一些，施工过程可以是分项工程，甚至可将分项工程按照专业工种不同分解成施工工序。施工过程的数目一般用 n 表示，它是流水施工的主要参数之一。根据其性质和特点的不同，施工过程一般分为三类，即建造类施工过程、运输类施工过程和制备类施工过程。

建造类施工过程，是指在施工对象的空间上直接进行砌筑、安装与加工，最终形成建筑产品的施工过程。它是建设工程施工中占有主导地位的施工过程，如建筑物或构筑物的地下工程、主体结构工程、装饰工程等。

运输类施工过程，是指将建筑材料、各类构配件、成品、制品和设备等运到工地仓库或施工现场使用地点的施工过程。

制备类施工过程，是指为了提高建筑产品生产的工厂化、机械化程度和生产能力而形成的施工过程。如砂浆、混凝土、各类制品、门窗等的制备过程和混凝土构件的预制过程。

由于建造类施工过程占有施工对象的空间，直接影响工期的长短，因此必须列入施工进度计划，并且大多作为主导的施工过程或关键工作。运输类与制备类施工过程一般不占有施工对象的工作面，故一般不列入流水施工进度计划之中。只有当其占有施工对象的工作面，影响工期时，才列入施工进度计划之中。例如，对于采用装配式钢筋混凝土结构的建设工程，钢筋混凝土构件的现场制作过程就需要列入施工进度计划之中。同样，结构安装中的构件吊运施工过程也需要列入施工进度计划之中。

(2) 流水强度

流水强度是指流水施工的某施工过程（专业工作队）在单位时间内所完成的工程量，也称为流水能力或生产能力。例如，浇筑混凝土施工过程的流水强度是指每工作班浇筑的混凝土方量。

3.2.2　空间参数

空间参数是表达流水施工在空间布置上开展状态的参数，空间参数一般包括施工工作面、施工段和施工层。

3.2.2.1　工作面

工作面是指供某专业工种的工人或某种施工机械进行施工的活动空间。工作面的大小，能反映安排施工人数或机械台数的多少。每个作业的工人或每台施工机械所需工作面的大小，取决于单位时间内其完成工程量和安全施工的要求。工作面确定得合理与否，直接影响专业工作队的生产效率。工作面的主要参考数据如表 3-1 所示。

表 3-1　主要专业工种的工作面参考数据

项目	工作面	说明
砖基础	7.6m/人	以一砖半计,2 砖乘 0.8,3 砖乘 0.5
砌砖墙	8.5m/人	以一砖半计,2 砖乘 0.71,3 砖乘 0.57
砌毛石基础	3m/人	以 60cm 计
砌毛石墙	3.3m/人	以 60cm 计
混凝土柱墙、墙基础	$8m^3$/人	机拌、机捣
浇筑混凝土设备基础	$7m^3$/人	机拌、机捣
现浇钢筋混凝土柱	$2.5m^3$/人	机拌、机捣
现浇钢筋混凝土梁	$3.2m^3$/人	机拌、机捣
现浇钢筋混凝土墙	$5m^3$/人	机拌、机捣
现浇钢筋混凝土楼板	$5.3m^3$/人	机拌、机捣
预制钢筋混凝土柱	$3.6m^3$/人	机拌、机捣
预制钢筋混凝土梁	$3.6m^3$/人	机拌、机捣
预制钢筋混凝土屋架	$2.7m^3$/人	机拌、机捣
预制钢筋混凝土平板、空心板	$1.91m^3$/人	机拌、机捣
预制钢筋混凝土大型屋面板	$2.62m^3$/人	机拌、机捣
浇筑混凝土地坪及面层	$40m^2$/人	机拌、机捣
外墙抹灰	$16m^2$/人	
内墙抹灰	$18.5m^2$/人	
做卷材屋面	$18.5m^2$/人	
做防水水泥砂浆屋面	$16m^2$/人	
门窗安装	$11m^2$/人	

3.2.2.2　施工段

将施工对象在平面或空间上划分成若干个劳动量大致相等的施工段落，称为施工段或流水段。施工段的数目一般用 m 表示，它是流水施工的主要参数之一。

（1）划分施工段的目的

划分施工段是为了组织流水施工。由于建设工程体形庞大，因此可以将其划分成若干个施工段，从而为组织流水施工提供足够的空间。在组织流水施工时，专业工作队完成一个施工段的任务后，遵循施工组织顺序及工艺要求又到另一个施工段作业，产生连续流动施工的效果。组织流水施工时，可以划分足够数量的施工段，充分利用工作面，避免窝工，尽可能缩短工期。

（2）划分施工段的原则

由于施工段内的施工任务由专业工作队依次完成，因而在两个施工段之间容易形成一个施工缝。同时，施工段数量的多少，将直接影响流水施工的效果。为使施工段划分得合理，一般应遵循下列原则：

① 同一专业工作队在各个施工段上的劳动量应大致相等，相差幅度宜在15%以内。

② 每个施工段内要有足够的工作面，以保证相应数量的工人、主要施工机械的生产效率，满足合理劳动组织的要求。

③ 施工段的界限应尽可能与结构界限（如沉降缝、伸缩缝等）相吻合，或设在对建筑结构整体性影响小的部位，以保证建筑结构的整体性。

④ 施工段的数目要满足合理组织流水施工的要求。施工段数目过多，会降低施工速度，延长工期；施工段过少，不利于充分利用工作面，可能造成窝工。

⑤ 对于多层建筑物、构筑物或需要分层施工的工程，应既分施工段，又分施工层，各专业工作队依次完成第一施工层中各施工段任务后，再转入第二施工层的施工段上作业，以此类推，以确保相应专业队在施工段与施工层之间，组织连续、均衡、有节奏的流水施工。

3.2.2.3 施工层

在组织工程项目流水施工时，为了满足专业施工班组对施工高度和施工工艺的要求，通常将拟建工程项目在竖向上划分为若干个操作层，这些操作层称为施工层。施工层的划分，要按施工项目的具体情况，根据建筑物的高度和楼层来确定。如砌筑工程的施工高度一般为1.5m，土的分层厚度如表3-2所示。

表3-2 土的分层厚度

压实机具	分层厚度/mm	每层压实遍数
平碾	250～300	6～8
振动压实机	250～350	3～4
柴油打夯机	200～250	3～4
人工打夯	<200	3～4

3.2.3 时间参数

时间参数是指在组织流水施工时，用以表达流水施工在时间安排上所处状态的参数，主要包括流水节拍、流水步距、间歇时间、提前插入时间和流水施工工期等。

（1）流水节拍

流水节拍是指在组织流水施工时，某个专业工作队在一个施工段上的施工时间。第 j 个专业工作队在第 i 个施工段的流水节拍一般用 $t_{j,i}$ 来表示，$j=1,2,\cdots,n$；$i=1,2,\cdots,m$。

流水节拍是流水施工的主要参数之一，它表明流水施工的速度和节奏性。流水节拍小，其流水速度快，节奏感强；反之则相反。流水节拍决定着单位时间的资源供应量，同时流水节拍也是区别流水施工组织方式的特征参数。同一施工过程的流水节拍，主要由所采用的施工方法、施工机械以及在工作面允许的前提下投入施工的工人数、机械台数和采用的工作班次等因素确定。有时，为了均衡施工和减少转移施工段时消耗的工时，可以适当调整流水节拍，其数值最好为半个班的整数倍。

（2）流水步距

在组织工程项目流水施工时，相邻两个专业施工班组先后进入同一施工段开始施工时的合理时间间隔，称为流水步距。流水步距通常以 $K_{j,j+1}$ 表示，其中 $j(j=1,2,\cdots,n-1)$ 为专业工作队或施工过程的编号。它是流水施工的重要参数之一。

流水步距的数目取决于参加流水的施工过程数。如果施工过程数为 n 个，则流水步距的总数为（$n-1$）个。

流水步距的大小取决于相邻两个施工过程（或专业工作队）在各个施工段上的流水节拍及流水施工的组织方式。确定流水步距时，一般应满足以下基本要求：

① 各施工过程按各自流水速度施工，始终保持工艺先后顺序；

② 各施工过程的专业工作队投入施工后保持连续作业；

③ 相邻两个施工过程（或专业工作队）在满足连续施工的条件下，能最大限度地实现合理搭接。

（3）间歇时间

间歇时间是指相邻两个施工过程之间由于工艺或组织安排需要而增加的额外等待时间，包括工艺间歇时间（$G_{j,j+1}$）和组织间歇时间（$Z_{j,j+1}$）。工艺间歇时间又称技术间歇时间。

（4）提前插入时间

提前插入时间（C）是指相邻两个专业工作队在同一施工段上共同作业的时间。在工作面允许和资源有保证的前提下，专业工作队提前插入施工，可以缩短流水施工工期。

（5）流水施工工期

流水施工工期是指从第一个专业工作队投入流水施工开始，到最后一个专业工作队完成流水施工为止的持续时间。由于一项建设工程往往包含许多流水组，故流水施工工期一般不是整个工程的总工期。

3.3 有节奏流水施工

流水施工的分类如图 3-5 所示。

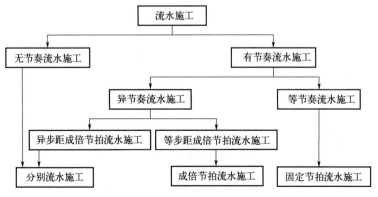

图 3-5 流水施工的分类

3.3.1 等节奏流水施工

等节奏流水施工是指在有节奏流水施工中，各施工过程的流水节拍都相等的流水施工，也称为固定节拍流水施工或全等节拍流水施工。

(1) 等节奏流水施工的特点

① 所有施工过程在各个施工段上的流水节拍均相等；

② 相邻施工过程的流水步距相等，且等于流水节拍；

③ 专业工作队数等于施工过程数，即每一个施工过程成立一个专业工作队，由该队完成相应施工过程的所有施工任务；

④ 各个专业工作队在各施工段上能够连续作业。

(2) 等节奏流水施工工期计算

① 不分层施工工期计算。等节奏流水施工的工期 T 可按如下公式计算：

$$T=(n-1)k+m×t+\sum G+\sum Z-\sum C=(m+n-1)k+\sum G+\sum Z-\sum C$$

式中，k 为等节奏流水施工的流水步距。

② 分层施工工期计算。当分层又分段施工时，$n\leqslant m$。若一层内技术间歇与组织间歇总时间为 H_1，$H_1=G+Z$；若层间技术间歇与组织间歇总时间为 H_2，层内的搭接时间为 C，则每一层施工段数空闲为 $(m-n)$，空闲的时间为 $(m-n)t$。因此 $(m-n)t=(m-n)k=H_1+H_2-C$，则 $m=n+(H_1+H_2-C)/k$，如果每一层的 H_1 和 H_2 不同，应取各层中最大值，此时 $m=n+(H_{1max}+H_{2max}-C)/k$。

其流水工期 T 可按下述公式计算：

$$T=(Arm+n-1)k+\sum G+\sum Z-\sum C$$

式中，A 为参加流水施工的单元，如建筑物；r 为每单元的施工层数。

(3) 等节奏流水施工计算案例

【例 3-1】 在某工程中，施工过程数目 $n=3$；施工段数目 $m=3$；流水节拍 $t=2$ 天；流水步距 $K_{1,2}=K_{2,3}=t=2$ 天；组织间歇 $Z_{2,3}=1$ 天；提前插入时间 $C_{1,2}=1$ 天。试绘制流水进度图。

【解】 其流水施工进度如图 3-6 所示。

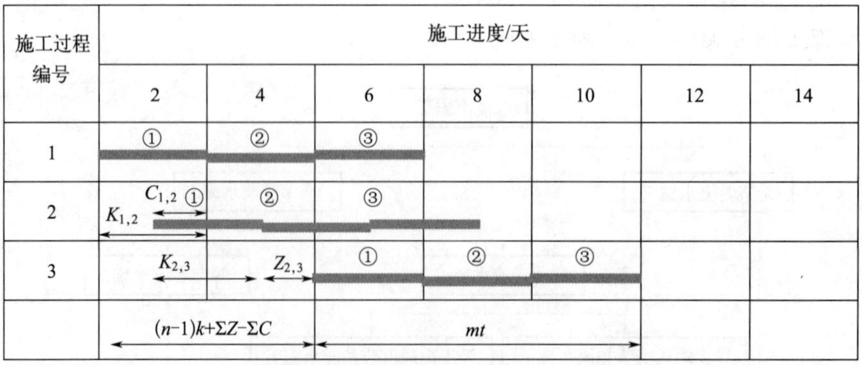

施工过程编号	施工进度/天						
	2	4	6	8	10	12	14
1	①	②	③				
2	$C_{1,2}$ ①	②	③				
3	$K_{2,3}$　$Z_{2,3}$		①	②	③		
	$(n-1)k+\sum Z-\sum C$		mt				

图 3-6　流水施工进度图

【例 3-2】 某两层房屋主体施工有两个施工过程 a、b。$t_1=t_2=2$ 天，两个施工过程技术间歇 $G=2$ 天，层间间歇 $H_2=2$ 天，试求工期并绘制进度图。

【**解**】 第一步要计算 m，$m = n + (H_{1\max} + H_{2\max} - \sum C)/k = 2 + (2 + 2 - 0)/2 = 4$ 天；

第二步要计算 T，$T = (rm + n - 1)k + \sum G = (2 \times 4 + 2 - 1) \times 2 + 2 = 20$ 天；

第三步绘制进度计划图，如图 3-7 所示。

施工过程		工作日/天									
		2	4	6	8	10	12	14	16	18	20
第一层	a	i	ii	iii	iv						
	b	k	G	i	ii	iii	iv				
第二层	a			k	H_2	i	ii	iii	iv		
	b					k	G	i	ii	iii	iv

图 3-7 按施工层绘制的进度图

也可以绘制成如图 3-8 所示。

施工过程	工作日/天									
	2	4	6	8	10	12	14	16	18	20
a	一 i	一 ii	一 iii	一 iv	二 i	二 ii	二 iii	二 iv		
b	k	G	一 i	一 ii	一 iii	一 iv	二 i	二 ii	二 iii	二 iv

图 3-8 按施工过程绘制的进度图

3.3.2 等步距异节奏流水施工

在通常情况下，组织等节奏流水施工是比较困难的。因为在任一施工段上，不同的施工过程，其复杂程度不同，影响流水节拍的因素也各不相同，很难使各个施工过程的流水节拍都彼此相等。但是，如果施工段划分得合适，保持同一施工过程各施工段的流水节拍相等是不难实现的。使某些施工过程的流水节拍成为其他施工过程流水节拍的倍数，即形成成倍节拍流水施工。在组织异节奏流水施工时，可以采用等步距和异步距两种方式。为了缩短流水施工工期，一般采用等步距异节奏流水施工方式。

（1）等步距异节奏流水施工特点

等步距异节奏流水施工是指在组织异节奏流水施工时，按每个施工过程流水节拍之间的比例关系，成立相应数量的专业工作队而进行的流水施工，也称为加快的成倍节拍流水施工。等步距异节奏流水施工具有以下特点：

① 同一施工过程在其各个施工段上的流水节拍均相等，不同施工过程的流水节拍不相等，其值为倍数关系；

② 相邻施工过程的流水步距相等，且等于流水节拍的最大公约数；

③ 专业工作队数大于施工过程数，部分或全部施工过程按倍数增加相应专业工作队；

④ 各个专业工作队在施工段上能够连续作业。

（2）等步距异节奏流水施工工期计算

① 计算流水步距。流水步距等于流水节拍的最大公约数。

② 确定专业工作队数目。每个施工过程成立的专业工作队数目可按下述公式计算：

$$b_j = t_j / K$$
$$n' = b_j$$

式中，b_j 为第 j 个施工过程的专业工作队数目；t_j 为第 j 个施工过程的流水节拍；K 为流水步距；n' 为专业工作队数目。

③ 流水施工工期计算。当不分层施工时流水施工工期计算公式如下：

$$T = (n'-1)k + m \times t + G + Z - C = (m + n' - 1)k + G + Z - C$$

当分层施工时，原理和等节奏流水施工相同，$m = n' + (H_{1max} + H_{2max} - C)/k$，流水施工工期计算公式如下：

$$T = (Arm + n' - 1)k + G + Z - C$$

式中，A 为房屋栋数。

④ 绘制进度计划图。在流水施工进度计划图中，除表明施工过程的编号或名称外，还应表明专业工作队的编号。某些专业工作队连续作业的施工段编号不应该是连续的。

3.3.3　异步距异节奏流水施工

(1) 异步距异节奏流水施工特点

异步距异节奏流水施工是指在组织异节奏流水施工时，每个施工过程成立一个专业工作队，由其完成各施工段任务的流水施工，也称为一般的成倍节拍流水施工。异步距异节奏流水施工具有如下特点：

① 同一施工过程在各个施工段上流水节拍均相等，不同施工过程之间的流水节拍不尽相等；

② 相邻施工过程之间的流水步距不尽相等；

③ 专业工作队数等于施工过程数；

④ 各个专业工作队在施工段上能够连续作业。

(2) 异步距异节奏流水施工工期计算

异步距异节奏流水施工通常采用累加数列错位相减取大差法计算流水步距。由于这种方法是由潘特考夫斯基首先提出的，故又称为潘特考夫斯基法。这种方法简洁、准确、便于掌握。

① 累加数列错位相减取大差法的基本步骤如下：

a. 各施工段上的流水节拍依次累加。对每一个施工过程在各施工段上的流水节拍依次累加，求得各施工过程流水节拍的累加数列。

b. 流水节拍累加数列错位相减。将相邻施工过程流水节拍累加数列中的后者错后一位，相减后求得一个差数列。

c. 流水步距确定。在差数列中取最大值，即为这两个相邻施工过程的流水步距。

d. 计算工期。工期计算公式如下：

$$T = \sum K + \sum t_n + \sum G + \sum Z - \sum C$$

② 公式计算法。当 K_i 大于等于 K_{i-1}，$K_i = K_{i-1}$；当 K_i 小于 K_{i-1}，$K_i = mt_{i-1} - (m-1)t_i$。

【例 3-3】　拟建某住宅工程，施工过程分为地基基础工程Ⅰ、主体结构工程Ⅱ、建筑装饰工程Ⅲ和建筑屋面工程Ⅳ，各施工过程流水节拍分别为 10 周、20 周、20 周、10

周。试组织等步距异节奏（施工段数 $m=4$）和异步距异节奏（施工段数 $m=4$）两种方式进行流水施工。

【解】（1）异步距异节奏流水施工计算

① 求各施工过程流水节拍的累加数列。

地基基础工程Ⅰ流水节拍的累加数列：10，20，30，40。

主体结构工程Ⅱ流水节拍的累加数列：20，40，60，80。

建筑装饰工程Ⅲ流水节拍的累加数列：20，40，60，80。

建筑屋面工程Ⅳ流水节拍的累加数列：10，20，30，40。

② 错位相减求得差数列。地基基础工程Ⅰ与主体结构工程Ⅱ数列错位相减：

	10	20	30	40	
−		20	40	60	80
=	10	0	−10	−20	−80

主体结构工程Ⅱ与建筑装饰工程Ⅲ数列错位相减：

	20	40	60	80	
−		20	40	60	80
=	20	20	20	20	−80

建筑装饰工程Ⅲ与建筑屋面工程Ⅳ数列错位相减：

	20	40	60	80	
−		10	20	30	40
=	20	30	40	50	−40

③ 流水步距。在差数列中取最大值求得流水步距：

$$K_{Ⅰ,Ⅱ}=\max(10,0,-10,-20,-80)=10$$
$$K_{Ⅱ,Ⅲ}=\max(20,20,20,20,-80)=20$$
$$K_{Ⅲ,Ⅳ}=\max(20,30,40,50,-40)=50$$

④ 计算工期。工期计算如下：

$$T=\sum K+\sum t_n+\sum G+\sum Z-\sum C=(10+20+50)+(10+10+10+10)=120\ \text{周}$$

⑤ 绘制进度计划图。进度计划图绘制如图 3-9 所示。

（2）等步距异节奏流水施工计算

① 计算流水步距。流水步距等于流水节拍的最大公约数。

$$K=(10,20,20,10)=10$$

② 确定专业工作队数目。每个施工过程成立的专业工作队数目可按公式计算：

$$b_Ⅰ=t_Ⅰ/K=10/10=1$$
$$b_Ⅱ=t_Ⅱ/K=20/10=2$$
$$b_Ⅲ=t_Ⅲ/K=20/10=2$$
$$b_Ⅳ=t_Ⅳ/K=10/10=1$$
$$n'=\sum b_j=1+2+2+1=6$$

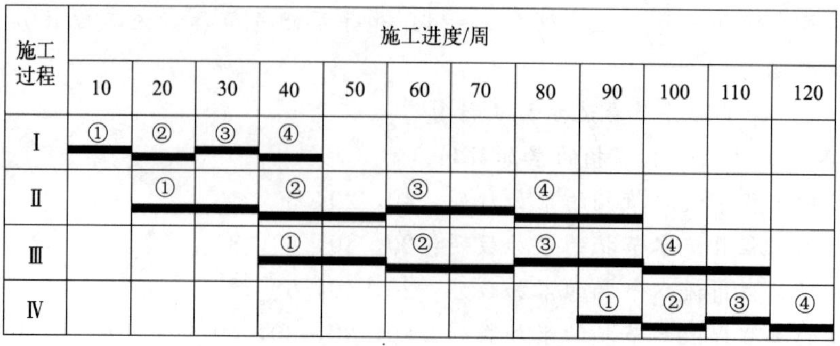

施工过程	施工进度/周											
	10	20	30	40	50	60	70	80	90	100	110	120
Ⅰ	①	②	③	④								
Ⅱ		①		②		③		④				
Ⅲ				①		②		③		④		
Ⅳ									①	②	③	④

图 3-9　异步距异节奏流水施工进度计划图

③ 流水施工工期计算。流水施工工期计算公式如下：

$$T=(n'-1)k+m\times t+\sum G+\sum Z-\sum C=(m+n'-1)k+$$
$$\sum G+\sum Z-\sum C=(4+6-1)\times 10=90 \text{ 周}$$

④ 绘制进度计划图，如图 3-10 所示。

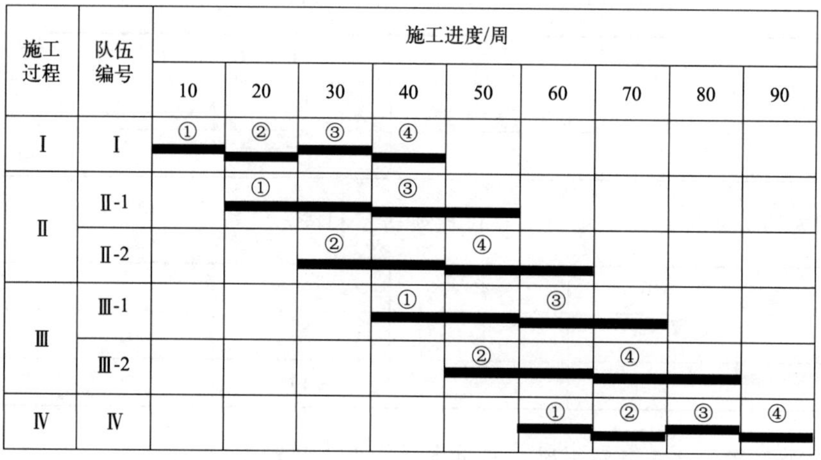

施工过程	队伍编号	施工进度/周								
		10	20	30	40	50	60	70	80	90
Ⅰ	Ⅰ	①	②	③	④					
Ⅱ	Ⅱ-1		①		③					
	Ⅱ-2			②		④				
Ⅲ	Ⅲ-1				①					
	Ⅲ-2					②		④		
Ⅳ	Ⅳ						①	②	③	④

图 3-10　等步距异节奏流水施工进度计划图

3.4　无节奏流水施工

　　无节奏流水施工是指在组织流水施工时，全部或部分施工过程在各个施工段上的流水节拍不相等的流水施工。无节奏流水施工也称为非节奏流水施工，这种施工是流水施工中最常见的一种。无节奏流水施工特点：

　　① 各施工过程在各施工段的流水节拍不全相等；

　　② 相邻施工过程的流水步距不尽相等；

　　③ 专业工作队数等于施工过程数；

　　④ 各专业工作队能够在施工段上连续作业，但有的施工段间可能有间隔时间。

　　和异步距异节奏流水施工计算方法相同，无节奏流水施工通常采用累加数列错位相减取大差法计算流水步距。

　　【例 3-4】 某工程由 3 个施工过程组成，分为 4 个施工段进行流水施工，其流水节拍如下，试确定其工期。

施工过程	施工段			
	①	②	③	④
Ⅰ	3	2	2	4
Ⅱ	1	3	3	3
Ⅲ	3	2	3	2

【解】（1）求各施工过程流水节拍的累加数列

Ⅰ流水节拍的累加数列：3，5，7，11。

Ⅱ流水节拍的累加数列：1，4，7，10。

Ⅲ流水节拍的累加数列：3，5，8，10。

（2）错位相减求得差数列

Ⅰ与Ⅱ数列错位相减：

	3	5	7	11	
−		1	4	7	10
=	3	4	3	4	−10

Ⅱ与Ⅲ数列错位相减：

	1	4	7	10	
−		3	5	8	7
=	1	1	2	2	−7

（3）流水步距

在差数列中取最大值求得流水步距：

$$K_{Ⅰ,Ⅱ} = \max(3,4,3,4,-10) = 4$$

$$K_{Ⅱ,Ⅲ} = \max(1,1,2,2,-7) = 2$$

（4）计算工期

工期计算如下：

$$T = \sum K + \sum t_n + \sum G + \sum Z - \sum C = (4+2)+(3+2+3+2) = 16 \text{ 周}$$

 在线习题

本章习题请扫二维码查看。

第4章
网络计划

 学习目标

了解网络计划概念；

掌握单、双代号网络计划编制与计算；

掌握搭接网络计划计算；

掌握时标网络计划的编制；

掌握网络计划优化计算。

4.1 网络计划的概念

网络计划技术是用网络图编制计划并用它来进行管理工作的一种科学方法。网络计划是在网络图上加注各项工作的时间参数而形成的工作计划。

网络计划有肯定型和非肯定型两种。肯定型网络计划是指工作、工作之间逻辑关系、工作持续时间三者都肯定的网络计划；非肯定型网络计划是指工作、工作之间逻辑关系、工作持续时间三者中任一项或多项不肯定的网络计划。

肯定型网络计划的网络图表达方式基本上分为两类。一类是双代号网络图，它是以箭线及其两端的节点表示工作的网络图。网络图中的箭线是一端带箭头的实线。节点是网络图中箭线端部的圆圈或其他形状的封闭图形。还有一种虚箭线，是一端带箭头的虚线，它在双代号网络图中表示一项虚拟的工作，只表示前后相邻工作之间的逻辑关系，既不占用时间，也不消耗资源。另一类是单代号网络图，是以节点及其编号表示工作，以箭线表示逻辑关系的网络图。

(1) 网络计划的优缺点

横道图计划的优点是较易编制、简单、明了、直观、易懂；因为有时间坐标，故各项工作的起止时间、工作持续时间、工作进度、总工期，以及流水作业的情况，都表示得清楚明确，对资源的使用也可在图上标注和叠加。但是，它不能全面地反映各项工作相互之间的关系和影响，不便于各种时间的计算，工作重点和时间潜力也不能反映出来，因此对提高管理水平是不利的。

(2) 网络计划技术与施工技术的关系

网络计划技术与施工技术虽然有密切联系，但两者的性质却是完全不同的。施工技术是指某项工程或某项工作在一定的自然条件、资源条件和技术条件下采用的工程实施技术，如混凝土灌注技术、吊装技术等。这中间包括机械的选择、工艺的确定、顺序的安排等。网络计划技术只是一种计划表达方法或管理方法，只要施工技术确定了，运用网络计划技术可以把施工安排好、管理好，而不需要施工技术所要求的物质条件、环境条件和技术条件做前提。它的作用是给管理人员提供管理信息，包括时间信息、进度信息、工作重点、资源状况和成本状况等，以便有针对性、主动地进行积极的管理，避免因管理不善而导致施工活动的混乱或浪费。

（3）网络计划技术的产生与发展

网络计划技术于 20 世纪 50 年代产生于美国，是为了适应生产和军事的需要研制的。网络计划技术产生以后，出现了许多新模式，形成了网络计划大家族。网络计划大家族可以分为三大类：非肯定型网络计划、肯定型网络计划和搭接网络计划。我国自创的"流水网络计划"，属于搭接网络计划类型，它把网络计划和流水作业结合起来使用，收到了很好的效果。我国引进网络计划技术应归功于数学大师华罗庚教授。他于 1965年在《人民日报》上发表了《统筹方法平话》，全面介绍了网络计划技术，把复杂的数学问题简单化，非常有利于网络计划技术的推广和应用。网络计划技术在加强科学管理方面得到了成效，尤其是建筑业，应用的效果非常显著。原建设部规定，工程承包的投标书中必须使用网络计划方法编制工程进度计划；施工组织设计的进度管理也要使用网络计划。网络计划技术成为工程监理和咨询的有力工具。

4.2 双代号网络计划

4.2.1 双代号网络图的绘制概述

4.2.1.1 双代号网络图的基本符号

双代号网络图中的基本符号，可以分为箭线和带有编号的节点。

（1）箭线

在双代号网络图中，箭线表示一项工作。在工程网络计划的网络图中，一项工作包含的范围大小视具体情况而定，小则表示一个工序、一个分项工程、一个分部工程（一幢建筑的主体结构或装修工程），大则表示某一建筑物施工的全部施工过程。

每一项工作都要占用一定时间（称作工作持续时间），一般也要消耗一定量资源，花费一定成本。凡是占用一定时间的施工过程都应作为一项工作来看待，用箭线表示出来。类似浇筑混凝土后的养护时间、抹灰的干燥时间、已确认的等待材料或设备到达施工现场的时间等，虽然这些工作可能并不消耗资源和花费成本，但均应视为一项工作。

箭线的指向表示工作进行的方向，水平直线投影的方向应自左至右。箭尾表示工作的开始，箭头表示工作的结束。

在非时标网络图中，箭线本身并不是矢量，它的长短并不反映工作持续时间的长短。箭线的形状可画成直线或折线，并应以水平线为主，斜线和竖线为辅。

虚箭线表示一项虚拟的工作（虚工作），不占用时间，不消耗资源。其作用是使有关工作的逻辑关系得到正确表达。

一般工作的名称标注在箭线的上方或左方，工作的持续时间标注在箭线的下方或右方，虚箭线的上下方不作标注。

（2）节点

双代号网络图节点宜用圆圈表示，节点表示两项（或两项以上）工作交接之点，既不占用时间，也不消耗资源，表示的是工作开始或完成的"瞬间"。

一项工作中箭线尾部的节点称为箭尾节点，又叫开始节点，箭线头部的节点称为箭头节点，又叫结束节点。

对一个节点来说，可能有许多箭线指向该节点，这些箭线称为内向箭线；同样，可能有许多箭线由该节点发出，这些箭线称为外向箭线。

网络图中第一个节点叫起点节点，它意味着一项计划或工程的开始，起点节点无内向箭线。网络图中最后一个节点叫终点节点，它意味着一项计划或工程的结束，终点节点无外向箭线。

节点的编号顺序应从小到大，可不连续，但严禁重复。一项工作只有唯一的一条箭线和相应的一对节点编号，且箭尾的节点编号应小于箭头的节点编号。

4.2.1.2　双代号网络图的逻辑关系

逻辑关系是工作之间相互制约或依赖的关系；在工程施工网络计划的网络图中，逻辑关系是根据施工工艺关系和组织关系确定的。逻辑关系是否正确，是网络图能否反映工程实际的关键，因此逻辑关系的处理成为网络图绘制的关键。为了确定并绘制正确的逻辑关系图，我们可就某一项具体工作而言，首先要弄清该工作必须在哪些工作之前进行？该工作必须在哪些工作之后进行？该工作可与哪些工作平行进行？为了说明这些关系，引入下面的几个术语概念，如图4-1所示。

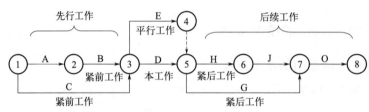

图4-1　逻辑术语

图中工作D称作"本工作"，紧排在本工作之前的工作B和C称作"紧前工作"，紧排在本工作之后的工作H和G称作"紧后工作"，与本工作同时进行的工作E称作"平行工作"。自起点节点至本工作之前各条线路段上的所有工作统称为"先行工作"；本工作之后至终点节点各条线路段上的所有工作统称为"后续工作"。由上述逻辑关系术语的概念可以看出，它们是有针对性的。一项工作的称谓与所要考查的对象有关，因此具有相对性，如当考察工作H时，H则为本工作，这时，工作D、E为紧前工作，工作J为紧后工作。工作间的逻辑关系是正确绘制网络图的基础。关于虚工作：工作4—5用虚箭线绘出，称作"虚工作"，它只表示其前后相邻的两项工作的逻辑关系，即G、H两项工作的紧前工作除D外还有E。如前所述，虚工作既不占用时间，也不消耗资源，是一项为正确表达工作间逻辑关系而虚拟的工作。在双代号网络图中利用虚工作是一种重要的表达方法。应用虚工作可解决以下几个问题：

第一，避免平行工作使用相同节点编号。如图4-2（a）所示，工作A、B共用2、3两个节点，也即工作2—3既表示A工作，又表示B工作，容易造成混乱。图4-2（b）和（c）应用虚工作，使工作逻辑关系得到了正确表达。

第二，正确反映工作间的联系。如有四项工作A、B、C、D，其中A工作完成后进行C工作，A、B工作均完成后进行D工作。为了解决A、D工作的联系，必须使用虚工作才能正确表达，如图 4-3 所示。

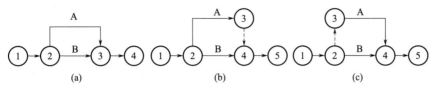

图 4-2　避免平行工作使用相同节点编号

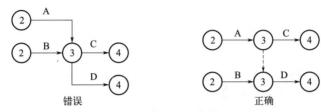

图 4-3　正确反映逻辑关系

　　第三，隔断无关工作间的联系。这是用网络图正确表达流水施工中各项工作间逻辑关系的重要手段。例如某现浇钢筋混凝土工程共有三个施工过程（支模、扎筋、浇混凝土），当分为 3 个施工段时，如果绘成图 4-4 的形式，那就错了，因为该网络计划中有些工作间的逻辑关系发生了混乱，如浇混凝土Ⅰ和支模Ⅱ本没有直接联系，但此网络计划中却把支模Ⅱ绘成混凝土Ⅰ的紧前工作，同样浇混凝土Ⅱ和支模Ⅲ也存在类似的问题。此类问题在绘制单位工程施工网络图时会经常遇到，解决的办法就是用虚箭线把这些没有联系的工作隔开，如图 4-5 中 4—5 隔开了混凝土Ⅰ和支模Ⅱ；6—7 隔开了混凝土Ⅱ和支模Ⅲ。

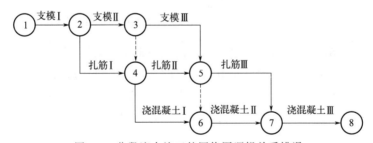

图 4-4　分段流水施工的网络图逻辑关系错误

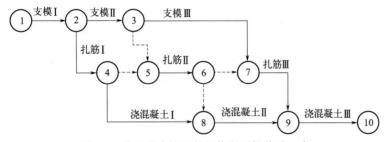

图 4-5　分段流水施工的网络图逻辑关系正确

4.2.1.3　双代号网络图的绘图规则和节点编号规则

　　双代号网络图必须正确表达已定的逻辑关系。先定逻辑关系（它是客观存在的），后用图形表示。要使已定的逻辑关系无遗漏地表达清楚，不要把没有关系的工作之间拉上关系，其技巧在于正确使用虚箭线，同时防止图中出现多余的虚箭线。图 4-6 中，2—3 与 4—5 两条虚箭线都是多余的虚箭线。

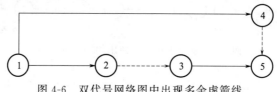

图 4-6　双代号网络图中出现多余虚箭线

双代号网络图中，严禁出现循环回路。循环回路违反网络图是有向有序图形的定义，使网络图的线路既无起点也无终点，形成怪圈，故应当绝对禁止。只要不画向左方指向的箭头，就不会产生循环回路。

双代号网络图中，在节点之间严禁出现带双向箭头或无箭头的连线。双向箭头方向矛盾，无箭头方向不明，都是不允许的。

双代号网络图中，严禁出现没有箭头节点或没有箭尾节点的箭线。图 4-7 中，1、4 节点之前出现了无箭尾节点的箭线；5、6 节点之后出现了没有箭尾节点的箭线，均不允许，因为它们不能代表一项工作。

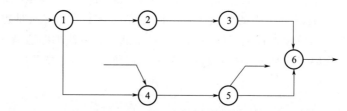

图 4-7　双代号网络图中出现了没有箭头节点和箭尾节点的箭线

当双代号网络图中某些节点有多条外向箭线或多条内向箭线时，在不违反一项工作只应有唯一的一条箭线和相应的一对节点编号的规定时，可用母线法绘制。当线型不同时，可在从母线引出的支线上标出，图 4-8 就是母线法绘图。

绘制网络图时，箭线不宜交叉，当交叉不可避免时，可用过桥法或指向法。图 4-9（a）是过桥法；图 4-9(b) 是指向法。

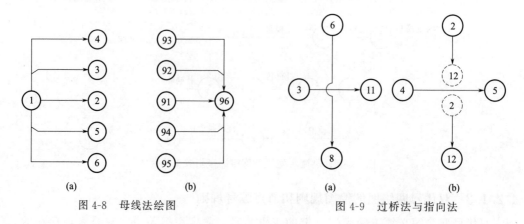

（a）　　　　　　　　（b）　　　　　　　　（a）　　　　　　（b）

图 4-8　母线法绘图　　　　　　　　图 4-9　过桥法与指向法

双代号网络图中应只有一个起点节点；在不分期完成任务的网络图中，应只有一个终点节点；而其他所有节点均应是中间节点。图 4-10（a）中，节点 1、4 均无内向箭线，故都是起点节点，是错误的。图 4-10（b）中，取消了节点 4，将节点 1、5 直连，则构成了只有一个起点节点的网络图。

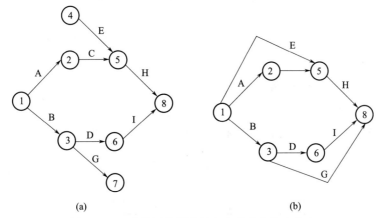

(a)　　　　　　　　　(b)

图 4-10　双代号网络图中的起点节点和终点节点

在图 4-10（a）中，7、8 节点均无外向箭线，故都是终点节点，是错误的；在图 4-10（b）中，取消了节点 7，将 3、8 节点连起来，形成了只有一个终点节点的网络图。

节点编号规则：每个节点均应编号；编号使用数字，但不使用数字 0；节点编号应自左向右、由小到大，使箭头节点编号大于箭尾节点编号；节点编号不应重复；节点编号可不连续。

4.2.2　双代号网络图绘图方法与案例

4.2.2.1　逻辑关系表达方法

根据每项工作的紧前工作关系或紧后工作关系，均可绘制双代号网络图。如果用紧前工作关系绘制网络图，可用紧后工作关系进行检验；反之，如果用紧后工作关系绘制网络图，则可用紧前工作关系进行检验。

下面是各种逻辑关系的正确表达方法。

（1）绘制没有紧前工作的箭线，使它们自同一个节点开始。

（2）依次绘制其他工作箭线。当工作只有一项紧前工作时，则将该工作箭线画在紧前工作箭线之后；若该工作有多项紧前工作时，应具体分析：

① 对于所要绘制的工作，若在其紧前工作之中存在一项只作为该工作紧前工作的工作，则应将该工作箭线直接画在其紧前工作箭线之后，然后用虚箭线将其他紧前工作的箭头节点与该工作箭线的箭尾节点分别相连。

② 若在其紧前工作之中存在多项只作为该工作紧前工作的工作，应先将这些紧前工作的箭头节点合并，再从合并的箭头后画出该工作箭线，最后用虚箭线将其他紧前工作的箭头节点与该工作箭线的箭尾节点分别相连。

③ 若不存在情况①和②时，应判断该工作的所有紧前工作是否同时作为其他工作

的紧前工作。如果上述条件成立,应先将这些紧前工作箭线的箭头节点合并后,再从合并的节点开始画出该工作箭线。

④ 若不存在情况①、②和③时,应将该工作箭线单独画在其紧前工作箭线之后的中部,然后用虚箭线将其紧前工作箭线的箭头节点与该工作箭线的箭尾节点分别相连。

(3)合并没有紧后工作的工作箭线的箭头节点。

(4)节点编号。

当已知每一项工作的紧后工作时,绘制方法类似,只是其绘图的顺序由上述的从左向右改为从右向左。

4.2.2.2　绘制双代号网络图案例

【例 4-1】　工作 A、B、C 无紧前工作,D 的紧前工作是 A、B,E 的紧前工作是 A、B、C,G 的紧前工作是 D、E,如表 4-1 所示。试绘制双代号网络图。

表 4-1　逻辑关系

工作	A	B	C	D	E	G
紧前工作	—	—	—	A、B	A、B、C	D、E

【解】　参照前文逻辑关系表达方法内容绘图。

第一步,根据(1),绘制 A、B、C。(1)绘制没有紧前工作的箭线,使它们自同一个节点开始。

第二步,根据③绘制 D。A、B 作为一个整体在 D 的紧前工作中出现了。同时注意如果 A、B 工作合并了,会存在同名现象,所以要加一个虚工作。

第三步,根据①绘制 E。将 E 画在 C 后面,其他工作和 E 用虚箭线连接。

第四步,根据②绘制 G。D、E 在其他工作的紧前工作中都没有出现,因此先将其箭头节点合并,再从合并的节点后画出 G。

第五步,根据(4)进行节点编号。

整个绘制过程如图 4-11 所示。

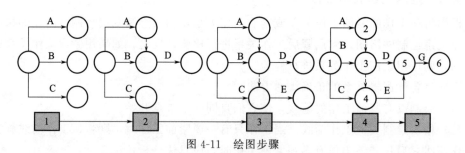

图 4-11　绘图步骤

4.2.3　工作计算法计算时间参数

网络计划计算的目的是计算出各种时间参数,为管理工作提供信息;求出总工期;确定关键工作和关键线路。各种参数的定义:

最早开始时间(ES_{i-j}):各紧前工作全部完成后,本工作有可能开始的最早时刻。

最早完成时间(EF_{i-j}):各紧前工作全部完成后,本工作有可能完成的最早时刻。

最迟开始时间(LS_{i-j}):在不影响整个任务按期完成的前提下,工作必须开始的最迟时刻。

最迟完成时间（LF_{i-j}）：在不影响整个任务按期完成的前提下，工作必须完成的最迟时刻。

节点最早时间（ET_i）：双代号网络计划中，以该节点为开始节点的各项工作的最早开始时间。

节点最迟时间（LT_i）：双代号网络计划中，以该节点为完成节点的各项工作的最迟完成时间。

计算工期（T_c）：根据时间参数计算所得到的工期。

要求工期（T_r）：任务委托人所提出的指令性工期。

计划工期（T_p）：根据要求工期和计算工期所确定的作为实施目标的工期。

自由时差（FF_{i-j}）：在不影响其紧后工作最早开始时间的前提下，本工作可以利用的机动时间。

总时差（TF_{i-j}）：在不影响计划工期的前提下，本工作可以利用的机动时间。

按工作计算法计算时间参数的顺序：最早开始时间→最早完成时间→计算工期→计划工期→最迟完成时间→最迟开始时间→总时差→自由时差。

【例 4-2】　计算如图 4-12 所示案例。

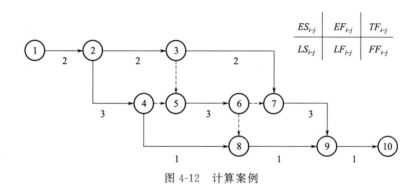

图 4-12　计算案例

【解】（1）ES 计算公式

首先计算的是工作最早开始时间 ES。工作 i—j 的最早开始时间 ES_{i-j} 应从网络计划的起点节点开始，顺着箭线方向依次逐项计算，直至终点节点。以起点节点 i 为箭尾节点的工作 i—j，当未规定其最早开始时间 ES_{i-j} 时，其值应等于零，即

$$ES_{i-j} = 0 (i=1)$$

当工作 i—j 有紧前工作时，其最早开始时间 ES_{i-j} 应为

$$ES_{i-j} = \max(ES_{h-i} + D_{h-i})$$

式中，D_{h-i} 为工作 i—j 的紧前工作 h—i 的持续时间。

假设没有时间约束。工作 1—2 的最早时间为 0，工作 2—3 的紧前工作为 1—2，它的最早开始时间为 0+2=2；工作 2—4 的紧前工作为 1—2，它的最早时间为 0+2=2；工作 5—6 有两个紧前工作，分别为工作 2—3 和工作 2—4，因此它的最早时间为 $\max(2+2, 2+3) = 5$。其他工作最早开始时间可以依次算出。

（2）EF 计算公式

第二是工作最早完成时间 EF 的计算。工作 i—j 的最早完成时间 EF_{i-j} 的计算应

按公式规定进行计算：$EF_{i-j}=ES_{i-j}+D_{i-j}$。

依据最早完成时间还可以确定工期：和最后一个节点相连的所有工作最早完成时间的最大值为工期。

最早完成时间没有顺序关系，以工作2—3为例，它的最早完成时间为2+2=4；工作2—4的最早完成时间为2+3=5。其他依次类推。同时还可以计算出工期为12。

（3）LF 计算公式

第三是工作最迟完成时间 LF 的计算。工作 $i—j$ 的最迟完成时间 LF_{i-j} 应从网络计划的终点节点开始，逆着箭线方向依次逐项计算，直至起点节点。可按下列步骤进行：

① 以终点节点（$j=n$）为箭头节点工作的最迟完成时间 LF_{i-n} 应按网络计划的计划工期 T_p 确定，即

$$LF_{i-n}=T_p$$

② 其他工作 $i—j$ 的最迟完成时间 LF_{i-j} 应为其紧后工作最迟完成时间与该紧后工作的持续时间之差中的最小值，应按以下公式计算：

$$LF_{i-j}=\min(LF_{j-k}-D_{j-k})$$

式中，LF_{j-k} 为工作 $i—j$ 的各项紧后工作 $j—k$ 的最迟完成时间；D_{j-k} 为工作 $i—j$ 的各项紧后工作 $j—k$ 的持续时间。

首先计算工作9—10的工作最迟完成时间并以此为工期，工作7—9的紧后工作为9—10，它的工作最迟完成时间为12—1=11；工作8—9的紧后工作为9—10，它的工作最迟完成时间为12—1=11；工作5—6的紧后工作为7—9和8—9，因此它的最迟完成时间为：$\min(11-3,11-1)=8$。其他依次类推。

（4）LS 计算公式

第四是工作最迟开始时间的计算。工作 $i—j$ 的最迟开始时间 LS_{i-j} 应按公式规定计算，即：$LS_{i-j}=LF_{i-j}-D_{i-j}$。这个参数的计算没有顺序，如工作5—6的工作最迟开始时间为8—3=5。其他依次类推。

（5）TF 计算公式

第五是工作总时差 TF 的计算。该计算值为最迟开始时间与最早开始时间的差，或最迟完成时间与最早完成时间的差，即

$$TF_{i-j}=LS_{i-j}-ES_{i-j}$$
$$TF_{i-j}=LF_{i-j}-EF_{i-j}$$

这个参数的计算也没有顺序，以工作5—6为例，它的工作总时差为5—5=0或8—8=0。其他可依次算出。

（6）FF 计算公式

第六是工作自由时差 FF 的计算。当工作 $i—j$ 有紧后工作 $j—k$ 时，其自由时差应为紧后工作最小的最早开始时间与本工作的最早完成时间的差，即 $FF_{i-j}=\min(ES_{j-k})-EF_{i-j}$。

终点节点（$j=n$）为箭头节点的工作，其自由时差 FF_{i-j} 为工期减去最早完成时间，即 $FF_{i-n}=T_p-EF_{i-n}$。

以工作5—6为例，它有两个紧后工作，分别为工作7—9和8—9，这两个工作的最早开始时间都为8，因此工作5—6的最早完成时间为8，自由时差为8—8=0。

工作 9—10 和终点节点相连，因此它的自由时差为工期 12 减去它的最早完成时间 12，等于 0。最终结果如图 4-13 所示。

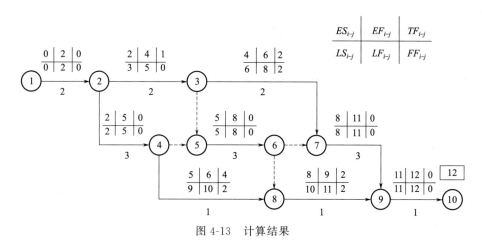

图 4-13　计算结果

（7）关键工作和关键线路的确定

① 关键工作的确定。网络计划中机动时间最少的工作称为关键工作，因此网络计划中工作总时差最小的工作就是关键工作。

当计划工期等于计算工期时，"最小值"为 0，即总时差为零的工作就是关键工作。

当计划工期小于计算工期时，"最小值"为负，即关键工作的总时差为负值，说明应制订更多措施以缩短计算工期。

当计划工期大于计算工期时，"最小值"为正，即关键工作的总时差为正值，说明计划工期已留有余地。

② 关键线路的确定。网络计划中自始至终全部由关键工作组成的线路称为关键线路。在肯定型网络计划中是指线路上工作总持续时间最长的线路。关键线路在网络图中宜用粗线、双线或彩色线标注。

双代号网络计划关键线路的确定，从起点节点到终点节点观察，将关键工作连接起来形成的通路就是关键线路。

单代号网络计划关键线路的确定，将相邻两项关键工作间隔时间为 0 的关键工作连接起来而形成的自起点节点到终点节点的通路就是关键线路。

在本例中计划工期等于计算工期，即 $T_p = T_c$，因此总时差为零的工作就是关键工作，即①→②、②→④、⑤→⑥、⑦→⑨、⑨→⑩为关键工作。

本例中的关键线路为①→②→④→⑤→⑥→⑦→⑨→⑩。

4.2.4　节点计算法计算时间参数

按节点计算法计算时间参数的顺序：节点最早时间→计算工期→计划工期→节点最迟时间→工作的最早开始时间→工作的最早完成时间→工作的最迟完成时间→工作的最迟开始时间→总时差→自由时差。

从双代号网络计划的工作计算法可知，对于一个节点而言，其各条内向箭线的最迟完成时间一定相同，它们都等于各紧后工作最迟开始时间的最小值；节点各条外向箭线的最早开始时间一定相同，它们都等于各紧前工作最早完成时间的最大值。节点计算中每个节点的时间参数就是根据这一规律设定的，即节点最早时间 ET_i 表示节点后各项工作的最早开始时间；节点最迟时间 LT_i 表示节点前各项工作的最迟完成时间。如果计算出网络计划中所有节点的这两个参数，则相当于所有工作的最早时间、最迟时间均已确定，相应工作的时差也可随之计算出来。

（1）节点最早时间的计算

计算节点最早时间时，节点 i 的最早时间 ET_i 应从网络计划的起点节点开始，顺着箭线方向，逐项计算直至终点节点为止，可按下列规定和步骤进行计算：

起点节点 i 如果未规定最早时间 ET_i 时，其值应等于零，即 $ET_i=0(i=1)$，其他节点按照 $ET_j=\max(ET_i+D_{i-j})$ 计算。

在该题中，节点的最早时间应从网络图的起点节点①开始，顺着箭线方向逐个计算。由于该网络计划的起点节点的最早时间无规定，因此其值等于零，即

$$ET_i=ET_1=0$$

其他节点的最早时间计算如下：

$$ET_2=\max(ET_1+D_{1-2})=0+2=2$$
$$ET_3=\max(ET_2+D_{2-3})=2+2=4$$
$$ET_4=\max(ET_2+D_{2-4})=2+3=5$$
$$ET_5=\max(ET_3+D_{3-5},ET_4+D_{4-5})=\max(4+0,5+0)=5$$
$$\vdots$$
$$ET_{10}=\max(ET_9+D_{9-10})=11+1=12$$

（2）网络计划的计划工期

网络计划的计算工期可按公式 $T_c=ET_n$ 计算。由于该计划没有要求工期 T_r，故计算工期就是计划工期，即

$$T_p=T_c=ET_{10}=12$$

（3）节点最迟时间的计算

节点最迟时间计算时，节点 i 的最迟时间 LT_i 应从网络计划的终点节点开始，逆着箭线方向逐项计算直至起点节点为止；当部分工作分期完成时，有关节点的最迟时间必须从分期完成节点开始逆着箭线方向逐项计算，可按下列规定和步骤进行计算：

终点节点 n 的最迟时间 LT_n 应按网络计划的计划工期 T_p 确定，即 $LT_n=T_p$，其他节点 i 的最迟时间 LT_i 应为 $LT_i=\min(LT_j-D_{i-j})$。

本例终点节点⑩的最迟时间是

$$LT_{10}=12$$

其他节点的最迟时间按公式计算，由此可得到

$$LT_9=\min(LT_{10}-D_{9-10})=12-1=11$$
$$LT_8=\min(LT_9-D_{8-9})=11-1=10$$
$$LT_7=\min(LT_9-D_{7-9})=11-3=8$$
$$LT_6=\min(LT_7-D_{6-7},LT_8-D_{6-8})=\min(8-0,10-0)=8$$
$$\vdots$$
$$LT_1=\min(LT_2-D_{1-2})=2-2=0$$

将以上算得的节点时间填在网络图的网络相应位置上，如图 4-14 所示。

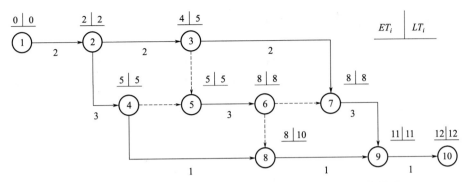

图 4-14 双代号网络计划按节点计算法计算时间参数的计算结果

（4）工作最早开始时间的计算

工作 $i—j$ 的最早开始时间 ES_{i-j} 可按以下公式计算：

$$ES_{i-j}=ET_i$$

每项工作的最早开始时间，实际上就是其箭尾节点的最早时间，可按以上公式计算，即：

$$ES_{1-2}=ET_1=0$$
$$ES_{2-3}=ET_2=2$$
$$ES_{2-4}=ET_2=2$$
$$ES_{3-7}=ET_3=4$$
$$ES_{4-8}=ET_4=5$$
$$ES_{5-6}=ET_5=5$$
$$ES_{7-9}=ET_7=8$$
$$ES_{8-9}=ET_8=8$$
$$ES_{9-10}=ET_9=11$$

（5）工作最早完成时间的计算

工作 $i—j$ 的最早完成时间 EF_{i-j} 可按以下公式计算：

$$EF_{i-j}=ET_i+D_{i-j}$$

工作最早完成时间可按以上公式计算，由此可得到

$$EF_{1-2}=ET_1+D_{1-2}=0+2=2$$
$$EF_{2-3}=ET_2+D_{2-3}=2+2=4$$
$$EF_{2-4}=ET_2+D_{2-4}=2+3=5$$
$$EF_{3-7}=ET_3+D_{3-7}=4+2=6$$
$$EF_{4-8}=ET_4+D_{4-8}=5+1=6$$
$$EF_{5-6}=ET_5+D_{5-6}=5+3=8$$
$$EF_{7-9}=ET_7+D_{7-9}=8+3=11$$
$$EF_{8-9}=ET_8+D_{8-9}=8+1=9$$
$$EF_{9-10}=ET_9+D_{9-10}=11+1=12$$

（6）工作最迟完成时间的计算

工作 $i—j$ 的最迟完成时间 LF_{i-j} 可按以下公式计算：

$$LF_{i-j}=LT_j$$

工作最迟完成时间可用以上公式进行计算，由此可得到

$$LF_{9-10}=LT_{10}=12$$
$$LF_{8-9}=LT_9=11$$
$$LF_{7-9}=LT_9=11$$
$$LF_{5-6}=LT_6=8$$
$$LF_{4-8}=LT_8=10$$
$$LF_{3-7}=LT_7=8$$
$$LF_{2-4}=LT_4=5$$
$$LF_{2-3}=LT_3=5$$
$$LF_{1-2}=LT_2=2$$

（7）工作最迟开始时间的计算

工作 $i—j$ 的最迟开始时间 LS_{i-j} 可按以下公式计算：

$$LS_{i-j}=LT_j-D_{i-j}$$

工作最迟开始时间可按以上公式计算，由此可得到

$$LS_{9-10}=LT_{10}-D_{9-10}=12-1=11$$
$$LS_{8-9}=LT_9-D_{8-9}=11-1=10$$
$$LS_{7-9}=LT_9-D_{7-9}=11-3=8$$
$$LS_{5-6}=LT_6-D_{5-6}=8-3=5$$
$$LS_{4-8}=LT_8-D_{4-8}=10-1=9$$
$$LS_{3-7}=LT_7-D_{3-7}=8-2=6$$
$$LS_{2-4}=LT_4-D_{2-4}=5-3=2$$
$$LS_{2-3}=LT_3-D_{2-3}=5-2=3$$
$$LS_{1-2}=LT_2-D_{1-2}=2-2=0$$

（8）工作总时差的计算

工作 $i—j$ 的总时差 TF_{i-j} 应按以下公式计算：

$$TF_{i-j}=LT_j-ET_i-D_{i-j}$$

工作总时差可按以上公式进行计算，由此可得到

$$TF_{1-2}=LT_2-ET_1-D_{1-2}=2-0-2=0$$
$$TF_{2-3}=LT_3-ET_2-D_{2-3}=5-2-2=1$$
$$TF_{5-6}=LT_6-ET_5-D_{5-6}=8-5-3=0$$
$$\vdots$$

（9）工作自由时差的计算

工作 $i—j$ 的自由时差 FF_{i-j} 应按以下公式计算：

$$FF_{i-j}=\min(ET_j)-ET_i-D_{i-j}$$

式中，j 包括 j 节点后与 j 相连接的虚工作的节点。

工作自由时差可按以上公式进行计算，由此可得到

$$FF_{1-2}=ET_2-ET_1-D_{1-2}=2-0-2=0$$
$$FF_{2-3}=\min(ET_3,ET_5)-ET_2-D_{2-3}=4-2-2=0$$
$$FF_{2-4}=\min(ET_4,ET_5)-ET_2-D_{2-4}=5-2-3=0$$
$$\vdots$$

最后计算结果和工作法相同。

4.3 单代号网络计划

4.3.1 单代号网络图的绘制

(1) 单代号网络图的基本符号

单代号网络图是在工作流程图的基础上演绎而成的网络计划形式，它具有绘制简便、逻辑关系容易表达、不用虚箭线、便于检查和修改等优点，但在多进多出的节点处容易发生箭线交叉，因此不如双代号网络图清楚。

单代号网络图中节点代表一项工作，既占用时间，又消耗资源，节点可用圆圈或方框表示，如图 4-15 所示。

在单代号网络图中，箭线仅表示工作间的逻辑关系。它既不占用时间，又不消耗资源。箭尾节点是箭头节点的紧前工作；箭头节点是箭尾节点的紧后工作。在单代号网络图中，节点均需编

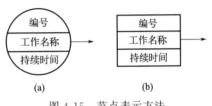

图 4-15 节点表示方法

号，箭头节点的编号要大于箭尾节点的编号，每项工作可用一个节点编号来代表，因此叫"单代号"。一项工作必须有唯一的一个节点及相应的一个编号。单代号网络图中工作间的逻辑关系仍然是根据工艺及组织两种需求来确定的，在绘制时比较简单。

(2) 单代号网络图的绘图规则和编号规则

单代号网络图的绘图规则如下：单代号网络图必须正确表达已定的逻辑关系。单代号网络图中，严禁出现循环回路；严禁出现双向箭头或无箭头的连线；严禁出现没有箭尾节点的箭线和没有箭头节点的连线。绘制网络图时，箭线不宜交叉，当交叉不可避免时，可采用过桥法和指向法绘制。单代号网络图应只有一个起点节点和一个终点节点；当网络图中出现多项起点节点和多项终点节点时，应在网络图的两端分别设置一项虚工作，作为该网络图的起点节点（St）和终点节点（Fin）。

从以上规则可以看出，单代号网络图的绘图规则与双代号网络图的绘图规则基本相同。单代号网络图的编号规则与双代号网络图的编号规则也相同。

4.3.2 单代号网络计划时间参数的计算

单代号网络计划时间参数的计算原理基本上与双代号网络计划的计算原理相同，只是增加了时间间隔，且自由时差的计算略有不同。计算步骤是：最早开始时间→最早完成时间→计算工期→计划工期→时间间隔→总时差→自由时差→最迟完成时间→最迟开始时间。

【例 4-3】 单代号网络计划参数的标注形式如图 4-16 所示，试求各参数。

各符号的含义和双代号相同，多了个时间间隔 LAG，它是指紧后工作的 EF 与本工作 ES 的差值。

【解】 （1）ES 和 EF 及工期计算

单代号网络计划工作最早开始时间、工作最早完成时间的计算和双代号网络计划的

计算相同。最后一个节点的最早完成时间就是工期。计算结果如图 4-17 所示。

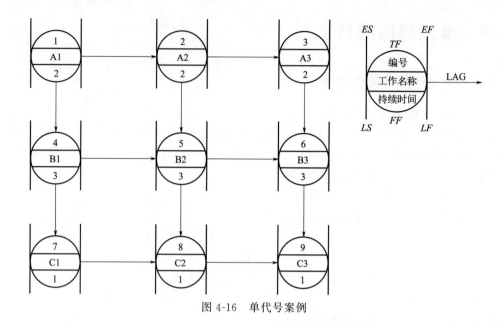

图 4-16 单代号案例

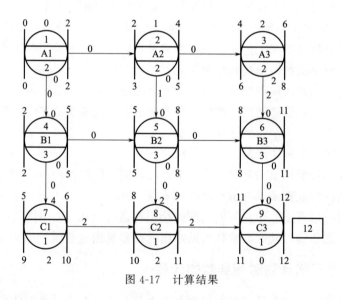

图 4-17 计算结果

（2）LAG 计算

第三个要计算的是相邻两项工作时间间隔。相邻两项工作 i 和 j 之间的时间间隔 $LAG_{i,j}$ 的计算公式为：$LAG_{i,j} = ES_j - EF_i$。

终点节点与其紧前工作的时间间隔为：$LAG_{i,n} = T_p - EF_i$。

以工作 B2 和 B3 的时间间隔为例，$LAG_{5,6}$ 等于 $8-8=0$。其他依次类推。

（3）TF 计算

第四个要计算的是总时差。工作 i 的总时差 TF_i 应从网络计划的终点节点开始，逆着箭线方向逐项计算，其计算公式为 $TF_i = \min(TF_j + LAG_{i,j})$。

C3 为最后一个工作，总时差为 0；C2 只有一个紧后工作 C3，总时差为 $0+2=2$；B3 只有一个紧后工作 C3，总时差为 $0+0=0$；B2 有两个紧后工作 C2 和 B3，总时差为 $\min(0+2,0+0)=0$，其他依次类推。

（4）FF 计算

第五个要计算的是自由时差，其计算公式为 $FF_i=\min(\mathrm{LAG}_{i,j})$。以 A1 为例，它有两个 LAG，都是 0，取其最小值，A1 的自由时差为 0。其他依次类推。

（5）LF 计算

第六个要计算的是最迟完成时间，其计算公式为 $LF_i=EF_i+TF_i$。以 A1 为例，其最迟完成时间为 $0+2=2$，其他依次类推。

（6）LS 计算

最迟开始时间和双代号相同。最后计算结果如图 4-17 所示。

（7）单代号网络计划关键线路的确定

将相邻两项关键工作之间时间间隔为 0 的，或总时差最小的关键工作连接起来而形成的自起点节点到终点节点的通路就是关键线路，也可以是线路上工作总持续时间最长的线路，该案例的关键线路为 A1→B1→B2→B3→C3。

4.4　搭接网络计划

在工作包中各工程活动之间以及工作包之间存在着时间上的相关性，即逻辑关系。只有全面定义了工程活动之间的逻辑关系才能将项目的静态结构（项目分解结构）转化成一个动态的实施过程（网络）。工程活动逻辑关系的安排是进度计划的一个重要方面。

4.4.1　逻辑关系

两个活动之间有不同的逻辑关系，逻辑关系有时又被称为搭接关系，而搭接所需的持续时间又被称为搭接时距。常见的搭接关系有：

（1）FTS 关系，即结束-开始（finish to start）关系

这是一种常见的逻辑关系，即紧后活动的开始时间受紧前活动结束时间的制约。例如混凝土浇捣成型之后，至少要养护 7 天才能拆模，见图 4-18。通常将 A 称为 B 的紧前活动，B 称为 A 的紧后活动。

图 4-18　FTS 关系

当 FTS=0 时，即紧前活动完成后就可以开始紧后活动。这是最常见的工程活动之间的逻辑关系。

（2）STS 关系，即开始-开始（start to start）关系

紧前活动开始一段时间后，紧后活动才能开始，即紧后活动的开始时间受紧前活动开始时间的制约。例如某基础工程采用井点降水，按规定抽水设备安装完成后，就可以开始基坑排水，基坑排水开始一天后，即可开挖基坑，在开挖过程中排水不间断地进行，见图 4-19。

图 4-19 STS 关系

（3）FTF 关系，即结束-结束（finish to finish）关系

紧前活动结束一段时间后，紧后活动才能结束，即紧后活动的结束时间受紧前活动结束时间的制约。例如基础回填土结束后基坑排水才能停止，如图 4-20 所示。

图 4-20 FTF 关系

（4）STF 关系，即开始-结束（start to finish）关系

紧前活动开始一段时间后，紧后活动才能结束。如基坑开挖开始 60 天后，井点降水才能结束，如图 4-21 所示。

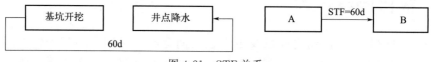

图 4-21 STF 关系

上述搭接时距是允许的最小值，即实际安排可以大于它，但不能小于它。例如图 4-18 中，浇混凝土后至少 7 天才能拆模，10 天也可以，但 5 天就不行。

4.4.2 逻辑关系的安排及搭接时距的确定

安排活动之间的逻辑关系时，通常对每项活动应考虑它与哪些活动之间存在何种搭接关系。工程活动逻辑关系的安排和搭接时距的确定是一项专业性很强的工作，它由项目的类型和工程活动性质所决定。这要求管理者对项目的实施过程，特别是技术系统的建立过程有深入的理解。一般从以下几个方面来考虑：

① 按系统工作过程安排。任何工程项目一般依次经过立项、设计实施、验收、运行各个阶段，不能打破这个次序，这是由项目自身的逻辑性所决定的。

② 专业活动之间的搭接关系。例如各种设备（如水、电等）安装必须与土建施工活动交叉、搭接。

③ 工艺上的关系。例如只有做完基础之后才能进行上部结构的施工，只有完成结构工程后才能做装饰工程等。

④ 技术规范的要求，如有些工序之间有技术间歇的要求。例如混凝土浇捣之后，按规范至少需养护 7 天才能拆模；墙面粉刷后至少需 10 天才能上油漆，否则不能保证质量。

⑤ 办事程序要求。例如设计图纸完成后必须经过批准才能施工，而批准时间按合同规定都有时间要求；又如在通常的招标投标过程中，从投标截止到开标，再到决标，从合同签订到开工，一般都有规定的最大时间间隔。

⑥ 施工组织的要求。例如在一个工厂建设项目中有五个单项工程，是按次序施工，还是实行平行施工，或是采取分段流水施工，这由施工组织计划安排的。

⑦ 其他情况。当工期或资源不平衡时，常常要调整施工顺序，施工顺序的安排要考虑到人力、物力的限制，资源的平衡和施工的均衡性要求，以求最有效地利用人力和物力。对有些永久性建筑建成后可以服务施工的，应安排先行施工，如给排水设施、输变电设施、现场道路工程等。气候的影响，例如应在冬雨季到来之前争取主楼封顶等。对承包商来说，有时还会考虑到资金的影响，例如为了尽早收回工程款减少垫支，将有些活动提前安排，或提前结束。

4.4.3 搭接网络计划时间参数的计算

单代号搭接网络计划时间参数计算的内容包括：①工作的最早开始时间 ES_i 和最早完成时间 EF_i；②工作的最迟开始时间 LS_i 和最迟完成时间 LF_i；③间隔时间 $\text{LAG}_{i,j}$、总时差 TF_i、自由时差 FF_i 和线路时差；④关键线路的确定。

4.4.3.1 计算公式

(1) 工作的最早开始时间（ES）

当该工作为虚拟的开始工作（节点）时，一般令其最早开始时间等于零，即 $ES_i = 0$；当该工作不是虚拟的开始工作时，根据搭接关系，按下列公式中的相应公式计算。当存在多种搭接关系时，分别取计算值的最大值。其计算逻辑如图 4-22 所示。

$$ES_j = EF_i + \text{FTS}_{i,j}$$
$$ES_j = ES_i + \text{STS}_{i,j}$$
$$ES_j = EF_i + \text{FTS}_{i,j} - D_j$$
$$ES_j = ES_i + \text{STF}_{i,j} - D_j$$

如果有多个紧前工作时间，还要再次取 ES 的最大值。

某项工作由于与紧前工作存在 $\text{STF}_{i,j}$ 关系，利用公式计算的结果可能会出现小于零的情况，这与网络图只有一个起点节点的规则不符。应令该工作的最早开始时间等于零，且需用虚箭线将该节点与开始节点连接起来，设定搭接关系为 $\text{STS}=0$。

(2) 工作的最早完成时间（EF）

该时间参数的计算与非搭接网络计划相同，即 $EF_i = ES_i + D_i$。对于搭接网络计划，由于存在比较复杂的搭接关系，可能会出现按公式计算某些工作的最早完成时间大于虚拟终点节点最早完成时间的情况。出现这种情况时，应令终点节点的最早开始时间（或最早完成时间）等于网络计划中各项工作最早完成时间的最大值，并需用虚箭线将该节点与终点节点连接起来，设定关系为 $\text{FTF}=0$。

(3) 搭接网络计划的工期

搭接网络计划计算工期与计划工期的计算和确

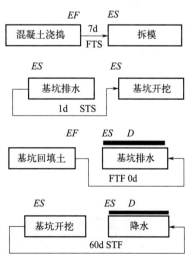

图 4-22 ES 计算的逻辑关系

定方法与前述普通单代号网络计划相同。

（4）工作的最迟完成时间（LF）

搭接网络计划的工作最迟完成时间分两种情况计算。当该工作为虚拟的终点节点时，其最迟完成时间等于计划工期，即 $LF=T_p$；当该工作不是虚拟的终点节点时，根据搭接关系，按下列公式中的相应公式计算。其计算逻辑如图 4-23 所示。

$$LF_i=LS_j-\mathrm{FTS}_{i,j}$$
$$LF_i=LS_j+D_i-\mathrm{STS}_{i,j}$$
$$LF_i=LF_j-\mathrm{FTF}_{i,j}$$
$$LF_i=LF_j+D_i-\mathrm{STS}_{i,j}$$

当该工作与紧后工作存在多种搭接关系时，取计算值的最小值。当某项工作的最迟完成时间大于工期，应将该工作与终点节点相连，重新计算参数。

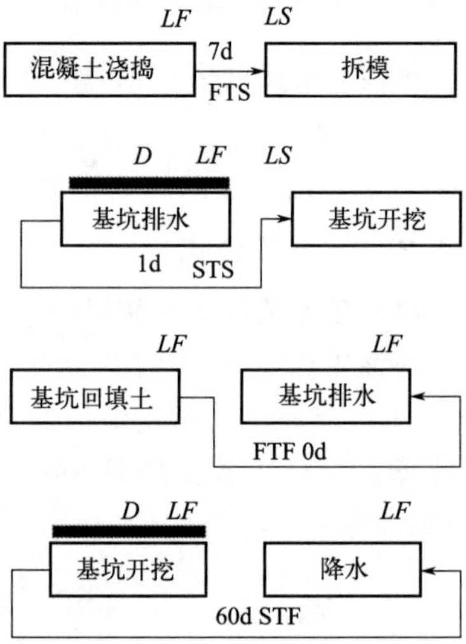

（5）工作的最迟开始时间（LS）

与普通单代号网络计划相同，即：$LS_i = LF_i-D_i$。

（6）相邻两项工作之间的时间间隔（LAG）

在搭接网络计划中，相邻两项工作之间的时间间隔要根据如下相应公式计算，即

$$\mathrm{LAG}_{i,j}=ES_j-EF_i-\mathrm{FTS}_{i,j}$$
$$\mathrm{LAG}_{i,j}=ES_j-ES_i-\mathrm{STS}_{i,j}$$
$$\mathrm{LAG}_{i,j}=EF_j-EF_i-\mathrm{FTF}_{i,j}$$
$$\mathrm{LAG}_{i,j}=EF_j-ES_i-\mathrm{STF}_{i,j}$$

如果存在多种关系，则取计算结果的最小值。

图 4-23　LF 计算的逻辑关系

（7）工作的自由时差（FF）和总时差（TT）

搭接网络计划中各项工作的自由时差和总时差的计算方法与普通单代号网络计划相同。自由时差等于紧后工作最小的 LAG。总时差等于紧后工作的总时差与 LAG 的和，再取其最小值，或最迟时间减去最早时间。

4.4.3.2　计算案例

【例 4-4】　在搭接网络计划中由于逻辑关系决定于不同的时距，因而有各种不同的计算方法。现以图 4-24 为例分别进行分析计算。

【解】　（1）最早开始时间和最早完成时间的计算

计算最早时间参数必须从起点节点开始沿箭线方向向终点节点进行。因为在单代号搭接网络图中起点节点和终点节点都是虚设的，故其工作时间均为零。

① St(1)、A(2) 节点最早时间计算。

因为 $ES_1=0$，$EF_1=0$，所以凡是与起点节点相连的工作最早开始时间都为零，即 $ES_2=0$，$EF_2=ES_2+D_2=0+6=6$。

② B(3) 节点最早时间计算。

A(2)、B(3) 工作之间的时距为 $\mathrm{STS}_{2,3}=2$，根据公式得

$$ES_3=ES_2+\mathrm{STS}_{2,3}=0+2=2，\quad EF_3=ES_3+D_3=2+8=10$$

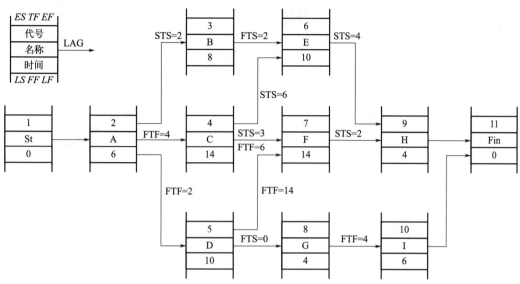

图 4-24　某工程单代号搭接网络计划

③ C(4)、D(5) 节点计算。

A(2)、C(4) 工作之间的时距为 $\mathrm{FTF}_{2,4}=4$，A(2)、D(5) 两项工作之间的时距为 $\mathrm{FTF}_{2,5}=2$，根据公式得

$$ES_4=EF_2+\mathrm{FTF}_{2,4}-D_4=6+4-14=-4,EF_4=ES_4+D_4=-4+14=10$$

$$ES_5=EF_2+\mathrm{FTF}_{2,5}-D_5=6+2-10=-2,EF_5=ES_4+D_5=-2+10=8$$

C、D 工作的最早开始时间出现负值，说明 C、D 工作在工程开始之前 4d 或 2d 就应开始工作，这是不合理的，必须按以下的方法来处理。

在单代号搭接网络计划中，虚设的起点节点要与没有内向箭线的工作相联系，当某项中间工作的 ES_i 为负值时，也要把该工作（在本例中是 C、D 工作）用虚箭线与起点节点联系起来，如图 4-25 所示。

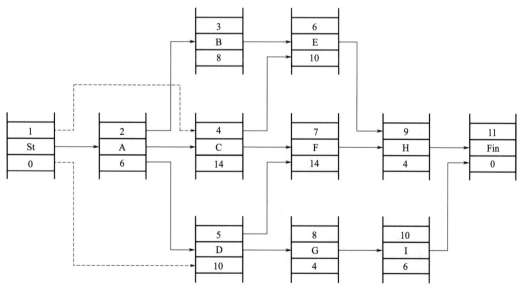

图 4-25　用虚箭线将起点节点与 C、D 工作相连

这时 C、D 工作的最早开始时间由起点节点所决定,其最早完成时间也要重新计算:

$$ES_4=0, \quad EF_4=0+14=14$$
$$ES_5=0, \quad EF_5=0+10=10$$

④ E(6) 节点最早时间计算。

当一项工作之前有两项以上紧前工作时,则应分别计算后从中取其最大值。

按 B、E 工作搭接关系,$ES_6=EF_3+FTS_{3,6}=10+2=12$。

按 C、E 工作搭接关系,$ES_6=ES_4+STS_{4,6}=0+6=6$。

从中取最大值,即应取 $ES_6=12$,$EF_6=12+10=22$。

⑤ F(7) 节点最早时间计算。

C(4)、F(7) 两项工作之间的时距为 $STS_{4,7}=3$ 和 $FTF_{4,7}=6$,这时也应该分别计算后取其中的最大值。

由 $STS_{4,7}=3$ 决定时,$ES_7=ES_4+STS_{4,7}=0+3=3$。

由 $FTF_{4,7}=6$ 决定时,$ES_7=EF_4+FTF_{4,7}-D_7=14+6-14=6$。

故按以上两种时距关系,ES_7 应取为 6。

但是 F 工作除与 C 有联系外,同时还与紧前工作 D(5) 有联系,所以还应在这两种逻辑关系的计算值中取其最大值。

$ES_7=EF_5+FTF_{5,7}-D_7=10+14-14=10$。故应取 $ES_7=\max(10,6)=10$,$EF_7=10+14=24$。

网络计划中所有工作的节点最早时间都可以依次按上述各种方法进行计算,直到终点节点为止。

⑥ 终点节点 Fin 节点最早时间计算。

根据以上计算,终点节点的节点最早时间应从 H(9)、I(10) 两项工作完成时间中取最大值,即 $ES_{Fin}=\max(20,18)=20$。

在很多情况下,这个值是网络计划中的最大值,决定了网络计划的工期。但是在本例中,决定工程工期最大值的工作却不在最后,而是在中间的 F 工作,这时必须按以下方法加以处理。

终点节点一般是虚设的,只与没有外向箭线的工作相联系。但是当中间某个工作的完成时间大于最后工作的完成时间时,为了确定终点节点的时间(即工程的总工期),必须先把该工作与终点节点用虚箭线联系起来,然后再计算终点节点时间。在本例中,$ES_{Fin}=\max(24,20,18)=24$。并且要将 F 和 Fin 节点用虚箭线联系起来,如图 4-26 所示。

(2) 最迟开始时间和最迟完成时间的计算

计算最迟时间参数必须从终点节点开始逆着箭线方向自终点节点计算,以终点节点时间作为工程最迟完成时间开始计算。

① Fin(11)、H(9)、I(10) 节点计算。

因为 $LF_{Fin}=24$,$LS_{Fin}=24$,所以凡是与终点节点相联系的工作,其最迟完成时间即为终点节点的完成时间:$LF_9=24$,$LF_{10}=24$。

$LS_9=LF_9-D_9=24-4=20$,$LS_{10}=LF_{10}-D_{10}=24-6=18$。

② E(6) 节点计算。

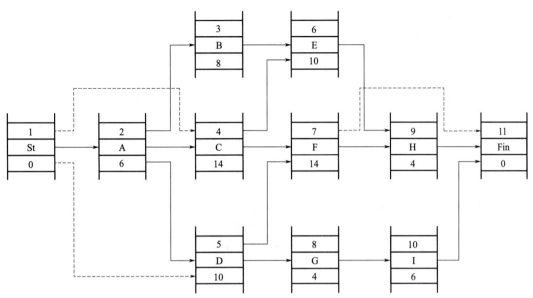

图 4-26　用虚箭线将终点节点与 F 工作相连

E、H 两项工作之间的时距为 $STS_{6,9}=4$。

根据公式，$LF_6=LS_9-STS_{6,9}+D_6=20-4+10=26$。

工作 E 的最迟完成时间为 26，大于工程的总工期 24，这是不合理的，必须对 E 工作的最迟完成时间进行调整。

在计算最迟时间参数中如出现某工作的最迟完成时间大于总工期时，应把该工作用虚箭线与终点节点连接起来，如图 4-27 所示。这时 E 工作的最迟时间除受 H 工作的约束之外，还受到终点节点的决定性约束，故 $LF_6=24$，$LS_6=24-10=14$。

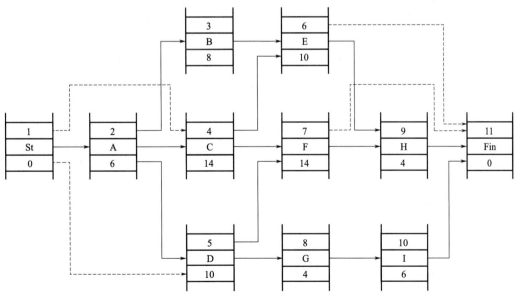

图 4-27　用虚箭线将终点节点与 E 工作相连

③ F(7) 节点计算。

因 F 工作之后有两种连接关系，即与终点和 H 节点工作的联系，应从中取最小值。

与终点节点的计算：$LF_7 = LF_{11} = 24$。

与 H 节点的计算：$LF_7 = LS_9 - STS_{7,9} + D_7 = 20 - 2 + 14 = 32$。

取最小值，$LF_7 = \min(24,32) = 24$，$LS_7 = LF_7 - D_7 = 24 - 14 = 10$。

④ G(8) 节点计算。

G、I 两项工作之间的时距为 $FTF_{8,10} = 4$。

$LF_8 = LF_{10} - FTF_{8,10} = 24 - 4 = 20$，$LS_8 = 20 - 4 = 16$。

⑤ D(5) 节点计算。

在本例中，D 工作之后有两项紧后工作。在一个工作之后有两个以上的紧后工作时，应分别计算后再取各计算结果的最小值。

按 D、G 工作的搭接关系：$LF_5 = LS_8 - FTS_{5,8} = 16 - 0 = 16$。

按 D、F 工作的搭接关系：$LF_5 = LF_8 - FTF_{5,8} = 24 - 14 = 10$。

从中取最小值，故 $LF_5 = 10$，$LS_5 = 10 - 10 = 0$。

⑥ C(4) 节点计算。

C、F 两工作之间的时距为 $STS_{4,7} = 3$ 和 $FTF_{4,7} = 6$，这时也应分别计算后取各计算值的最小值。

由 $STS_{4,7} = 3$ 决定时：$LF_4 = LS_7 - STS_{4,7} + D_4 = 10 - 3 + 14 = 21$。

由 $FTF_{4,7} = 6$ 决定时：$LF_4 = LF_7 - FTF_{4,7} = 24 - 6 = 18$。

$LF_4 = \min(21,18) = 18$。

C 工作除与 F 工作有逻辑关系外，还有紧后工作 E，所以 LS_4 还应在这两种逻辑关系的计算值中取最小值，即 $LF_4 = LS_6 - STS_{4,6} + D_4 = 14 - 6 + 14 = 22$。

故应取 $LF_4 = \min(18,22) = 18$，$LS_4 = LF_4 - D_4 = 18 - 14 = 4$。

⑦ 其他节点计算。

B(3) 节点计算。$LF_3 = 14 - 2 = 12$，$LS_3 = 12 - 8 = 4$。

A(2) 节点计算。与 B 节点计算：$LF_2 = 4 - 2 + 6 = 8$；与 C 节点计算：$LF_2 = 18 - 4 = 14$；与 D 节点计算：$LF_2 = 10 - 2 = 8$。$LF_2 = \min(8,14,8) = 8$，$LS_2 = 8 - 6 = 2$。

（3）间隔时间的计算

起点节点与工作 A 是一般连接，故：$LAG_{1,2} = 0$。同理，起点节点与工作 C 和工作 D 之间的 LAG 均为零，即 $LAG_{1,4} = LAG_{1,5} = 0$。

工作 A 与工作 B 是 STS 连接关系，故 $LAG_{2,3} = ES_3 - ES_2 - STS_{2,3} = 2 - 0 - 2 = 0$。

工作 A 与工作 C 是 FTF 连接关系，故 $LAG_{2,4} = EF_4 - EF_2 - FTF_{2,4} = 14 - 6 - 4 = 4$。

工作 A 与工作 D 是 FTF 连接关系，故 $LAG_{2,5} = EF_5 - EF_2 - FTF_{2,5} = 10 - 6 - 2 = 2$。

工作 B 与工作 E 是 FTS 连接关系，故 $LAG_{3,6} = ES_6 - EF_3 - FTS_{3,6} = 12 - 10 - 2 = 0$。

工作 C 与工作 F 是 STS 和 FTF 两种时距连接关系，故 $LAG_{4,7} = \min(EF_7 - EF_4 - FTF_{4,7}, ES_7 - ES_4 - STS_{4,7}) = \min(24 - 14 - 6, 10 - 0 - 3) = 4$。

其他所有工作间的 LAG 都可参照以上方法求出。

（4）时差的计算

① 线路时差的计算。搭接网络计划同样也是由多条线路所组成，而各条线路的长度又不尽相同，其中必然至少有一条最长的线路，这种最长的线路决定着总工期，称为

关键线路。相应地，其他称为非关键线路，都短于最长的线路，因而在这些线路上存在着机动时间，这种机动时间就是线路时差。

在搭接网络计划中因为工作之间不是衔接关系，所以与一般网络计划不同，它的线路长度不等于该线路上所有工作持续时间之和，而是分别按时距连接关系来确定其持续时间。本例从起点节点到终点节点共有 13 条线路。如线路 1—4—7—11，工作 1、4、7、11 的持续时间为 0、14、14、0。其搭接关系如图 4-28 所示，相当于形成了一个微型网络，计算方法和搭接网络相同。

图 4-28　搭接网络的线路

线路时间计算如下。

$ES_1=0$，$ES_4=0$，$ES_7=\max(0+3,\ 0+14+6-14)=6$，$ES_{11}=6+14=20$。

$EF_1=0$，$EF_4=14$，$EF_7=20$，$EF_{11}=20$。则该线路的线路时间为 20。线路时差为 $24-20=4$。

如线路 1—4—7—9—11，工作 1、4、7、9、11 的持续时间为 0、14、14、4、0。其搭接关系如图 4-29 所示。

图 4-29　搭接网络的线路

线路时间计算如下。

$ES_1=0$，$ES_4=0$，$ES_7=\max(0+3,\ 0+14+6-14)=6$，$ES_9=6+2=8$，$ES_{11}=8+4=12$。

$EF_1=0$，$EF_4=14$，$EF_7=20$，$EF_9=12$，$EF_{11}=12$。

其中工作 7 的 $EF_7=20$，大于 $EF_{11}=12$。因此要将工作 7 和工作 11 用虚箭线联系起来，如图 4-30 所示。

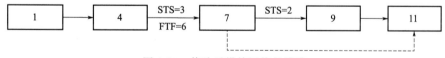

图 4-30　修改后搭接网络的线路

此时，$ES_{11}=\max(12,20)=20$，$EF_{11}=20$，则该线路的线路时间为 20。线路时差为 $24-20=4$。

② 工作时差的计算。

搭接网络计划的工作时差同一般网络计划一样，也可分为两种，即总时差和自由时差。

a. 工作总时差的计算。工作总时差是指在不影响工程总工期的条件下，该项工作可以利用的最大机动时间，以 TF_i 表示。其计算公式也与一般单代号网络计划相同，即

$$TF_i=LF_i-ES_i-D_i=LS_i-ES_i=LF_i-EF_i$$

$TF_1 = 0$，$TF_2 = 2$，$TF_3 = 2$，$TF_4 = 4$，$TF_5 = 0$，$TF_6 = 2$，$TF_7 = 0$，$TF_8 = 6$，$TF_9 = 4$，$TF_{10} = 6$，$TF_{11} = 0$。

b. 工作自由时差的计算。工作自由时差是指在不影响所有紧后工作最早开始时间的条件下，该项工作可以利用的最大机动时间，以 FF_i 表示。

由于工作之间的连接关系是由不同的时距所确定，所以自由时差应分别根据不同时距进行计算。工作 i 自由时差取各 $\text{LAG}_{i,j}$ 中的最小值，即 $FF_i = \min(\text{LAG}_{i,j})$。

$FF_1 = 0$，$FF_2 = 0$，$FF_3 = 0$，$FF_4 = 4$，$FF_5 = 0$，$FF_6 = 0$，$FF_7 = 0$，$FF_8 = 0$，$FF_9 = 4$，$FF_{10} = 6$，$FF_{11} = 0$。

（5）关键工作和关键线路的确定

单代号搭接网络计划的关键工作是总时差最小的工作。本例的关键工作有：开始节点、D 工作、F 工作和结束节点。

单代号搭接网络计划的关键线路应是从开始节点到结束节点均为关键工作，且该线路上所有关键工作的时间间隔均为 $0(\text{LAG}_{i,j} = 0)$。

本例的关键线路为：开始节点—D—F—结束节点，见图 4-31 中用粗箭线标注。D 和 F 两项工作的总时差 TF_i 为零，是关键工作。把总时差为零的工作连接起来，且 LAG＝0 所形成的线路就是关键线路。

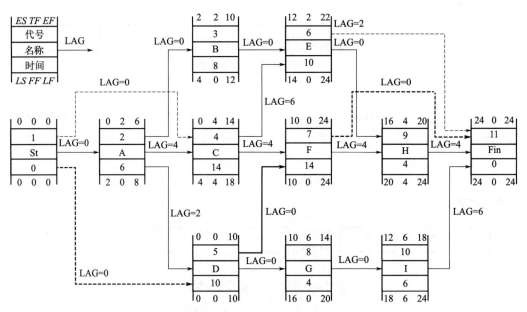

图 4-31　搭接网络计划计算结果

4.5　时标网络计划

时标网络计划是网络计划的一种表示形式，亦称带时间坐标的网络计划，是以时间坐标为尺度编制的网络计划。在一般网络计划中，箭线长短并不表明时间的长短，而在时标网络计划中，箭线长短和所在位置即表示工作的时间进程，这是时标网络计划与一般网络计划的主要区别。

4.5.1　双代号时标网络计划的特点与适用范围

(1) 双代号时标网络计划的特点

双代号时标网络计划的主要特点是：

① 时标网络计划是一个网络计划，但又具有横道图计划的优点，能够清楚表明计划的时间进程。

② 时标网络计划能在图上直接显示各项工作开始与完成时间、工作的自由时差及关键线路。

③ 时标网络计划在绘制中受到时间坐标的限制，因此不易产生循环回路之类的逻辑错误。

④ 时标网络计划可以直接在图上统计劳动力、材料、机械等资源的需要量，以便对网络计划的资源进行优化和调整。

⑤ 因为箭线受时标的约束，故绘图比较困难，修改也较困难，往往要重新绘制网络图。

(2) 适用范围

时标网络计划主要适用于以下几种情况：对于工作项目较少、工艺过程比较简单的进度计划，可以边绘、边算、边调整；对于大型的、复杂的工程进度计划，可以先用时标网络计划的形式绘制各分部工程的网络计划，然后再综合起来绘制时标总网络计划，也可以先编制一个简明的时标总网络计划，再分别绘制分部工程的详细时标网络计划。

(3) 编制规定

时标网络计划必须以时间坐标为尺度表示工作的时间，时标的时间单位应根据需要在编制网络计划之前确定，可为小时、天、周、旬、月或季等。时标网络计划中所有符号在时间坐标上的水平位置及其水平投影，都必须与其所代表的时间值相对应。时标网络计划宜按最早时间编制。

4.5.2　双代号时标网络计划的编制方法

(1) 基本符号

双代号时标网络计划的实例如图 4-32 所示。它是按最早时间绘制成的时标网络计划。在双代号时标网络计划中，以实箭线表示工作，其水平投影长度表示工作的持续时间；以虚箭线表示虚工作；以波形线表示工作的自由时差或时间间隔。

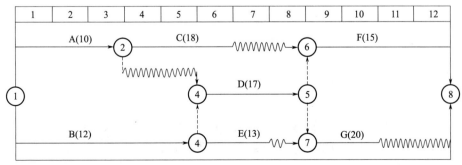

图 4-32　双代号时标网络计划的实例

（2）时标网络计划的编制

① 计算绘制法。

先绘出时标计划表，标注时标并注明时标单位。时标计划表中的刻度线宜为细实线，以使图面清晰；刻度线也可不画或少画。在编制时标网络计划前还应绘制无时标网络计划草图。先计算网络计划的时间参数，再编制时标网络计划的方法：

a. 计算各项工作的最早时间参数。

b. 在时标计划表上，按最早开始时间确定每项工作的开始节点位置（图形与原网络图相近）。

c. 按各工作的持续时间绘制相应工作的实线部分，使其水平投影长度等于工作的持续时间。虚工作因不占用时间，故以垂直虚线表示。

d. 用波形线把实线部分与其紧后工作的开始节点连接起来表示自由时差，虚箭线中的波形线表示时间间隔，即其紧后工作的最早开始时间与其紧前工作的最早完成时间之差。

② 直接绘制法。

第一，绘制非时标计划图及时标表。

第二，将起点节点定位在时标计划表的起始刻度线上。

第三，按工作的持续时间在时标计划表上绘出起点节点的外向箭线。

第四，工作的箭头节点必须在其所有内向箭线绘完之后，定位在最大最早完成时间处。

第五，内向箭线实线长度未到达该箭头节点时，用波形线补足。如果虚箭线的开始节点与结束节点之间有水平时距，以波形线补足。如虚箭线的开始节点与结束节点在同一条刻度线上，可绘制成垂直虚箭线。

第六，按上述方法自左至右依次确定各节点位置，直至在终点节点处定位。在确定节点位置时应尽量与原网络图的节点位置相当，使总体布局与原网络图近似。

4.5.3　双代号时标网络计划关键线路和时间参数的确定

（1）关键线路

关键线路自终点节点逆箭线方向朝起点节点观察，凡不出现波形线的通路，即为关键线路。关键线路的表达方式与无时标网络计划相同，即用粗实线、双线或彩线标注均可。

（2）时间参数的确定

① 计算工期。时标网络计划的计算工期应是终点节点与起点节点所在位置的时标值之差。

② 工作自由时差的确定。时标网络计划中，工作自由时差值为波形线在坐标轴上的水平投影长度。

③ 工作总时差的确定。总时差应等于紧后各工作总时差的最小值与本工作的自由时差之和，确定时应从终点节点开始，自右向左逐项进行。

④ 工作最迟时间的计算。时标网络计划所直接显示的是各项工作的最早开始时间与最早完成时间，但各项工作的最迟时间却未显示出来，因此工作的最迟时间要用公式

计算。$LF_{i-j}=TF_{i-j}+EF_{i-j}$，$LS_{i-j}=TF_{i-j}+ES_{i-j}$。

4.5.4　案例

时标网络计划的编制应先绘制无时标网络计划草图，并可按以下两种方法之一进行：先计算网络计划的时间参数，再根据时间参数按草图在时标表上进行绘制；不计算网络计划的时间参数，直接按草图在时标表上编绘。现以第一种方法为例进行绘制。

【例 4-5】　某网络计划如图 4-33 所示。

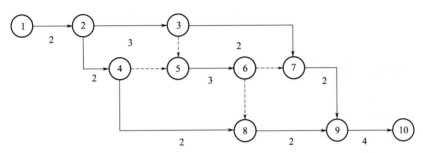

图 4-33　绘制时标网络计划的案例

【解】　先计算节点的最早时间如图 4-34 所示。

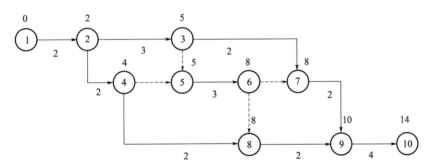

图 4-34　双代号时标网络计划绘制第一步

将节点的最早时间标注在表上。再将工作的时间标注在表上，如图 4-35 所示。

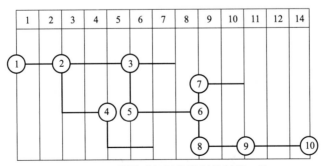

图 4-35　双代号时标网络计划绘制第二步

根据草图，将逻辑关系连接起来，最终的时标网络计划如图 4-36 所示。其中波浪线表示自由时差。

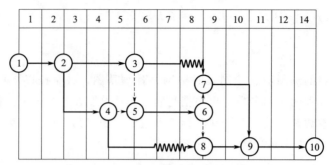

图 4-36 双代号时标网络计划绘制第三步

4.6 网络计划优化

4.6.1 工期优化

(1) 基本原理

当计算工期大于要求工期时，可通过压缩关键工作的持续时间满足工期要求，可按下述规定步骤进行：

第一步，计算并找出网络计划中的计算工期、关键线路及关键工作；

第二步，按要求工期计算应缩短的持续时间；

第三步，确定各关键工作能缩短的持续时间；

第四步，选择优选系数最小的关键工作，如果有多条关键线路，每条线路上都要选择一个工作，调整其持续时间，在确保被优化的关键工作不会变成非关键工作的情况下，重新计算网络计划的计算工期；

第五步，若计算工期仍超过要求工期，则重复以上步骤，直到满足工期要求或工期已不能再缩短为止；

第六步，当所有关键工作的持续时间都已达到其能缩短的极限而工期仍不满足要求时，应遵照规定对计划的原技术、组织方案进行调整或对要求工期重新审定。

(2) 优化案例

【例 4-6】 某网络计划进度优化网络图如图 4-37 所示。

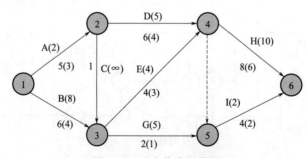

图 4-37 进度优化网络图

箭线上方括号内为优选系数，该系数通过综合考虑质量、安全和费用增加情况而确定。选择压缩关键工作时，应该优先选择系数最小的。箭线下方括号外为正常持续时间，括号内为最短持续时间。假设工期 15 天。

【解】 第一步，找出关键线路。在本部分找出关键线路的方法，是寻号法。它的原理是计算一个节点的最早时间时，看计算节点的参数是由前面哪个节点的参数计算来的，然后在计算的参数上面写上节点编号和最早时间。计算结果如图 4-38 所示。

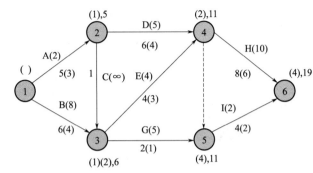

图 4-38　关键线路计算

比如 4 节点参数的计算，一个是由 2 节点计算，5＋6＝11；另一个是由 3 节点计算，6＋4＝10，取最大值 11。这个 11 是由 2 节点算过来的，那么在 4 节点上面标注 (2) 和 11。最后计算出工期为 19 天。计算缩短的时间：19－15＝4。根据上述方法，找出关键线路为：1—2—4—6。如图 4-39 所示。

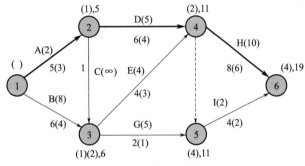

图 4-39　关键线路确定

在关键线路 1—2—4—6 上，关键工作为 A、D、H。其中 A 的优选系数最小，先压缩 A。将 A 压缩至 3 天，A 变为非关键工作。此时，将 A 压缩 1 天重新计算，如图 4-40 所示。

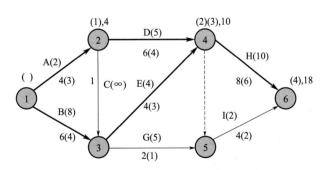

图 4-40　第一次压缩

仍要压缩的时间为 3 天，有两条关键线路，形成五个压缩方案。AB 方案优选系数为 2＋8＝10；AE 方案优选系数为 2＋4＝6；BD 方案优选系数为 8＋5＝13；DE 方案优选系数为 5＋4＝9；H 方案优选系数为 10。AE 方案的系数最小，压缩 AE 1 天。压缩后如图 4-41 所示。

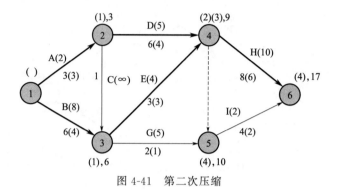

图 4-41　第二次压缩

仍要压缩的时间为 2 天，形成 2 个压缩方案。BD 为 8＋5＝13，H 为 10，H 的系数最小，要压缩 H 2 天。压缩后计算工期为 15 天，满足要求，压缩结束。如图 4-42 所示。

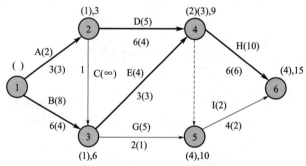

图 4-42　进度优化结果

4.6.2　工期-费用优化

(1) 基本原理

对于不同的工作，其直接费的增加情况是不一样的，可以用单位时间内的费用增加率 e（或称费用率）来表示。若正常施工方案 n 的正常时间以 T_n 表示，相应的正常费用为 C_n，缩短后的加快施工方案为 s，它的加快时间为 T_s，相应的施工费用为 C_s，费用率 e：

$$e=\frac{C_s-C_n}{T_n-T_s}$$

工期-费用优化的步骤：

① 绘制工作正常持续时间下的网络计划，确定关键线路并计算工期。

② 求出网络计划中各项工作采取可行的施工方案后可加快的工作时间。

③ 求出正常工作持续时间和加快工作时间下工作的直接费，再求出费用变化率。

④ 寻找可以加快时间的工作。这些工作应当满足以下三项标准：它是一项关键工作；它是可以压缩持续时间的工作；它的费用变化率在可压缩持续时间的关键工作中是最低的。

⑤ 确定本次可以压缩多少时间，增加多少费用。通过下列标准进行确定：如果网络计划中有几条关键线路，则每条关键线路都要压缩，且压缩同样数值，此外压缩的时间应是各条关键线路中可压缩量最少的；每次压缩以恰好使原来的非关键线路变成关键线路为度。

⑥ 根据所选加快的关键工作及加快的时间限制，逐个加快工作，每加快一次都要重新计算网络计划的时间参数，直到形成下列情况之一时为止：有一条关键线路的全部工作的可压缩时间均已用完；为加快工程施工进度所引起的直接费增加数值，大于因提前完工而节约的间接费时（如果等于还要继续优化）。

⑦ 求出优化后的总工期、总成本，绘制工期-费用优化后的网络计划。

（2）优化案例

【例 4-7】 某案例如图 4-43 所示，间接费率为 0.8。箭线下方为正常时间和最短时间，上方为对应的直接费。

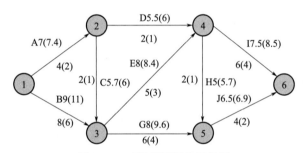

图 4-43 工期费用优化网络图

【解】 第一步，确定工期与关键线路，计算工期为 19，计算结果如图 4-44 所示。

第二步，计算直接费率。$e_{1-2}=(7.4-7)/(4-2)=0.2$，$e_{1-3}=1$，$e_{2-3}=0.3$，$e_{2-4}=0.5$，$e_{3-4}=0.2$，$e_{3-5}=0.8$，$e_{4-5}=0.7$，$e_{4-6}=0.5$，$e_{5-6}=0.2$。

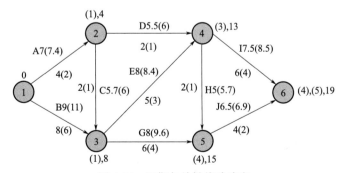

图 4-44 工期与关键线路确定

第三步，计算总费用：直接费＝7＋9＋5＋7＋其他直接费＝62.2；间接费＝0.8×19＝15.2；总费用＝77.4。

第四步，进行优化，确定的直接费率：B 为 1，E 为 0.2，HI 为 0.7＋0.5＝1.2，

IJ 为 0.5+0.2=0.7。E 为 0.2 小于间接费率的 0.8，要压缩 2 天，由于 E 压缩后变为非关键工作，故将 E 压缩 1，压缩后如图 4-45 所示。

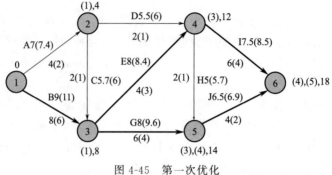

图 4-45　第一次优化

再次压缩三条关键线路，共有 5 种方案。

B 为 1，EG 为 0.2+0.8=1，EJ 为 0.2+0.2=0.4，GHI 为 0.8+0.7+0.5=2，IJ 为 0.5+0.2=0.7。

EJ 最小，EJ 为 0.4 小于 0.8，压缩 1 天。此时 H 未经压缩变为非关键工作，如图 4-46 所示。

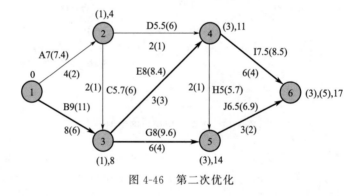

图 4-46　第二次优化

有三种压缩方案，B 为 1，GI 为 0.8+0.5=1.3，IJ 为 0.5+0.2=0.7，压缩 IJ 1 天，如图 4-47 所示。

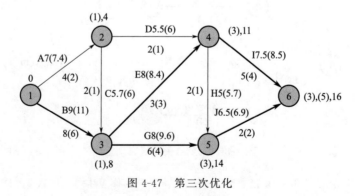

图 4-47　第三次优化

再压缩，有 2 种压缩方案，B 为 1，GI 为 0.8+0.5=1.3，都大于 0.8，不能再压缩。

最后计算总费用。直接费：7＋9＋5.7＋5.5＋8.4＋8＋5＋8＋6.9＝63.5。间接费：0.8×16＝12.8。

总费用：63.5＋12.8＝76.3。

4.6.3　资源优化

(1) 基本原理

资源，是完成某工作所需的各种人力、材料、机械设备和资金等的统称。资源优化是通过改变工作的开始时间和结束时间，使资源使用随时间的分布趋于均衡，尽量减少波动。网络计划的资源优化包括"资源有限，工期最短"和"工期固定，资源均衡"两种情况。本次我们只讲解"资源有限，工期最短"。假设有 m 和 n 两项工作，如果将 n 移到 m 工作后面，则对总工期的影响表示为 $\Delta_{m,n} = EF_m - LS_n$。

(2) 优化案例

【例 4-8】　某计划如图 4-48 所示。假定资源限制为 12。箭线上方表示资源强度，下方表示持续时间。

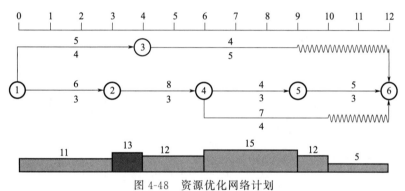

图 4-48　资源优化网络计划

【解】　第一个超过资源强度所涉及的工作是 1—3 和 2—4。形成的方案如图 4-49 所示。将工作 2—4 移到工作 1—3 后面对总工期的影响最小，是 1。

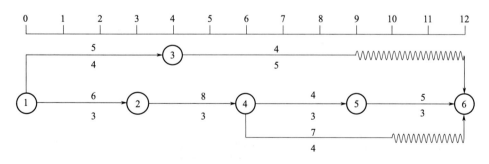

序号	工作代号	最早完成时间	最迟完成时间	$\Delta_{1,2}$	$\Delta_{2,1}$
1	1—3	4	3	1	—
2	2—4	—	3	—	3

图 4-49　第一次资源优化方案

移动后，再计算一次资源强度，如图 4-50 所示。

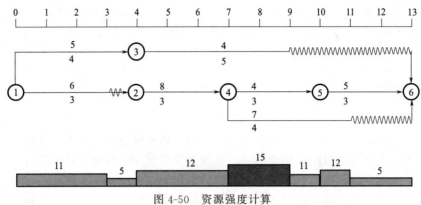

图 4-50　资源强度计算

本次优化涉及的工作有三个。这三个工作形成的方案如图 4-51 所示。

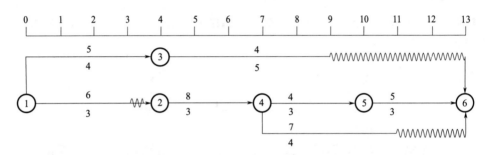

序号	工作代号	最早完成时间	最迟完成时间	$\Delta_{1,2}$	$\Delta_{1,3}$	$\Delta_{2,1}$	$\Delta_{2,3}$	$\Delta_{3,1}$	$\Delta_{3,2}$
1	3—6	9	8	2	0	—	—	—	—
2	4—5	10	7	—	—	2	1	—	—
3	4—6	11	9	—	—	—	—	3	4

图 4-51　第二次资源优化方案

其中,最优方案为将工作 4—6 移到工作 3—6 后面。再次计算后如图 4-52 所示。这时,资源强度都满足要求,优化结束。

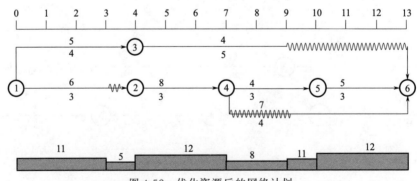

图 4-52　优化资源后的网络计划

 在线习题

本章习题请扫二维码查看。

第 5 章
施工项目投标

 学习目标

了解投标概述与投标程序；

掌握 BIM 在施工投标中的应用。

5.1 投标概述

投标是指投标人根据招标文件的要求，编制并提交投标文件、响应招标、参加投标竞争的活动。投标是建筑企业取得工程施工合同的主要途径，又是建筑企业经营决策的重要组成部分，还是针对招标的工程项目力求实现决策最优化的活动。

招标与投标是合同的形成过程，投标文件是建筑企业对业主发出的要约。投标人一旦提交了投标文件，在招标文件规定的期限内不得随意退出投标竞争，因为投标是一种法律行为，投标人必须承担中途反悔撤出的经济和法律责任。

5.1.1 投标人资格要求

投标人分为三类：一是法人；二是其他组织；三是具有完全民事行为能力的个人，亦称自然人。法人、其他组织和个人必须具备响应招标和参与投标竞争两个条件后，才能成为投标人。这两个条件是成为投标人的一般条件。要想成为合格投标人，还必须满足另外两项资格条件：一是国家关于投标人资格条件的规定；二是招标人根据项目本身的要求，在招标文件或资格预审文件中规定的投标人资格条件。

（1）响应招标

响应招标是指潜在投标人获得了招标信息或者投标邀请书后购买招标文件，接受资格审查，并编制投标文件，按照投标人的要求参加投标的活动。若法人或其他组织对特定的招标项目有兴趣，愿意参加竞争并按合法途径获取招标文件，这时法人或其他组织还不是投标人，只是潜在投标人。

（2）参与投标竞争

潜在投标人按照招标文件的约定，在规定的时间和地点递交投标文件，对订立合同正式提出要约。潜在投标人一旦正式递交了投标文件，就成为投标人。

（3）国家对投标人资格条件的规定

《工程建设项目施工招标投标办法》第二十条规定了投标人参加工程建设项目施工投标应当具备 5 个条件："（一）具有独立订立合同的权利；（二）具有履行合同的能力，包括专业、技术资格和能力，资金、设备和其他物质设施状况，管理能力，经验、信誉和相应的从业人员；（三）没有处于被责令停业，投标资格被取消，财产被接管、冻结，破产状态；（四）在最近三年内没有骗取中标和严重违约及重大工程质量问题；（五）国家规定的其他资格条件"。

（4）招标人在招标文件或资格预审文件中规定的投标人资格条件

招标人可以根据招标项目本身要求，在招标文件或资格预审文件中，对投标人的资格条件从资质、业绩、能力、财务状况等方面作出一些具体的规定，并依此对潜在投标人进行资格审查。

投标人参加依法必须进行招标的项目的投标，不受地区或者部门的限制，任何单位和个人不得非法干涉。与招标人存在利害关系可能影响招标公正性的法人、其他组织或者个人，不得参加投标。单位负责人为同一人或者存在控股、管理关系的不同单位，不得参加同一标段投标或者未划分标段的同一招标项目的投标，否则相关投标均无效。

5.1.2 投标组织

进行工程投标，需要有专门的机构和人员对投标的全部活动过程加以组织和管理实践证明，建立一个强有力的、内行的投标班子是投标获得成功的根本保证。投标组织一般由以下三种类型的人才组成：

（1）经营管理类人才

经营管理类人才是指专门从事工程承包经营管理、制订和贯彻经营方针与规划、负责投标工作的全面筹划和具有决策能力的人员。主要包括企业的经理、副经理、总经济师等。

（2）专业技术类人才

专业技术类人才主要是指工程及施工中的各类技术人员，诸如造价工程师、土木工程师、电气工程师、机械工程师等各类专业技术人员。他们应拥有本学科领域的专业知识、较强的实际操作能力，以便在工程项目投标时能从本公司的实际技术能力水平出发，制订切实可行的专业实施方案。

（3）商务金融类人才

商务金融类人才主要是指具有金融、贸易、税法、保险、采购、保函、索赔等专业知识的人员。一个投标班子不仅需要这几类人才，还需要各方人员共同协作，充分发挥团队的力量，同时要保持投标班子成员的相对稳定，不断提高其整体素质和水平。

5.1.3 关于投标的禁止性规定

《中华人民共和国招标投标法实施条例》（以下简称《招投标法实施条例》）第三十九条规定：禁止投标人相互串通投标。有下列情形之一的，属于投标人相互串通投标：（一）投标人之间协商投标报价等投标文件的实质性内容；（二）投标人之间约定中标人；（三）投标人之间约定部分投标人放弃投标或者中标；（四）属于同一集团、协会、商会等组织成员的投标人按照该组织要求协同投标；（五）投标人之间为谋取中标或者排斥特定投标人而采取的其他联合行动。

《招投标法实施条例》第四十条规定：有下列情形之一的，视为投标人相互串通投标：（一）不同投标人的投标文件由同一单位或者个人编制；（二）不同投标人委托同一单位或者个人办理投标事宜；（三）不同投标人的投标文件载明的项目管理成员为同一人；

（四）不同投标人的投标文件异常一致或者投标报价呈规律性差异；（五）不同投标人的投标文件相互混装；（六）不同投标人的投标保证金从同一单位或者个人的账户转出。

《招投标法实施条例》第四十一条规定：禁止招标人与投标人串通投标。有下列情形之一的，属于招标人与投标人串通投标：（一）招标人在开标前开启投标文件并将有关信息泄露给其他投标人；（二）招标人直接或者间接向投标人泄露标底、评标委员会成员等信息；（三）招标人明示或者暗示投标人压低或者抬高投标报价；（四）招标人授意投标人撤换、修改投标文件；（五）招标人明示或者暗示投标人为特定投标人中标提供方便；（六）招标人与投标人为谋求特定投标人中标而采取的其他串通行为。

《招投标法实施条例》第四十二条规定：使用通过受让或者租借等方式获取的资格、资质证书投标的，属于招标投标法第三十三条规定的以他人名义投标。投标人有下列情形之一的，属于招标投标法第三十三条规定的以其他方式弄虚作假的行为：（一）使用伪造、变造的许可证件；（二）提供虚假的财务状况或者业绩；（三）提供虚假的项目负责人或者主要技术人员简历、劳动关系证明；（四）提供虚假的信用状况；（五）其他弄虚作假的行为。

5.2　工程投标程序

（1）投标的前期工作

投标的前期工作包括获取投标信息与前期投标决策，即从众多招标信息中确定选取哪些作为投标对象。这一阶段的工作要注意以下问题：获取信息并确定信息的可靠性，对业主进行必要的调查分析，选择投标方向。

（2）申请投标和递交资格预审申请书

向招标单位申请投标，可以直接报送，也可以采用信函等方式，其报送方式和所报资料必须满足招标人在招标公告中提出的有关要求，如资质要求、财务要求、业绩要求、信誉要求、项目经理资格等。资格审查是投标人投标过程中的第一关，作为投标人，应熟悉资格预审程序，主要把握好获得资格预审文件、准备资格预审文件、报送资格预审文件等几个环节的工作。最后招标人以书面形式向所有参加资格预审者通知评审结果，在规定的日期、地点向通过资格预审的投标人出售招标文件。

（3）接受投标邀请和购买招标文件

投标人接到招标单位的投标邀请书或资格预审通过通知书，表明其已获得参加该项目投标的资格，如果决定参加投标，就应按招标单位规定的日期和地点凭邀请书或通知书及有关证件购买招标文件。

（4）研究招标文件

招标文件是业主对投标人的要约邀请，它几乎包括了全部合同文件。它所确定的招标条件和方式、合同条件、工程范围和工程的各种技术文件，是承包商制订实施方案和报价的依据，也是双方商谈的基础。

投标人取得招标文件后，通常首先进行总体检查，重点是检查招标文件的完备性。一般要对照招标文件目录检查文件是否齐全、是否有缺页，对照图纸目录检查图纸是否齐全。然后进行全面分析：投标人须知分析、工程技术文件分析、合同评审、业主提供的其他文件。通常业主应对招标文件的正确性承担责任，即如果其中出现错误、矛盾，应由业主负责。

(5) 参加标前会议和勘察现场、环境调查

① 标前会议。标前会议也称投标预备会，是招标人给所有投标人提供的一次答疑机会，有利于加深其对招标文件的理解，凡是想参加投标并希望获得成功的投标人，都应认真准备和积极参加标前会议。

② 现场勘察。现场勘察是投标者必须经过的投标程序。按照国际惯例，投标者提出的报价单一般被认为是在现场勘察的基础上编制报价的。一旦报价单提出后，投标者就无权因为现场勘察不周、情况了解不细或因素考虑不全面而提出修改投标、调整报价或提出补偿等要求。

③ 环境调查。一般规定，只有当出现一个有经验的承包商不能预见和防范的任何自然力的作用，才属于业主的风险。因此，在投标前，投标人要做好环境调查。

④ 制订实施计划，编制施工方案。承包商的实施方案是按照自己的实际情况，在具体环境中为全面、安全、稳定、高效率地完成合同所规定的工程承包项目，而编制的含有技术、组织措施和手段的综合性文件。实施方案的确定有两个重要作用：作为工程成本计算的依据，不同的实施方案有不同的工程成本，那么就有不同的报价；作为施工组织的构思，在投标文件中承包商必须向业主说明拟采用的实施方案和工程总的进度安排，业主以此评价承包商投标的科学性、安全性、合理性和可靠性，这是业主选择承包商的重要因素。

(6) 确定投标报价

投标报价是承包商在核算成本基础上，为全面完成招标文件规定的工作进行的自主报价，报价一经确认，即成为有法律约束力的合同价格。

根据《中华人民共和国招标投标法》《建筑工程施工发包与承包计价管理办法》《建设工程工程量清单计价标准》等一系列政策法规规定，对使用财政资金或国有资金投资的建设工程，招标人要按国家及行业工程量计算标准编制工程量清单，并列入招标文件中提供给投标人（承包商）；投标人要填报工程量清单计价表，并进行投标报价。

① 工程量清单计价表的编制依据。工程量清单计价表的编制依据主要包括：招标人提供的招标文件和工程量清单；招标人提供的设计图纸及有关的技术说明书等资料；各省份颁发的现行各种费用规定；企业内部制定的价格标准。

② 工程量清单的计价方法。施工总承包项目工程量清单的计价采用综合单价计价。所谓综合单价，是指综合考虑技术标准规范、施工工期、施工顺序、施工条件、地理气候等影响因素以及约定范围与幅度内的风险，完成一个单位数量工程量清单项目所需的费用。清单项目综合单价包括人工费、材料费、施工机具使用费、管理费、利润和一定范围内的风险费用，不包括增值税。

工程量清单的清单项目价款确定可采用单价计价、总价计价方式。根据工程项目特点及实际情况不能采用单价计价、总价计价方式的，可采用费率计价等其他计价方式，并应在招标文件和合同文件中对其计价要求、价款调整规则等予以说明。分部分项工程项目清单、措施项目清单中，按单价计价方式计价的，应按其工程数量乘以相应的综合单价计算该工程量清单项目的价格；按总价计价方式计价的，应以项为单位计算其清单项目价格，分部分项工程项目清单计价宜采用单价计价方式，措施项目清单计价宜采用总价计价方式。

投标人应根据招标文件的要求和招标项目的具体特点,结合市场情况和自身竞争实力自主报价。投标价的计算必须与招标文件中规定的合同形式相协调。

(7)编制投标文件

投标文件应按招标文件规定的要求进行编制,一般不能带有任何附加条件,否则可能导致废标。在组织投标文件编制时,可以形成《投标任务分工表》和《投标文件清单》,如表 5-1、表 5-2 所示,便于明确责任、分工到位,能够保质保量地及时完成投标文件编制。

表 5-1 投标任务分工表

序号	项目	负责人	工作组成员	持续时间	完成状况
1	投标项目总负责人				
2	前期工作组				
3	标书制作组				
4	标书装订组				
5	开标组				
6	翻译组				

表 5-2 投标文件清单

序号	项目	技术标	商务标	文件类型	盖章类型	责任人	时间
1	公司首页信笺	•	•				
2	投标函		•				
3	投标保函		•				
4	工程费用明细表	•	•				
5	主要材料/设备明细表	•	•				
6	营业执照及资质	•	•				
7	管理人员组织结构表	•					
8	主要人员履历及资质	•					
9	主要材料来源清单	•					
10	施工方案	•					
11	安全方案	•					
12	现场质量控制方案	•					
13	客户清单	•					
14	公司其他投标材料	•	•				
15	技术和商务偏差表	•	•				
16	投标书文件袋封面						
17	其他文件						

(8)投标文件的递交

投标文件编制完成,经核对无误,由投标人的法定代表人签字盖章后,分类装订成册封入密封袋中,派专人在投标截止日前送到招标人指定地点,并领取回执作为凭证。投标人在规定的投标截止日前,在递送标书后可用书面形式向招标人递交补充、修改或撤回其投标文件的通知,如果投标人在投标截止日后撤回投标文件,投标保证金将得不到退还。递送投标文件不宜太早，因市场情况在不断变化，投标人需要根据市场行情及自身情况对投标文件进行修改，如果在投标截止时间后递交投标文件，将被招标方拒收。

（9）参加开标会议、中标与签约

① 开标会议。

投标人应按规定的日期参加开标会议。参加开标会议是获取本次投标招标人及竞争者公开信息的重要途径，以便比较自身在投标方面的优势和劣势，为后续即将开展的工作方向进行研究，同时便于决策。

② 中标与签约。

投标人收到招标单位的中标通知书，即获得工程承建权，表示投标人在投标竞争中获胜。投标人接到中标通知书以后，应在招标单位规定的时间内与招标单位谈判，并签订承包合同，同时还要向业主提交履约保函或保证金。如果投标人在中标后不愿承包该工程而逃避签约，招标单位将按规定没收其投标保证金作为补偿。

投标程序大同小异，某企业在组织投标时的流程如图 5-1 所示。

编号	参与人员	项目	输出文件
1	公司	收到投标邀请函	
2	公司经理	投标决策	投标确认函
3	公司经理	投标管理任务分工	投标任务分工表
4	负责人	任务分工	投标任务分工表
5	负责人	领取招标文件	
6	负责人	分析招标文件	疑问记录
7	负责人	现场勘探	疑问记录
8	负责人	现场答疑	答疑记录
9	负责人	标书文件构成分析	投标项目清单
10	负责人	制作标书	标书文档
11	公司经理	审查标书草稿	
12	相关人员	打印装订标书	封标文件
13	负责人	送标	
14	负责人	开标	

图 5-1 某企业投标流程

投标决策主要确定是否投标，并通知招标人自己是否参与投标。投标任务分工主要确定投标各个阶段的负责人与总进度控制。各阶段投标负责人确定小组成员。分析招标文件，主要分析招标文件中的问题，为现场勘探做准备。标书文件构成分析主要确定标书文件的构成以及标书制作任务分工。《投标任务分工表》与《投标文件清单》为上墙文件，相关责任人在完成工作后，在表上打钩，便于项目负责人了解投标进展。

5.3　BIM 在施工投标中的应用

在新质生产力发展的今天，建筑信息模型（BIM）作为建筑业创新手段之一，在国内外得到广泛应用，国内多地发布指导意见。国内外一些大型建筑项目在招投标阶段就已明确要求使用 BIM 技术。相应地，在标书中就要用到 BIM。

BIM 具有可视化、建模快、模拟性、优化性、协同性和可出图性等特点，避免了传统技术标多由图表及文字等二维元素组成的短板。将 BIM 应用于一般技术标书的编制，有利于提高投标书的质量和表现力。

5.3.1　应用点

技术标的主要表现形式是施工组织设计，根据《建筑施工组织设计规范》（GB/T 50502），施工组织设计一般包括工程概况、施工部署、施工进度计划、施工准备与资源配置计划、主要施工方案、施工平面布置等内容。BIM 在这几个方面的应用点如下。

（1）工程概况

工程概况包括工程主要情况、各专业设计简介和工程施工条件等。可用 BIM 模型说明建筑、结构等设计状况；可将 BIM 模型导入地图中介绍工程项目的地理位置。

（2）施工部署

施工部署是技术标的核心内容，在该部分可用 BIM 模型表示流水施工段的划分；可用 BIM 的阶段成果截图表示项目分阶段交付的计划；可用 BIM 节点建模等方式表达施工"四新"技术的应用及施工重难点的解决方案。

（3）施工进度计划

利用 BIM 模型的三维可视化特性，将 project 等格式的二维进度计划与三维模型形成的集合进行挂接，形成可视化的 4D 进度计划，模拟施工步骤、施工顺序，以及各个重要节点工程的形象进度。

（4）施工准备与资源配置计划

施工准备包括技术准备、现场准备和资金准备等，在该部分可以用 BIM 展示技术准备中的材料、施工工艺等样板工程的做法及规定。同时可提取模型中资源的相关数据，形成劳动力配置及物资配置两类计划。

（5）主要施工方案

① 大型机械布置。在 BIM 模型中加入塔机、桩基等大型设备，模拟大型机械设备的放置、运行空间及运行路线，充分论证设备方案的可信度和可行性。

② 重点施工方案模拟。施工方案的可行性是评标环节重点内容。使用 BIM 可模拟重点方案的细节与过程，通过虚拟施工建造，充分展示投标方施工方案的可行性。

③ 管线综合模拟。在工程建设项目中，设备管线的冲突较多。可利用 BIM 进行管

线综合及管线吊架等二次深化节点设计，体现投标方的二次深化设计能力。

（6）施工平面布置

二维的施工场地布置仅仅是在平面，没有充分考虑空间要求，在空间上很难分辨其布置方案的优劣。通过 BIM 施工场地构建与建筑模型相结合，将施工场地由二维平面变成三维空间，将会使施工平面布置更直观合理。

5.3.2　建模深度与细度

建模深度与细度是 BIM 标准的内容之一。国内外都已经开展了类似工作。国际标准化组织成立了专门委员会进行建筑信息领域标准化的研究工作，美国发布了建筑信息建模标准（NBIMS），英国则发布了 AEC（UK）BIM 行业标准。国内已经发布的文件主要是《建筑对象数字化定义》和《工业基础类平台规范》。这些文件为 BIM 在施工技术标中的应用提供了参考依据。

（1）模型标准

在技术标不同应用点中，建模的细度要求不同，主要表达模型元素组织及其几何信息，而不是表达非几何信息。美国建筑师学会（American Institute of Architects，AIA）使用模型详细等级（level of detail，LOD）来定义 BIM 模型中建筑元素的精度，BIM 建筑元素的详细等级可以随着项目的发展从概念性近似的低级到建成后精确的高级不断发展。详细等级共分 5 级：100 为概念性（conceptual），200 为近似几何（approximate geometry），300 为精确几何（precise geometry），400 为加工制造（fabrication），500 为建成竣工（as-built），分别对应于国内的方案设计、初步设计、施工图设计、施工阶段、竣工阶段的模型深度。在《建筑信息模型施工应用标准》中，LOD300 为施工图设计模型细度；LOD350 为深化设计模型细度；LOD400 为施工过程模型细度；LOD500 为竣工验收模型细度。根据技术标不同使用特点，参考 AIA 的 LOD 分级方法，将构件分成建筑、结构、围护、场地、装配、进度、机电（MEP）、施工方案八类，BIM 不同详细等级模型的应用范围如表 5-3 所示。

表 5-3　BIM 不同详细等级模型应用范围

应用范围	100 级细度模型	200 级细度模型	300 级细度模型	400 级细度模型	500 级细度模型
建筑模型	√	√			
结构模型		√			
围护模型				√	
场地模型				√	
进度计划		√			
装配节点				√	
MEP 节点				√	
施工方案				√	

在建筑模型中，主要表达建筑物的轮廓或外形，建模相对简单，根据应用需要可达到 100 或 200 级，图 5-2 为 100 级，图 5-3 为 200 级；结构模型主要结合围护模型使用，表达安全文明等施工要素；围护模型要达到 400 级细度，展示脚手架方案、围护方案及洞口防护等要素；场地模型要在平面和空间上表达现场的详细布置，其需要与建筑、结构及围护等模型联合应用，主要表达形象进度及里程碑事件；装配节点主要表达建筑产

业化项目的施工方案，满足招标文件中对产业化项目的评分要求；MEP 节点模型主要展示投标方在二次深化设计中的能力；施工方案模型主要针对具体的施工难点重点，按 400 级细度建模，突出投标方解决工程重、难点的能力。所有投标用的 BIM 模型细度最大到 400 级，不用达到 500 级。

图 5-2　LOD100 级模型

图 5-3　LOD200 级模型

（2）构件库标准

BIM 构件信息深度等级划分主要遵循适度与轻量化原则，在能够满足 BIM 应用需求的基础上最大限度简化 BIM 构件。适度创建 BIM 构件非常重要，构件过于简单，将不能支持 BIM 的相关应用需求；构件过于精细，造成构件信息量过大而影响 BIM 应用效率。

构件制作深度包括几何模型制作精度、信息设置广度等。几何模型制作精度要根据构件使用需要，考虑构件与其他构件及规范的关系，根据 LOD 等级进行建模，如装配式节点要达到 400 级，该类型构件也要达到 400 级，预应力混凝土叠合板（PK 板）建模如图 5-4 所示。

图 5-4　LOD400 级构件 PK 板建模

构件信息设置广度包括尺寸类参数、管理类参数、显示类参数等信息。尺寸类参数主要控制构件几何尺寸，如 PK 板需要设置板的尺寸控制、肋的尺寸控制及钢筋的尺寸控制；管理类参数主要包括物资信息、人员信息、阶段信息等；显示类参数主要控制在三维、平面等视图下以及不同用途下构件的显示，塔机在三维、二维及碰撞情况下的显示如图 5-5 所示。

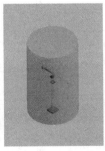
图 5-5　显示参数控制

LOD 可以让 BIM 应用有据可循，但模型的深度等级和阶段并不是一一对应的，根据需要和规范，在适度与轻量化原则下，按项目的实际要求进行适当的调整。

5.3.3　项目案例

（1）项目概况

本招标项目位于济南市市中区。项目总投资额 56900 万元，总建筑面积 99610.99m^2，结构类型为框架结构，由 6 栋单体建筑及地下车库构成，地上最高 9 层，地下 2 层（局部地下 3 层），其中 2♯、4♯、5♯楼为装配式建筑，单体装配率≥45%，楼板、楼梯、外墙、内墙均采用装配式，计划工期 833 日历天。本工程招标范围为设计图纸范围内除招标人专业分包项目以外的全部工程内容的施工。

（2）特点分析

地形较多，底板有 12 个标高，地形高差约 10m，给地形建模造成一定困难。另外现场已经进行了场地施工，在建模时需要参考现场状况及开挖施工图纸。

建筑物各有特色，6 个建筑物底部标高与屋顶构造各不相同，细部构造较多，门窗类型有 100 多种；车库分为两部分，车库顶标高有 20 余处。

该工程有装配式建筑，包括叠合板、预制楼梯及外挂板等构件，仅 5♯楼外挂板就有 33 个，3 栋楼的预制构件需要重新构建，在时间有限的情况下，建模工作量较大。

现场土石方已经部分施工，现场道路、围墙等临建设施已经施工完成，在场地建模时，既要考虑实际情况，又要考虑后期施工的便利性与可行性。

（3）模型构成

本工程模型分解结构体系如图 5-6 所示，累计 23 个单体模型，共形成 4 大模型群，即建筑模型群、结构模型群、围护模型群及场地模型群。建筑模型群由 6 个单体构成。结构模型由 6 个单体、2 部分车库与 1 个装配式建筑模型构成。在结构模型基础上，加入脚手架围护，形成围护模型。场地模型由基础、主体及装修三个阶段的模型组成，主体与装修阶段的场地模型与其他模型结合在一起形成完整的施工现场模型。如围护模型与主体阶段的场地模型形成主体阶段的现场模型，生成的模型如图 5-7 所示。

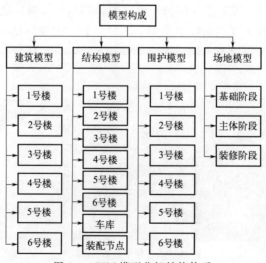

图 5-6　BIM 模型分解结构体系

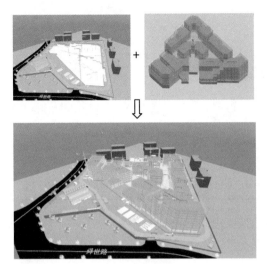

图 5-7　现场模型形成

（4）模型细度

为满足投标需要，各模型细度划分如表 5-4 所示。建筑与结构模型细度为 200 级，围护、场地及装配模型细度达到 400 级。

表 5-4　BIM 模型详细等级划分

等级	100	200	300	400	500
建筑模型		√			
结构模型		√			
围护模型				√	
场地模型				√	
装配节点				√	

建筑与结构模型只建外壳。对装配式建筑等工作量较大的建模工作，以一栋建筑物的节点精准建模表示，如图 5-8 所示。

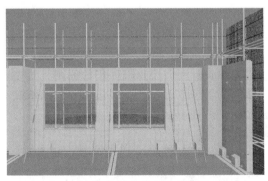

图 5-8　装配式节点精准建模

 在线习题

本章习题请扫二维码查看。

第6章
项目组织设计

 学习目标

了解施工项目管理组织原理；
了解建造师、施工现场专业人员职责；
掌握项目组织设计方法。

6.1　施工项目管理组织原理

6.1.1　施工项目管理组织的概念

施工项目管理组织是指为实施施工项目管理建立的组织机构，以及该机构为实现施工项目目标所进行的各项组织工作的简称，有时也被称为项目部。

施工项目管理组织作为组织机构，它是根据项目管理目标通过科学设计而建立的组织实体，如项目部。该机构是由有一定的领导体制、部门设置、层次划分、职责分工、规章制度、信息管理系统等构成的有机整体。作为组织机构，它通过给机构所赋予的权力（所具有的组织力、影响力），在施工项目管理中合理配置生产要素，协调内外部及人员间的关系，发挥各项业务职能的能动作用，确保信息畅通，推进施工项目目标优化的实现。只有施工项目管理组织机构和其所进行的管理活动有机结合才能充分发挥施工项目管理的职能。

6.1.2　项目组织设计原则

在进行施工项目管理组织设计时，要遵循一定的原则。首先要遵循的总原则是：在国家有关方针、政策和体制的指导下，结合企业目标和内部承包责任制，围绕如何更好地实施项目管理的基本职能，在现有条件和外部环境的基础上，经综合考虑后确定。其次，施工项目管理组织设计还要遵循以下原则。

（1）层级化原则

施工项目管理组织的层级化是指组织在纵向结构设计中需要确定的层级数目和有效管理幅度，根据组织集权化的要求，规定纵向各层级之间的权责关系，最终形成一个能对内外环境要求做出动态反应的有效组织结构形式。有效管理幅度是指一个管理者能够直接有效管理下属的人数。影响管理幅度的因素是多方面的，管理幅度会因组织或个人的差异而不同。管理幅度的大小影响并决定着组织的管理层次，以及主管人员的数量等一些重要的组织要素。组织层级与组织规模成正比。在组织规模给定的条件下，组织层级与管理幅度成反比，即每个主管所能直接控制的下属数目越多，所需的组织层级就越少。

（2）统一指挥原则

统一指挥原则是指在施工项目管理组织中每一个下级只能接受一个上级的指挥，并向这个上级负责。如果有两个或两个以上领导人同时指挥，则必须在下达命令之前，相互沟通，达成统一意见后再下达命令，以免下级无所适从。统一指挥原则，有利于组织的指令统一、高效率地贯彻执行各项决策。但是在实践中这一原则使组织缺乏必要的灵活性，同层次不同部门之间的横向沟通困难。因此在施工项目管理组织设计时应采取适当的措施予以弥补。

（3）责权一致原则

责权一致原则是指在赋予每一个职务责任的同时，必须赋予这个职务自主完成任务所需的权力，权力的大小需和责任相适应。有责无权，无法保证完成所赋予的责任和任务，有权无责将会导致权力滥用。

（4）分工与协作原则

分工是指按照不同专业和性质，将施工项目管理组织的任务和目标分给不同层次的部门或个人，并规定完成各自任务或目标的手段和方式。分工具有使工作简单化、使项目人员掌握专业化技能、使工作高度专业化等优点；但也存在工作单调化、阻碍内部人员流动、助长组织内部冲突等缺点。协作是指规定各个部门之间或部门内部协调关系和配合方法的一种行为。分工与协作原则是指在组织设计时，按照不同专业和性质进行合理的分工，并规定各个部门之间或部门内部协调关系和配合方法的一种原则。该原则有利于提高组织运行的效率。

（5）机构精简原则

机构精简原则是指在能够保证建筑企业业务活动正常开展的前提下，尽可能减少管理层次，简化部门机构，同时在满足国家相关要求的情况下，配置少而精的人员的一种原则。

（6）弹性结构原则

弹性结构原则是指项目的部门结构、人员职位和职责随着实际需求而变动，以便使施工项目管理组织能快速适应施工环境变化的一种原则。为了使职位保持弹性，应按任务和目标需求设立岗位，而不是按人设岗，且人员岗位职责要根据不同施工阶段的组织目标和任务特性进行调整。

（7）集权与分权相平衡原则

集权与分权相平衡原则就是根据施工项目管理组织的实际需求决定集权和分权的程度。集权是指组织的大部分决策权都集中在上层，分权是指将组织的决定权根据各个层次职务上的需求进行分配。集权和分权都是一种管理手段，集权和分权的程度需要根据组织在不同时期的需求、不同环境的要求等因素确定。

6.1.3　项目组织结构类型

从结构形态上，施工项目管理组织结构类型有三种：直线制组织结构、矩阵型组织结构以及处于这两种类型之间的职能制组织结构。其中直线制组织结构又派生出直线项目制、直线职能制等类型。

（1）直线制组织结构

直线制组织结构包括直线项目制和直线职能制两种。

① 直线项目制组织结构。

直线项目制组织结构是指组织中各种职务按垂直系统直线排列,各级主管人员对所属下级拥有直接领导职权,组织中每一个人只能向一个直接上级报告,组织中不设专门的职能机构,至多有几名助手协助高层管理者工作的组织结构。这种组织结构的优点是结构比较简单、权力集中、权责分明、命令统一、沟通简捷、决策迅速、比较容易维护纪律和秩序;缺点是在组织规模较大的情况下,由于所有管理职能都集中由一人承担,往往会因为个人的知识及能力有限而难以深入、细致、周到地考虑所有管理问题,导致管理比较简单粗放,有时会顾此失彼,产生失误。直线项目制组织结构如图 6-1 所示。

② 直线职能制组织结构。

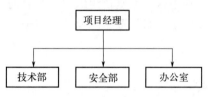

图 6-1 直线项目制组织结构

直线职能制组织结构以直线制组织结构为基础,对职能制组织结构进行了改进。在各级直线主管之下,设置相应的职能部门,即设置两套系统:一套是按命令统一原则组织的指挥系统,另一套是按专业化原则组织的管理职能系统。这种组织结构的特点是:直线部门和人员在自己的职责范围内有决定权,对其所属下级的工作进行指挥和命令,并负全部责任,而职能部门和人员仅是直线主管的参谋,只能对下级机构提供建议和业务指导,没有指挥和命令的权力。其组织结构如图 6-2 所示。

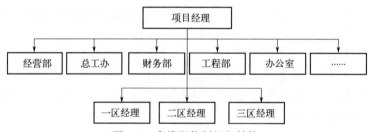

图 6-2 直线职能制组织结构

(2) 矩阵型组织结构

矩阵型组织结构是按职能划分的部门同按产品、服务或工程项目划分的部门结合起来的一种组织形式。在这种组织中,每个成员既要接受垂直部门的领导,又要在执行某项任务时接受项目负责人的指挥。这种组织结构具有以下优缺点:主要优点是灵活性和适应性较强,有利于加强各职能部门之间的协作和配合,并且有利于开发新技术、新产品和激发组织成员的创造性;主要缺陷是组织结构稳定性较差,双重职权关系容易引起冲突,同时还可能产生项目经理过多、机构臃肿的弊端。其结构类型如图 6-3 所示。

(3) 职能制组织结构

这种结构是介于直线制与矩阵型组织结构之间的一种结构形式。它采用专业分工的管理者代替直线型组织结构中的全能型管理者。它具有以下优缺点:优点是能够充分发挥职能机构的专业管理作用,减轻上层主管人员的负担;缺点是妨碍了组织的集中领导和统一指挥,各部门容易忽视与其他部门的配合,忽视组织整体目标,不利于明确划分直线人员职责权限,提高了最高主管监督协调整个组织的要求。其组织结构如图 6-4 所示。

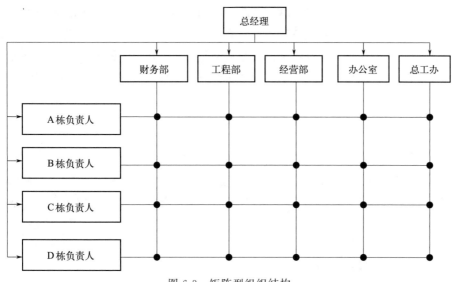

图 6-3　矩阵型组织结构

6.1.4　对施工项目管理组织形式选择的要求

（1）根据所选择的项目组织形式组建

不同的组织结构形式决定了企业对项目的不同管理方式，提供的不同管理环境，以及对项目经理授予权限的大小。同时组织结构形式对项目部的管理力量配备、管理职责也有不同的要求，要充分体现责、权、利的统一。

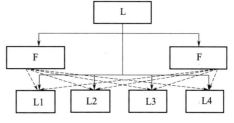

图 6-4　职能型组织结构

（2）根据项目的规模、复杂程度和专业特点设置

如大型施工项目的项目管理组织要设置大型职能部门；中型施工项目的项目管理组织要设置一般职能部门；小型施工项目的项目经理部只要设置岗位即可。在施工项目的专业性很强时，可设置相应的专业部门，如水电部门、安装部门等。项目管理组织的设置应与施工项目的目标要求相一致，便于管理、提高效率、体现组织现代化。

（3）根据施工工程任务需要调整

管理组织是弹性的一次性工程管理实体，不应成为一级固定组织，不设固定的队伍。应根据施工的进展、业务的变化，实行人员选聘进出、优化组合、及时调整、动态管理。项目管理组织一般是在项目施工开始前组建，在工程竣工交付使用后解体。

（4）适应现场施工的需要设置

项目部人员配置可考虑设专职或兼职，功能上应满足施工现场的计划与调度、技术与质量、成本与核算、劳务与物资、安全与文明施工的需要。一般不应设置经营与咨询、研究与发展、政工与人事等和项目施工关联度低的非生产性部门。

6.2　建造师

2002 年 12 月 5 日，人事部、建设部联合印发了《建造师执业资格制度暂行规定》

（人发［2002］111号，以下简称《规定》），规定必须取得建造师资格并经注册后，方能担任建设工程项目总承包及施工管理的项目施工负责人。这标志着中国建造师执业资格制度的正式建立。该《规定》明确，中国的建造师是指从事建设工程项目总承包和施工管理关键岗位的专业技术人员。建造师执业资格、职责权限请读者扫二维码学习了解。

6.3　施工现场专业人员

建筑与市政工程施工现场专业人员应包括施工员、质量员、安全员、标准员、材料员、机械员、劳务员、资料员。其中，施工员、质量员可分为土建施工、装饰装修、设备安装和市政工程四个子专业。施工现场专业人员的岗位划分、岗位职责、专业技能、专业知识等内容请读者扫二维码学习了解。

6.4　项目组织设计

施工项目组织设计是建立一种有效的组织结构框架，对组织成员在实现组织目标过程中的工作分工及协作关系做出正式、规范的安排。即对组织的结构和活动进行创构、变革和再设计。

施工项目组织设计的目的是要根据相关规定，通过架构灵活的组织，有效积聚新的组织资源，同时协调好组织中部门与部门之间、人员与任务之间的关系，使员工明确自己在组织中应有的权利和应承担的责任。

施工项目组织设计的任务就是对项目开展有关工作和实现项目目标所需的各种资源进行安排，以便在适当的时间、适当的地点把工作所需的各方面力量有效地组合到一起。

施工项目组织设计的内容包含三个部分内容：基础工作、硬组织设计及软组织设计。基础工作主要包括目标（需求）分析及工作结构分解；硬组织设计包括组织结构设计、流程设计、制度设计及人力资源规划；软组织设计包括组织文化、项目形象设计等内容，如图6-5所示。

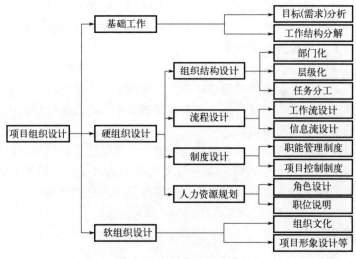

图6-5　组织设计的内容

6.4.1　基础工作

（1）目标（需求）分析

需求分析是用来准确地回答"施工项目组织设计必须做什么？"这个问题；需求分析是确定组织设计必须完成哪些工作，也就是对目标系统提出完整、准确、清晰、具体的要求。

（2）工作结构分解

工作结构分解是为了管理和控制的方便，对建筑项目任务的分解与再分解。建筑项目工作分解过程是逐层分解其主要的可交付成果的过程，目的是给项目的组织人员分派角色和任务。

6.4.2　硬组织设计

（1）组织结构设计

组织结构设计有两项工作：一是形成组织部门，即组织部门化；二是形成组织的层次，即组织层级化。

① 组织部门化。

组织部门化是指将组织中的活动按照一定的逻辑进行安排，划分为若干个管理单位的活动过程。它通常按照因事设职和因人设职相结合、分工与协作相结合及精简高效等原则进行部门化。以下是几种常见的部门化方法：

a. 职能部门化是把相同或相似的活动归并在一起，作为一个部门或一个管理单位，归一个部门管理。如常见的财务部、技术部、经营部。

b. 项目部门化是根据项目的不同设置部门。如在项目群中，项目部门化是把每个项目都作为一个部门。

② 组织层级化。

组织层级化是指组织在纵向结构设计中需要确定层级数目和有效管理幅度，需要根据组织集权化的要求，规定纵向各层级之间的权责关系。

③ 任务分工。

组织结构设计完成后，就要在部门及部门内部进行工作安排，即将工作分解的成果分配给各部门及各部门的角色，使人人有事做，事事有人做。

（2）流程设计

形成建筑项目工作流程的工作任务有一定的联系和顺序，它是建筑项目正常运行的保证。建筑项目流程设计通过安排好各项任务完成的先后次序，从而使各部门的工作相互协调、紧密有序地进行。流程设计形成的文件可以是程序文件；也可以是作业指导书，这可根据需要确定。

（3）制度设计

建筑项目管理制度是组织管理中各种管理条例、章程、制度、标准、办法、守则等的总称，是对组织各项专业管理工作的范围、内容、程序、方法等所做的规定。它用文字形式规定管理活动的范围、内容、程序和方法，是管理人员的行为规范和准则。组织管理制度主要规定各个管理层、管理部门、管理岗位、各项专业管理业务及项目控制的职能范围、应负的责任、拥有的职权，以及管理业务的工作程序和工作方法。如①施工项目管理岗位责任制度；②施工项目技术与质量管理制度；③图纸和技术档案管理制度；④计划、统计与进度报告制度；⑤施工项目成本核算制度；⑥材料、机械设备管理制度；⑦施工项目安全管理制度；⑧文明施工和场容管理制度；⑨施工项目信息管理制度；⑩例会和组织协调制度；⑪分包和劳务管理制度；⑫内外部沟通与协调管理制度。

需要说明的是，制度不是一成不变的，随着建筑项目的发展，技术的更新，管理水平的提高，认识的深化，管理制度也需要修改和完善。

（4）人力资源规划

组织结构设计完成后，需要对人员安排做出规定，这就涉及人力资源的问题。所谓人力资源规划，就是拟定一套措施，使组织稳定地拥有一定质量和必要数量的人员，包括实现个人利益在内的组织发展目标。其主要内容包括：提升规划、补充规划、开发训练规划与分配规划。在人力资源规划的基础上，可以形成职位说明书。

职位说明书的主要内容包括六项：职位任职条件的确定、职位目的的明确、上下级关系的确定、工作沟通关系的确定、岗位职责范围的确定以及职位考核评价。

6.4.3　软组织设计

建筑项目软组织设计就是对项目文化、项目形象等进行的设计或重设计。它是硬组织设计的保证，如果没有软组织设计，硬组织将不会高效运行。

（1）建筑项目文化

一是要设计项目建设管理文化，规范职工行为。项目文化是项目经济效益的反映，而项目经济效益往往在一定程度上决定于项目管理，因此项目管理是项目文化的支柱。

二是要设计项目建设激励文化，激发员工热情。市场经济条件下，人才看重的是能否在企业中实现自身价值，展示自我风采，这种自我实现需要通过激励实现。为了达到这个目标，首先，建立公正的用人制度；其次，构建合理的分配机制；最后，深化项目民主管理。

三是要设计项目建设理念文化，培育员工士气。理念文化是企业领导和员工共同信守的经过多年实践而形成的具有深厚文化底蕴的基本信念，项目理念是项目文化的核心，而且理念越高，项目文化的建设水平就越高。第一，项目精神。项目精神要突出创新求实，展示团队精神。第二，二次经营理念。二次经营理念是指应对同一业主经营的项目，如何再次经营下一个项目的观念。第三，目标理念。推行一流的交往信条和一流的对待用户哲学；追求发展的市场观、领先的品牌观、至高的价值观。

（2）建筑项目形象

建筑项目形象是社会公众对企业、企业行为、企业各种活动所给予的整体评价和认定。良好的项目形象本身就是企业的一笔无形资产，是提高企业社会知名度的一大助力，能够使社会公众轻易地感受企业个性的震撼力，使全体员工产生信心和荣誉感。从领导水平到员工素质、从结构质量到建筑观感质量、从管理手段到环境维护，无不体现着项目形象。建筑项目属于一般竞争性行业，项目形象竞争已成为企业竞争策略中最为重要的部分，项目形象塑造和展示对企业发展有着不可替代的作用。

建筑项目形象包括企业形象与项目形象，其中项目形象更为重要。建筑项目虽没有固定的产品，但有固定的地点，每一项精品工程的矗立就是最好的名片，是宣传企业形象的物质载体和广告牌；每一个施工现场都将企业的经营、管理和文化理念蕴藏其中，是展示企业形象和实力的平台和窗口，是打造企业品牌的现场。

 在线习题

本章习题请扫二维码查看。

第 7 章
劳务用工管理

 学习目标

了解劳务用工管理规定；
掌握劳动力配置方法；
了解分包单位管理方法。

7.1 劳务用工管理规定

7.1.1 劳务用工基本规定

对从事建设工程劳务活动的劳务企业、个人实行资质和资格管理制度。凡从事建设工程劳务活动的劳务企业，必须取得相应的建筑劳务企业资质，并在资质证书核定的范围内从事建设工程劳务活动。未取得资质证书的，一律不得从事建设工程劳务活动。

劳务企业必须使用自有劳务工人完成所承接的劳务作业，不得再行分包或将劳务作业转包给无资质、无自有队伍、无施工作业能力的个体劳务队或"包工头"。

建筑劳务企业必须依法与工人签订劳动合同，合同中应明确合同期限、工作内容、工作条件、工资标准（计时工资或计件工资）、支付方式、支付时间、合同终止条件、双方责任等。劳务企业应当每月对劳务作业人员应得工资进行核算，按照劳动合同约定的日期支付工资，不得以工程款拖欠、结算纠纷、垫资施工等理由随意克扣或无故拖欠工人工资。

劳务企业必须建立健全培训制度，从事建设工程劳务作业人员必须持相应的执业资格证书，并在工程所在地建设行政主管部门登记备案，严禁无证上岗。

总承包（简称总包）企业、专业承包企业项目部应当以劳务班组为单位，建立建筑劳务用工档案，按月归集劳动合同、考勤表、包工作业工作量完成登记表、工资发放表、班组工资结清证明等资料，并以单项工程为单位，按月将企业自有建筑劳务的情况和使用的劳务分包企业情况向工程所在地建设行政主管部门报告。

总承包企业或专业承包企业支付劳务企业劳务分包款时，应责成专人现场监督劳务企业将工资直接发放给农民工本人，严禁发放给"包工头"或由"包工头"替多名农民工代领工资，以避免"包工头"携款潜逃，导致农民工工资拖欠。因总承包企业转包、挂靠、违法分包工程导致拖欠农民工工资的，由总承包企业承担全部责任，并先行支付农民工工资。

7.1.2 劳务作业分包管理

(1) 劳务作业分包的定义及范围

劳务作业分包是指施工总承包企业或者专业承包企业将其承包工程中的劳务作业发包给具有相应资质和能力的劳务分包企业完成的活动。其范围包括：木工作业、砌筑作业、抹灰作业、石制作业、油漆作业、钢筋作业、混凝土作业、脚手架作业、模板作业、焊接作业、水暖电安装作业、钣金作业、架线作业等。

(2) 劳务作业分包管理流程

劳务作业分包管理流程如下：劳务分包单位队伍资源信息的收集→资格预审→实地考察→评定→培训→推荐劳务分包→劳务分包单位参与投标→评标及确定中标单位→签订劳务分包合同→注册、登记→进场施工及现场管理→考核、评估→协作终止。

① 劳务分包单位队伍资源信息的收集。总承包商应定期组织职能部门进行劳务分包单位队伍资源信息的收集、筛选，定期将经筛选的劳务分包单位资源信息提供给内部的相关部门和单位。

劳务分包单位队伍资源信息筛选的要点：具有良好施工信誉；具有充足的劳动力及管理人员资源；符合施工要求的各种资格条件；具有较完善的内部管理体系。

② 资格预审。资格预审内容：劳务分包单位的企业性质、资质等级、社会信誉、资金情况、劳动力资源情况、施工业绩、履约能力、管理水平等。

③ 实地考察。实地考察内容：企业规模、内部管理模式、管理水平、获奖情况、管理人员及劳动力状况；近三年竣工工程的业绩情况及履约状况；在施工程实体施工质量、成本管理水平、现场管理水平、文明施工状况、劳动力分布。

④ 评定。评定要点：劳务分包单位内部管理水平要符合工程项目施工的要求；管理人员及劳动力相对稳定；工程实体质量控制能力能够满足工程质量目标的要求；企业信誉良好；无不良行为和诉讼记录。

⑤ 培训。培训内容及要求：总承包企业概况，总承包管理模式，工程质量、安全、进度、成本等的管理运作方式以及劳务分包单位员工职业技能等。

⑥ 推荐劳务分包、劳务分包单位参与投标。按《劳务分包招标管理办法》规定的程序，选择劳务分包单位参与投标。所推荐的劳务分包单位应来自合格分包单位队伍名录，根据工程项目具体情况，推荐相应资质等级的劳务分包单位。

⑦ 评标及确定中标单位。由"劳务分包招标工作小组"进行评标、议标工作，由"劳务分包招标领导小组"确定中标单位。确定中标单位的主要依据：满足招标文件规定；合理低价；方案符合招标文件要求。

⑧ 签订劳务分包合同。总承包单位与劳务分包单位采用建设工程施工劳务分包合同范本签订劳务分包合同。

⑨ 注册、登记。中标的劳务分包单位到总承包单位办理注册登记手续。由总承包单位协助中标的劳务分包单位办理地方政府的注册手续（包括工程注册、劳务注册）；到地方建设行政主管部门设立的建筑工程劳务发包承包交易中心和管理中心办理注册备案手续。

⑩ 进场施工及现场管理。总承包单位全权负责劳务分包单位在施工现场的管理，包括负责入场教育和施工过程管理等。劳务分包单位及劳务人员按工程所在地建设行政

主管部门及总承包单位的规定办理各种手续，严格遵守现场安全文明、环保和职业安全健康规定，按规定要求持证上岗。

⑪ 考核、评估。严格的考核和评估是促进劳务分包单位管理能力提高的有效方法。总承包单位应对劳务分包单位进行分阶段考核和评估，考核和评估的结论记入分包方信用档案。

⑫ 协作终止。按照总承包单位与劳务分包单位签订的合同，当劳务分包单位完成约定的施工任务、检验合格、工程款结清后，本次合同终止。

7.1.3　劳务工人实名制管理

劳务工人实名制管理相关内容请扫二维码查看。

劳务工人实名
制管理

7.2　劳动力配置方法

7.2.1　施工劳动力结构的特点

劳动力结构是指在劳动力总数中各种人员的构成及其比例关系。施工劳动力结构具有以下特点：

（1）长工期少，短工期多

这是由建筑施工劳动的流动性和间断性引起的。在不同地区之间流动施工时，劳务分包单位招聘的工人都是短期的合同工或临时工，聘用期最长为该建筑产品的整个施工期。通常按各分部分项工程的技术要求雇用不同工种和不同技术等级的工人，有时甚至可能按工作日或工时临时雇用工人。对于管理人员、技术人员、各工种的技术骨干，聘用期会相对较长。

（2）技术工少，普通工多

这是由建筑生产总体技术水平不高和劳动技能要求不均衡决定的。对于建筑施工劳动的许多方面，普通工人即可胜任。即使对技术要求较高的工种，也常常需要一定数量的普通工人做一些辅助工作。只有少数工种，如木工、装饰工、水电管线工等，技术工人的比重相对高一些。

（3）老年工人少，中、青年工人多

由于建筑施工的劳动条件艰苦、室外作业多、高空作业多、重体力劳动比重较大、不适宜老年工人承担，所以这在客观上要求老年工人提早退离建筑施工行业。但由于建筑业短期工作的比例较大，对劳动技能要求不高，对农村劳动力转移和增加就业有较大空间，从而使来自农村的中、青年工人的总数和比例不断增加。

（4）女性工人少，男性工人多

一般认为，由于劳动强度和作业方式的特殊性，建筑业是不适宜妇女从事的行业。妇女适宜在建筑业从事一些辅助性工作、后期服务工作，但这些工作的比例毕竟有限，一般不超过 10%，与全社会妇女的平均就业率相差甚远。另外，由于建筑业工程技术人员要经常在施工现场处理问题，也要随着工程地点的变化而流动，因而女性工程技术人员的比例相对较小。

7.2.2 施工劳动力计划与配置方法

（1）劳动力计划编制要求

要保持劳动力均衡使用。劳动力使用不均衡，不仅会给劳动力调配带来困难，还会出现过多、过大的需求高峰，同时也增加劳动力的管理成本，还会带来住宿、交通、饮食、工具等方面的问题。

要根据工程的实物量和定额标准分析劳动需用总工日，确定生产工人、工程技术人员的数量和比例，以便对现有人员进行调整、组织、培训，以保证现场施工的劳动力到位。

要准确计算工程量和施工期限。劳动力管理计划的编制质量，不仅与计算工程量的准确程度有关，而且与工期计划的合理与否有着直接关系。工程量越准确、工期越合理，劳动力使用计划越准确。

（2）劳动力需求计划

确定建筑工程项目劳动力的需要量，是劳动力管理计划的重要组成部分，它不仅决定了劳动力的招聘计划、培训计划，而且直接影响其他管理计划的编制。

① 确定劳动效率。确定劳动力的劳动效率，是劳动力需求计划编制的重要前提，只有确定了劳动力的劳动效率，才能制订出科学、合理的计划。建筑工程施工中，劳动效率通常用"产量/单位时间"或"工时消耗量/单位工作量"来表示。

在一个工程中，分项工程量一般是确定的，它可以通过图纸和工程量清单的规范计算得到，而劳动效率的确定却十分复杂。在建筑工程中，劳动效率可以在劳动定额中直接查到，它代表社会平均先进水平的劳动效率。但在实际应用时，必须考虑具体情况，如环境、气候、地形、地质、工程特点、实施方案的特点、现场平面布置、劳动组合、施工机具等，进行合理调整。

根据劳动力的劳动效率，可得出劳动力投入的总工时，即

劳动力投入总工时＝工程量/（产量/单位时间）；

劳动力投入总工时＝工程量×工时消耗量/单位工程量。

② 确定劳动力投入量。劳动力投入量也称劳动组合或投入强度。在劳动力投入总工时一定的情况下，假设在持续的时间内劳动力投入强度相等，而且劳动效率也相等，在确定每日班次及每班次的劳动时间后，可计算：

劳动力投入量＝劳动力投入总工时/[（班次/日）×（工时/班次）×活动持续时间]

＝（工程量×工时消耗量/单位工程量）/[（班次/日）×（工时/班次）×活动持续时间]

③ 劳动力需求计划的编制。在编制劳动力需求计划时，由于工程量、劳动力投入量、持续时间、班次、劳动效率、每班工作时间之间存在一定的变量关系，因此在计划中要注意它们之间的相互调节。

在工程项目施工中，经常安排混合班组承担一些工作任务，此时不仅要考虑整体劳动效率，还要考虑设备能力和材料供应能力的制约，以及与其他班组之间工作的协调。

劳动力需求计划中还应包括现场其他人员的使用计划，如为劳动力服务的人员（如医生、厨师、司机等）、勤杂人员、工地管理人员等，可根据劳动力投入量计划按比例计算，或根据现场的实际需要安排。

（3）劳动力配置计划

① 劳动力配置计划的内容。研究制订合理的工作制度与运营班次，根据项目类型和生产过程特点，提出工作时间、工作制度和工作班次方案。研究员工配置数量，根据精简、高效的原则和劳动定额，提出配备各岗位所需人员的数量，优化人员配置。研究确定各类人员应具备的劳动技能和文化素质。研究测算职工工资和福利费用。研究测算劳动生产率。

研究提出员工聘用方案，特别是高层次管理人员和技术人员的来源和聘用方案。

② 劳动力配置计划的编制方法：

a. 按设备计算定员，即根据机器设备的数量、工人操作设备定额和生产班次等，计算生产定员人数。

b. 按劳动定额计算定员，即根据工作量或生产任务量，按劳动定额计算生产定员人数。

c. 按岗位计算定员，即根据设备操作岗位和每个岗位需要的工人数计算生产定员人数。

d. 按比例计算定员，即按服务人数占职工总数或者生产人员数量的比例计算所需服务人员的数量。

e. 按劳动效率计算定员，即根据生产任务和生产人员的劳动效率计算生产定员人数。

f. 按组织机构职责范围、业务分工计算管理人员的人数。

7.3　分包单位的管理

建设工程施工分包包括专业工程分包和劳务作业分包两种。在国内，建设工程施工总承包或者施工总承包管理的任务往往是由技术密集型和综合管理型的大型企业承担（或获得），项目中的许多专业工程施工往往由中小型的专业化公司或劳务公司承担。工程施工的分包是国内目前非常普遍的现象和工程实施方式。

7.3.1　对施工分包单位进行管理的责任主体

施工分包单位的选择可由业主指定，也可以在业主同意的前提下由施工总承包或者施工总承包管理单位自主选择，其合同既可以与业主签订，也可以与施工总承包或者施工总承包管理单位签订。一般情况下，无论是业主指定的分包单位还是施工总承包或者施工总承包管理单位选定的分包单位，其分包合同都是与施工总承包或者施工总承包管理单位签订。对分包单位的管理责任，也是由施工总承包或者施工总承包管理单位承担。也就是说，将由施工总承包或者施工总承包管理单位向业主承担分包单位负责施工的工程质量、工程进度、安全等的责任。

在许多大型工程的施工中，业主指定分包的工程内容比较多，指定分包单位的数量也比较多。施工总承包单位往往对指定分包单位疏于管理，出现问题后就百般推脱责任，以"该分包单位是业主找的，不是自己找的"等为理由推卸责任。特别是在施工总承包管理模式下，几乎所有分包单位的选择都是由业主决定的，而由于施工总承包管理单位几乎不进行具体工程的施工，其派驻该工程的管理力量相对薄弱，对分包单位的管理非常容易形成漏洞，或造成缺位。必须明确的是，对施工分包单位进行管理的第一责任主体是施工总承包单位或施工总承包管理单位。

7.3.2　对分包单位管理的内容

对施工分包单位管理的内容包括成本控制、进度控制、质量控制、安全管理、信息管理、人员管理、合同管理等。

（1）成本控制

首先，无论采用何种计价方式，都可以通过竞争方式降低分包工程的合同价格，从而降低承包工程的施工总成本。

其次，在对分包工程款的支付审核方面，通过严格审核实际完成工程量，建立工程款支付与工程质量和工程实际进度挂钩的联动审核方式，防止超付和早付。

对于业主指定的分包，如果不是由业主直接向分包支付工程款，则要把握分包工程款的支付时间，一定要在收到业主的工程款之后才能支付，并应扣除管理费、配合费和质量保证金等。

（2）进度控制

首先应该根据施工总进度计划提出分包工程的进度要求，向施工分包单位明确分包工程的进度目标。其次应该要求施工分包单位按照分包工程的进度目标要求建立详细的分包工程施工进度计划，通过审核判断其是否合理，是否符合施工总进度计划的要求，并在工程进展过程中严格执行。

在施工分包合同中应该确定进度计划拖延的责任，并在施工过程中严格考核。

在工程进展过程中，总承包单位还应该积极为分包工程的施工创造条件，及时审核和签署有关文件，保证材料供应，协调好各分包单位之间的关系，按照施工分包合同的约定履行好施工总承包人的职责。

（3）质量控制和安全管理

首先，在分包工程施工前，应该向分包人明确施工质量要求，要求施工分包人建立质量保证体系，制订质量保证和安全管理措施，经审查批准后再进行分包工程的施工。其次，在施工过程中，严格检查施工分包人质量保证与安全管理体系和措施的落实情况，并根据总承包单位自身的质量保证体系控制分包工程的施工质量。最后，应该在承包人和分包人自检合格的基础上提交给业主方检查和验收。

增强全体人员（包括总承包方的作业人员和管理人员以及各分包方的各级管理人员和作业人员）的质量和安全意识是工程施工的首要措施。工程开工前，应该针对工程的特点，由项目经理或负责质量、安全的管理人员组织质量、安全意识教育，通过教育增强各类管理人员和施工人员的意识，并将其贯穿到实际工作中去。

目前，国内的工程施工主要由分包单位具体实施完成，只有分包单位的管理水平和技术实力提高了，工程质量才能达到既定的目标。因此，要着重对分包单位的操作人员和管理人员进行技术培训与质量教育，帮助他们提高管理水平。要对分包工程的班组长及施工人员按不同专业进行技术、工艺、质量等的综合培训，未经培训或培训不合格的分包队伍不允许进场施工。

7.3.3　对分包单位管理的方法

① 应该建立对分包单位进行管理的组织体系和责任制度，对每一个分包人都有负责管理的部门或人员，实行对口管理。

② 分包单位的选择应该经过严格考察，并经业主和工程监理机构的认可，其资质类别和等级应该符合有关规定。

③ 要对分包单位的劳动力组织及计划安排进行审批和控制，并根据其施工内容、进度计划等进行人员数量、资格和能力的审批和检查。

④ 要责成分包单位建立责任制，将项目的质量、安全等保证体系贯彻落实到各个分包单位、各个施工环节，督促分包单位对各项工作进行落实。

⑤ 对加工构件的分包单位，可委派驻厂代表负责对加工厂的进度和质量进行监督、检查和管理。

⑥ 应该建立工程例会制度，及时反映和处理分包单位施工过程中出现的各种问题。

⑦ 建立合格材料、制品、配件等的分供方档案库，并对其进行考核、评价，确定信誉好的短名单分供方。材料、成品和半成品进场要按规范、图纸和施工要求严格检验。进场后的材料堆放要按照材料性能、厂家要求等进行，对易燃易爆材料要单独存放。

⑧ 对于有多个分包单位同时进场施工的项目，可以采取工程质量、安全或进度竞赛活动，通过定期的检查和评比，建立奖惩机制，促进分包单位的进步和提高。

7.3.4　对分包单位管理的措施

（1）对分包单位的选择

选用分包单位时必须坚持的原则是：主体和基础工程必须自己组织施工；分包单位必须具有营业许可证，其资质必须符合工程类别的要求；必须经过业主许可；禁止出现层层分包的现象。

（2）与分包单位合同的签订

总分包合同是总分包管理最基本的法规性文件；分包单位必须全部承认总承包单位与业主签订的合同的责任、义务等所有条款；工期、质量、安全等条款必须在主合同标准的基础上要有所提前和提高，为保证主要目标的实现，可以要求分包单位抵押一定数量的保证金；合同中要明确总分包结算办法、材料供管方式，要明确分包单位承担的各项费用；各种技术资料必须由总包单位整理保管、分包单位协助并承担所发生的费用；分包单位对总承包单位负责，未经许可，分包单位不得同业主、监理、建管部门发生任何联系，避免管理失控。

（3）严格的质量控制

质量控制的过程根据工程质量形成时间分为事前控制、事中控制和事后控制。事前控制是对分包单位的开工准备、人员组成、技术方案以及企业资质进行全面的检查与控制，确保所选择的分包单位具有相应的实力。事中控制是对工程的工序、分部分项工程进行动态管理、跟踪检查与控制，实现过程精品。事后控制是对工程竣工、资料校验整理以及保修等工作的控制，保证工程质量的终身责任。质量控制监督是以施工验收规范为标准，对完成的各个工序、分部分项的质量进行定期和不定期的检查验收，不合格的坚决给予处理或返工。质量控制的程序是贯彻以自检为基础的自检、互检、专职检的"三检制"，对分包单位不符合要求的施工内容不予验收，只有由总承包单位质检人员检查验收合格后，才能报监理、业主检查验收，未经业主、监理签字认可，不准进行下道工序施工。

（4）保证工期的控制

保证工期对施工企业降低成本、提高建设单位和社会的经济效益具有很重要的意义，为此总承包单位必须做到：按总分包合同的规定，如期提供完整的技术资料和图纸；及时拨付工程款；每天按节点要求控制日进度，发现问题及时督促和调整；每日召开调度会，协调有关单位的关系。

（5）加强料具的控制

工程施工的过程也是材料消耗的过程，在项目成本中料具的费用占 $60\% \sim 70\%$。因此，加强对分包单位材料供应、保管和使用的管理，对保证工程质量、降低工程成本、提高项目总体的经济效益十分重要。

项目开工前由预算部门、计划部门根据图纸编制分部工程和整体的材料计划，作为采购和供应给分包单位材料的依据；工程所需要的主材及大宗材料实行统一计划、统一采购、统一供应、统一核算的办法；工程所用材料，劳务分包单位凭限额领料单领取；分发材料，专业分包单位必须采取调拨方式；做到谁使用、谁保管、谁核算，所余材料按退库标准回收，超定额部分由分包单位无偿补充；工程所用施工机具、周转材料执行租赁制度，按月结清。

 在线习题

本章习题请扫二维码查看。

第8章
施工项目策划

 学习目标

掌握施工项目策划概述；

了解施工项目策划程序；

了解施工项目策划书编制的内容。

8.1 施工项目策划概述

8.1.1 施工项目策划的概念与作用

策划是项目展开前对工作的计划、策略与打算，是在充分收集信息的基础上，针对项目决策和实施中的问题，进行风险、组织、管理、经济和技术方面的科学分析和论证。比如分析项目建设中的组织和协调、建设周期、风险、建设成本、社会效益和经济效益、建设质量等。承包单位的项目管理模式可表述为：项目管理（pm）＝项目策划（pp）＋项目控制（pc）。施工项目策划指施工方对拟建的重点项目，以及技术复杂、风险较高或管理难度大的工程项目预先进行评估、分析、论证、预测、计划的过程。通过策划，确定项目生产的预期目标，用以指导施工过程中的项目管理。项目控制包括成本控制、质量控制、工期控制和安全控制，而控制的实现要靠现场管理、要素管理、合同管理、信息管理和协调组织来完成。可见项目策划是控制和管理的前提。通过项目策划，可以对施工过程中的各个方面进行充分调查和研究，制订切实可行的施工组织方案和目标，为项目的盈利提供重要前提。归结起来，施工项目策划的作用主要有：

（1）保证工程项目投标阶段决策的科学性和合理性

在复杂激烈的市场竞争环境中，施工方对于工程投标信息要进行仔细的分析和论证，要有所为有所不为，企业经营越困难，越要谨慎。对认准有所为的项目要进行认真的调查和研究，制订投标报价的策略，努力中标，并最终签订一个有利的合同。

（2）保证项目施工过程中各要素间的协调一致性

通过项目策划，落实施工中各要素的协作配合，从而保证项目施工顺利有序进行。越是复杂的项目，对于管理层次越高的施工方来说，其项目策划的重要性越强。项目策划的结果是施工中制订各项工作方案的依据，是圆满完成施工任务的保证。

（3）保证施工方获得良好的效益

通过项目策划，制订出项目施工中的质量、工期、安全目标，并进行成本分析，限定施工成本和损耗，将各项目标进行责任落实，从而强化项目施工，保证工程建设获得必要的效益。在目前建筑业竞争激烈、利润微薄的情况下，这是施工方获得效益的重要途径。

（4）降低施工方施工风险的重要前提

建筑工程施工周期长、工程量大、协作单位多、风险因素很强，通过项目策划，事先能全面地对风险进行识别，进而制订风险对策，同时可以为施工过程中风险的躲避、转移、索赔补偿提供前提和基础，这对于复杂项目具有重要的意义。

8.1.2　施工项目策划的类型

在具体项目中，项目策划工作分投标和实施两个阶段分别进行，并编制《项目策划书》文件。投标阶段的《项目策划书》由公司组织编制；实施阶段的《项目策划书》由项目经理部组织编制。投标阶段《项目策划书》是编制投标文件的依据，也是编制实施阶段《项目策划书》的基础和依据。实施阶段《项目策划书》是投标阶段《项目策划书》的深化和细化，是编制项目预算成本的直接依据，也是项目经理部组织项目实施的纲领性文件，本书所讲的是实施阶段《项目策划书》。

8.1.3　施工项目策划的内容

施工项目策划的主要内容主要有以下几个方面：

① 组织策划。组织策划主要是确定施工过程的工作流程、任务分工及管理职能分工，确定项目班子的组成与职责。

② 管理策划。管理策划的内容主要是确定施工过程的管理总体方案和管理原则。

③ 合同策划。合同策划的内容主要是确定施工中的合同结构、内容和文本，执行策略及索赔原则等。

④ 经济策划。经济策划注重于施工建设中的成本效益分析，制订预算造价、进度款支付、财务结算等策略，保证承包单位的经济效益。

⑤ 技术策划。技术策划的内容主要是施工方案的制订与优化，保证施工技术方案的经济与合理性，同时积极开发和应用新技术、新工艺、新设备。

⑥ 环境策划。做好文明施工与安全生产，保证施工过程中的整洁、美观，创造良好的环境是环境策划重点关注的内容。

⑦ 质量策划。质量是企业的生命，质量策划的内容主要是确定质量目标和实施程序，落实质量责任，保证建筑施工的工程质量。

⑧ 进度策划。进度策划的是制订合理的工期进度目标和人员劳力计划，确定施工工序之间的合理搭接和统筹，保证多快好省地完成工作。

⑨ 风险分析。风险分析的内容主要是通过对各种风险的识别、评估，制订出合理的风险对策，从而保证项目的盈利。这包括工程外界环境、业主、监理、承包单位内部、分包单位、材料供应单位等方面的不确定性风险因素。

8.1.4　施工项目策划的原则和要求

项目策划的基本原则：项目策划应以"事前策划、目标清晰，责任任务分明、过程控制严谨、执行有力，事后总结、不断改进"为总体思路，遵循"以合同条件为基础、以施工组织优化为重点和以收定支"的原则。具体有以下要求：

① 项目策划工作是全员参与、集思广益的过程，应广泛征求相关部门和人员的意

见，提高项目策划实效。

② 充分发挥专家在项目策划工作中的作用，推广和共享成功的管理经验，指导项目的生产管理。

③ 充分考虑项目自身特点，鼓励项目管理和技术创新，积极培育和完善内外部专业市场，提倡专业人做专业事。

④ 项目策划应进行合同交底，交底内容包括项目经营过程、节点工期、材料供应及要求、合同主要条款（特别是罚款条款）、投标报价总体情况等。有合作单位的项目应介绍合作模式及合作单位情况。

⑤ 进度策划应以合同履约为目的，综合考虑项目所在地环境因素的影响，制订施工总进度计划及主要单位工程进度计划和关键里程碑计划，建立完整的进度控制体系。

⑥ 项目健康、安全与环境策划（HSE 策划）和风险评估应符合业主、公司和相关方管理要求。环境、职业健康和安全风险识别要有针对性、重点突出，风险等级评估要准确，控制措施要容易操作，HSE 策划应简单、实用、全面。

⑦ 项目设备物资配置应根据进度计划的要求，编制详细的资源需求计划，配置过程严格按照相关管理规定和制度执行，优先采用内部资源，实现内部资源共享。

⑧ 应制订详细的采购方案，合理划分包件（工程）大小及内容，并执行公司相关管理规定，严禁整体分包和非法转包。严把分包单位准入关，引进和培育合格分包单位，打造核心分包链。

⑨ 项目策划应详细地预测和评估施工合同范围内所涉及的风险，并有相应的应对措施。海外项目还应考虑汇率、项目所在地法律法规、政治经济等风险因素。

⑩ 信息化策划应包含项目部网络策划、软硬件配置、兼职信息化管理员配置等方面，确保项目部网络畅通、信息沟通顺畅、数据信息上报及时。

⑪ 国际工程项目在项目投标阶段应及时掌握项目所在地资源组织、法律法规、税收政策等相关基础信息，项目中标后及时对项目组织机构设置、资源配置、设计和施工方案优化、分包管理、风险控制等各方面进行详细策划。海外项目策划可随工作进展，分阶段分专题组织。

8.2 施工项目策划的程序

企业在收到中标通知书或确定已承接工程项目后，对需要策划的项目，要及时组织并完成项目策划工作。其流程为：接到中标通知书→项目部组织施工策划→项目部提交策划书→召开项目策划会→修订、完善项目策划书→审核批准项目策划书→项目部组织实施并编制《项目策划书》→动态调整→检查与考核→项目策划后评价。

8.2.1 施工项目策划会议

项目策划会议应突出重点，主要进行管理目标论证、明确管理思路、优化资源配置、预控项目管理风险以及解决重大管理问题。策划会议的组织方式应不拘形式，可针对一个项目，或对同一时期的多个项目集中组织策划会，可以是启动会，也可以是评审会。

参加项目策划会议的人员可由公司领导及相关部门负责人、分（子）公司领导及相关部门负责人、项目部领导和相关管理人员、相关项目管理专家组成。应在项目策划会后及时编写会议纪要，并将会议纪要下发到相关部门。

分（子）公司或项目部应根据项目策划会议要求编写或修改《项目策划书》，形成《项目策划书》的初稿或最终稿，在规定日期前上报有关部门进行审批。

8.2.2 策划书编制

策划书的编制需要由项目组织相关部门编制，并形成《策划书编制任务分工表》，如表 8-1 所示。各参与部门或个人按照格式及其他要求编制相应部分的内容后，再由相关人员汇总形成策划书。

表 8-1 策划书编制任务分工表

项目名称及编码	××××项目					
项目基本情况	××××					
策划书编写任务安排						
序号	计划名称	责任部门/人	编制要点	完成期限	审核人	批准人
1	项目概况及总目标	施工技术部				
2	项目经理授权	施工技术部				
3	总进度计划	商务部				
4	现场管理人员配置方案	施工技术部				
5	分包采购方案	商务部				
6	物资采购方案	商务部				
7	模板架料配置方案	物资部				
8	施工机械配置方案	物资部				
9	监测设备配置方案	物资部				
10	办公设备配置方案	综合部				
11	现场临建方案	质量安全部				
12	现场临水临电方案	质量安全部				
13	主要技术方案	质量安全部				
14	目录及汇总	施工技术部				

8.2.3 项目策划实施

《项目策划书》审批完成后，项目部应严格按照策划书的要求进行实施，严禁随意修改。项目经理是项目策划实施的责任人。项目经理应组织项目部员工依据审定的项目策划书进行交底。

项目实施过程中，如果需要对策划方案进行调整或变更，项目部必须通过书面形式申请审批，修改申请作为策划书的附件存档备查。如果项目实施过程中项目约束条件（如出现现场条件变化、重大设计变更、停工缓建、关键资源重大调整等关键因素）变化较大，原策划方案已不适用于项目施工时，项目部应再次组织策划。

再次编制的策划书应说明产生的原因和依据，分析可能对本项目管理目标和效益造成的影响，找出重难点，明确后期管控思路。应重新分析资源需求，并与当前资源配置现状对比说明后期资源变动情况；应进行阶段性的经济成本分析，并提出后期商务管理思路及具体措施；重新识别、评价项目风险，并提出应对措施。

项目部应对项目策划实行动态管理，对实施过程中出现的新情况和新问题不断总结，以提高项目的管理水平。

8.2.4　检查与考核评价

施工项目策划的检查与考核可由公司组织进行，主要考核项目策划是否严格按照公司有关规定实施，策划工作是否规范、科学、有效，资源配置是否及时、经济、合理，项目风险管理是否有效，项目策划目标的实现程度。检查与考核可采取项目自查上报和公司抽查相结合的办法。

项目完工后，应对项目的策划效果进行评价。项目策划后评价按照"自评—复评—反馈"的程序进行。自评由项目经理牵头负责，项目部收集项目策划管理资料，编制《项目策划后评价报告》，并上报公司有关部门。复评由公司负责组织《项目策划后评价报告》评审，并形成评审意见。评审形式可以是文件会审或者组织评审会。评审结果由公司反馈给项目部，以利于项目部后续管理水平的提高。

8.3　编制《项目策划书》

8.3.1　《项目策划书》的编制要求与依据

（1）编写要求

主要编写人员应对工程项目现场进行调查，充分掌握有关的现场自然条件和社会经济条件，熟悉有关的技术和合同文件，了解公司人员、设备、物资等关键资源的信息情况，调研掌握类似工程的施工经验。在深入分析项目特点和管理重难点的基础上，有针对性地编制，达到切合实际、重点突出、关键资源配置合理、指导性强的要求。

《项目策划书》应在充分掌握各类信息的基础上，针对项目特点及管理重难点或项目实施中的某一个问题进行深入策划，不必面面俱到，但求重点突出，具有针对性与指导性。项目策划书还应充分吸取类似工程的管理经验，以保证质量，使项目策划具备可操作性。

少数项目图纸、资料等基本条件不齐备，可先进行预策划，确定策划重点、明确策划责任、准备相关资料，条件具备后再进行正式策划。

（2）编制依据

① 合同文件、业主及相关方的要求；
② 项目设计文件；
③ 适用的法律、法规、标准、规范等；
④ 公司的管理手册标准化体系丛书；
⑤ 现场自然条件和社会经济条件；
⑥ 海外项目和少数民族地区涉及的文化、宗教、信仰、习俗等情况；
⑦ 确定的施工技术方案；
⑧ 项目所需设备和物资资源；
⑨ 公司的人员、材料、设备等关键资源的信息；
⑩ 公司同类型项目的施工管理经验。

8.3.2　《项目策划书》的内容

实施阶段的《项目策划书》必须在项目开工前编制完成，经有关部门审批后下发项目经理部。实施阶段《项目策划书》的内容必须完整，主要包括以下内容：

① 概况及管理目标；

② 项目经理授权；

③ 项目组织机构设置方案；

④ 现场管理人员配置方案；

⑤ 施工总进度计划；

⑥ 资金流量计划；

⑦ 主要技术方案；

⑧ 分包选择方案；

⑨ 施工机械配置方案；

⑩ 材料采购方案；

⑪ 周转料具采购方案；

⑫ 检验试验及测量仪器设备配置方案；

⑬ 办公设备配置方案；

⑭ 现场临建方案；

⑮ 现场临水临电方案；

⑯ 企业形象（CI）方案策划。

8.3.3 《项目策划书》的要点

(1) 概况及管理目标

概况及管理目标主要说明项目的地理位置、工程等级规模等；业主、设计、监理等项目参与方情况；结合项目特点、业主和公司管理要求，制订项目的工期、质量、安全、环境等目标，并作为项目年度绩效考核责任书和项目管理责任状的参考依据。

(2) 项目经理授权策划

项目经理代表公司履行业主合同或分包合同中规定的职责，全权负责工程项目的全面管理与内外协调，为此公司需要对项目经理进行授权，以保证工程项目各项目标的实现，并对工程项目的工作结果负责。

(3) 项目组织机构设置方案

施工组织机构设置的目的是通过一定的组织形式对施工项目进行管理，严格按照项目工程施工特点及工程施工内容设立机构，按照机构设立岗位，按照岗位拟定编制，按照编制拟定人员，并以岗位职责赋予其相应的责任和权利。

(4) 现场管理人员配置方案

施工组织机构设置力求合理，一方面覆盖项目施工的方方面面，另一方面避免分工过细，机构庞大；人员配置力求精干，注意素质上高、中搭配，年龄上新、老搭配，使用和学习锻炼相结合，培养人才。

项目有其自身的特点，工期、质量、安全的高要求和必须高效运行的机制，要求必须设置一个精干高效的组织机构。选用高素质人员，力求一专多能；从严控制中、下级管理人员数量，避免机构臃肿，人浮于事。

对在岗人员进行结构分析，以及对行业人力资源要求的满足程度进行分析，如建筑与市政八大员、铁路十一大员、公路五大员等要求，并提出履约检查应对措施等。

(5) 施工总进度计划

施工总进度计划是为完成全部工程项目施工内容而编制的施工计划，涵盖各分部分项工程进度计划。施工总进度计划、分部分项进度计划一般按照各工序分阶段安排，以横道图表示。

（6）资金流量计划

根据施工进度计划和分期产值计划，合同有关预付款支付和扣回、质保金扣留、业主供材款扣除的规定，工程完工后设备折现和材料回收等情况进行资金收入策划。根据分年度的物资采购费、分包款、机械施工费、临建费、管理费、现场经费、税金等费用等进行资金支出策划。最后累计净收入，方便项目资金安排。

（7）主要技术方案

主要技术方案策划是针对混凝土供应、模板、钢筋等主要方案的策划，策划过程中要进行方案及资源配置描述，分析方案经济合理性，并作出决策。

（8）分包选择方案

分包选择方案策划，主要包括计划对哪些工作内容进行分包、分包的模式（劳务分包或专业分包等）、工作范围、招标时间等。

（9）施工机械配置方案

施工机械配置方案要说明施工机械设备的种类、型号、数量、使用时间等，并要分析是公司自有、公司采购、租赁还是分包提供。

（10）材料采购方案

材料采购方案要说明材料名称、规格型号、采购数量、采购地点、供应商数量、采购时间等，并说明是业主、公司、项目或分包采购。

（11）周转料具采购方案

周转料具采购方案要说明料具名称、规格型号、数量、使用时间等内容，并要说明周转料具的采购形式（自有、采购、租赁、分包提供等）。

（12）检验试验及测量仪器设备配置方案

检验试验及测量仪器设备配置方案应列出设备明细表，并说明设备的种类、型号、数量、工作期间、来源等。

（13）办公设备配置方案

办公设备配置方案要列出办公设备的明细，涵盖办公家具、办公设备、生活设施及信息设施等，还要说明办公设备的规格型号、进场时间及办公设备来源等信息。

（14）现场临建方案

现场临建方案策划包括项目部驻地建设、生产临设等内容，并要说明其规格、型号、做法、使用时间以及来源，同时要附现场平面布置图。

（15）现场临水临电方案

临水临电方案策划要列出临水临电的设备明细，并说明其规格、型号、数量、来源和使用时间，如表 8-2 所示。

表 8-2　现场临水临电方案

序号	临建名称	规格/型号	单位	数量	使用时间	来源
一	临时用电					
1	变压器	5kVA	支		工程结束	
2	一级柜	定做	台	5	工程结束	
3	二级配电箱	定做	台	30	工程结束	
	……					

续表

序号	临建名称	规格/型号	单位	数量	使用时间	来源
二	临时用水/给水					
1	镀锌钢管	DN100	m	无	工程结束	
2	镀锌钢管	DN65	m	无	工程结束	
3	水箱	卫生间用	套	40	工程结束	
	……					
三	临时用水/排水					
1	PVC异径直接	Φ110×Φ50	个	50	工程结束	
2	PVC弯头	Φ110	个	100	工程结束	
3	地漏	PVC50	个	30	工程结束	
	……					

(16) CI方案策划

CI方案策划要说明办公室等的做法、大门等采用的CI标准、生活区的布置内容、文化墙做法、标语的来源等内容，如表8-3所示。

表8-3　CI方案策划

序号	名称	尺寸/颜色/标准做法
1	办公室	双层彩钢板房
2	工人宿舍	双层彩钢板房
3	食堂	彩钢板屋面、不锈钢炊具、卫生许可、健康管理
4	办公区内围墙	铁艺栏杆和组合图牌
5	大门	企业CI标准
6	标示牌	企业CI标准
7	安全帽	企业CI标准
8	塔吊组合图牌	6台QTZ80/63塔吊
9	通道口	按企业CI标准
10	旗杆	不锈钢，按企业CI手册标准
11	施工图牌	不锈钢，按企业CI手册标准
12	品牌布	按企业CI手册标准
13	工程图牌	按CI手册标准
14	工装	按CI手册标准
15	钢筋加工棚	按CI手册标准
16	淋浴间	太阳能/电热水器
17	生活区	导向牌、宣传栏、标语、管理制度
18	农民工夜校	图书配备、桌椅
19	现场围墙	内围墙标示组合、外围墙标示组合
20	专用标语	按CI手册标准
21	文化墙	按企业CI标准

 在线习题

本章习题请扫二维码查看。

第9章
施工计划编制

 学习目标

了解施工计划体系；
掌握单位工程施工进度计划编制方法；
了解项目实施计划书编制内容。

9.1 施工计划系统

施工项目是由多维系统构成的复杂空间。如果抽象为三个维度的空间，可以将其划分为三个维度：要素维、管理维和过程维。在这三个维度中，存在的系统可分为实际存在的生产要素系统、项目管理（进度、成本等）系统及过程系统。生产要素系统为施工项目的人、机、料、法、环。项目管理系统为项目工程进度控制、项目工程质量控制、项目工程安全控制、项目工程成本控制，项目合同管理、项目信息管理，项目沟通协调。过程系统为计划、实施、检查、反馈。这个三维系统如图 9-1 所示。

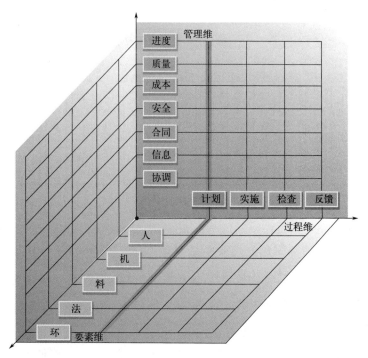

图 9-1　施工计划三维系统图

在这个三维系统中，通过任何维度的系统子要素都可以发现其他系统子系统的问题，并可分析问题、解决问题。在过程系统中，计划作为一个子系统，关联了两个系统，因此施工计划体系由生产要素计划体系和项目管理计划体系构成。过程系统的计划子系统与其他两个系统的子系统相关联，形成的施工计划体系，如图 9-2 所示。

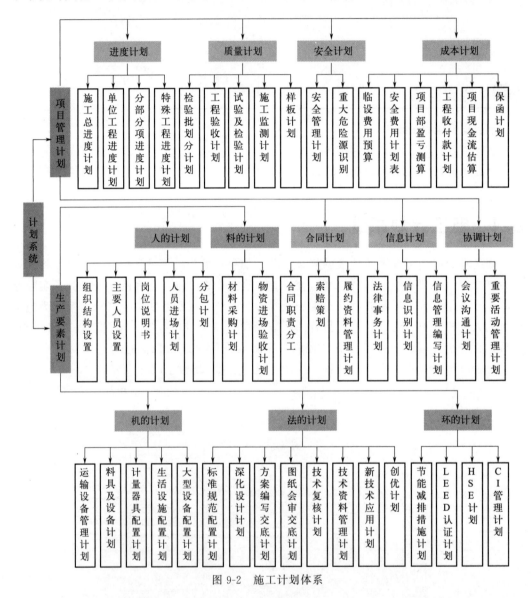

图 9-2　施工计划体系

LEED(leadership in energy and environmental design) 体系是一个国际性绿色建筑认证系统，1998 年由美国绿色建筑委员会（USGBC）颁布了第一个 LEED 认证体系（LEEDv1.0）并建立了 LEED 认证组织，开始了绿色建筑认证工作。

9.1.1　生产要素计划体系

为适应施工项目管理的实际需要，要建立和完善项目生产要素计划体系，其目的是对生产要素进行优化配置，实施动态控制，达到保证工程质量、降低施工成本、获取经济效益的结果。

9.1.1.1　人员计划

施工项目中的人是指项目的组织结构及项目部人员，包括项目经理及八大员等，还包括分包人员。在项目生产要素中，人是第一要素，也是最重要的生产力。施工项目中人的计划就是把参加施工项目生产活动的人员作为要素，对其所进行的计划工作。

人的计划分为两类，内部人员的计划，如人员进场计划；还要有外部人员的计划，这时需要编制分包计划。其核心是按施工项目的特点和目标要求，合理地组织、高效率地使用和管理项目中的人，全面完成工程合同，获取更大效益。

（1）劳动力计划

在人的计划中，比较重要的是劳动力需求计划，这种劳动力可能来源于内部，也可能来源于外部分包，还可能是两者的结合。其依据是施工进度计划、施工方案和劳动定额等相关资料。该计划主要反映施工中所需各种技工、普工人数，它是进行施工现场劳动力调配、平衡以及安排临建居住区的主要依据。其编制方法是：将施工进度计划表上每天（或旬、月）施工项目所需的工人按工种分别统计，得出每天（或旬、月）所需工种及其人数，再按时间进度要求汇总。

劳动力计划编制的依据包括：工程工期计划及施工部署安排；各分项工程的工程量；施工定额及同类工程施工经验。以土建结构劳动力为例，其主要计算木工、钢筋工、瓦工三大主要工种。木工需求量计算如表 9-1 所示。

表 9-1　木工需求量计算表

人数＝支模量/工效/作业时间（工效为考虑了天气、气候、施工工序搭接、材料周转、人员富余等影响因素的综合数据）

施工阶段	计算单元的选择	支模量/m²	工效/(m²/d)	作业时间/d	人数/人
地下室施工阶段	地下室负二层	14190	5.5	10	258
裙房施工阶段	裙房三层部位	5200	5.5	4	237

说明：计算单元的选择，是以部署为依据，选出每个施工阶段中工程量最大的部分。

形成的土建工程劳动力需求计划如表 9-2 所示。

表 9-2　土建工程劳动力需求计划　　　　　单位：人

工种	准备阶段	地下室施工阶段	裙房施工阶段
钢筋工	0	275	181
模板工	0	258	237
混凝土工	10	227	101
顶模工	0	0	0
安全工	2	6	6
测量工	2	6	6
焊工	4	12	12
架子工	10	60	60
防水工	0	30	40
普工	40	120	120
小计	68	994	763

(2) 分包计划

分包是施工的重要组织形式,分包是指施工方可以将承包工程中的部分工程发包给具有相应资质条件的分包单位。除合同中已约定的分包外,分包必须经建设单位认可。施工总承包项目建筑工程主体结构施工必须由施工方自行完成。分包计划要根据施工进度的要求编制。

9.1.1.2 机的计划

机是指施工中所使用的设备、工具等辅助生产用具。施工项目中机的计划是指运用科学方法优化选择和配备施工机械设备,编制机械设备等使用计划,以计划为出发点,采取技术、经济、组织、合同等措施,保证施工机械设备合理使用,提高施工机械设备的使用效率,降低项目的机械使用成本。

机的计划可分为大型机械计划和一般机械计划。以大型机械计划中的塔机计划为例,其需求量计算如表 9-3 所示。

表 9-3　A 塔楼塔机台班计算

序号	计算公式与说明	计算数据	计算结果
1	$N_i = Q_i \times K/(q_i \times T_i \times b_i)$ K 为不均匀系数,取 $1.1 \sim 1.4$	$N_i = Q_i \times 1.4/(q_i \times T_i \times b_i)$ $= 10670 \times 1.4/(16 \times 288 \times 1.5)$	2.16 台 (选择 3 台塔机)
2	N_i 为某期间机械需用量		
3	Q_i 为某期间需完成的工程量	10670 吊次	
4	q_i 为机械的产量指标	塔机每个吊次平均需 30 分钟,每个台班按 8 小时考虑,可完成 16 次	
5	T_i 为某期间(机械施工)的天数	暂按 288 天	
6	b_i 为工作班次	按单班为 1,双班为 2,按大班 1.5 计	

将各种大型设备选型后,汇总成主要工程机械计划,某工程机械计划如表 9-4 所示。

表 9-4　工程机械计划

序号	名称	规格	数量	产地	年份	功率/kW	状态	部位	备注
1	塔机	ZSL750	1 台	国产	××	200	良好	结构	租赁
2	塔机	M440D	1 台	国产	××	205	良好	结构	租赁
3	塔机	TC5013	1 台	安徽	××	85	良好	车库	租赁
4	升降机	SCD200/200	4 台	湖南	××	20	良好	装修	租赁

一般机械计划包括运输计划、料具计划、计量设备计划、生活设施计划等。某工程编制的主要周转料具投入计划如表 9-5 所示。

表 9-5　主要周转料具投入计划

序号	材料名称	规格	单位	数量
1	覆膜木胶板	1830mm×915mm×15mm	m²	175656
2	木方	50×100mm	m³	3472
3	碗扣钢管	Φ48mm×3.5mm	t	3245
4	可调支撑	—	套	74635

续表

序号	材料名称	规格	单位	数量
5	钢管	Φ48mm×3.5mm	t	1874
6	扣件	十字、旋转、对接	个	285021
7	木跳板	$\delta=50mm$	块	7053
8	安全立网	1.8m×6m	m²	87144
9	水平网	—	m²	21123

9.1.1.3 料的计划

料是指物料，如半成品、配件、原料等产品用料。施工中料的计划是指为合理使用和节约材料、努力降低材料成本所进行的材料计划工作。

(1) 施工项目材料需要量计划编制

以单位工程为对象归集各种材料的需要量。即在编制的单位工程预算基础上，按分部分项工程计算出各种材料的消耗数量，然后在单位工程范围内，按材料种类、规格分别汇总，得出单位工程各种材料的定额消耗量。在此基础上考虑施工现场材料管理水平及节约措施即可编制出施工项目材料需要量计划。

(2) 施工项目月（季、半年、年）度材料计划编制

根据生产任务、技术组织措施和设备维修计划、上期材料计划执行情况分析资料、材料消耗定额等编制施工项目月（季、半年、年）度材料计划，其主要内容包括：计算各种材料的需要量、储备量，经过综合平衡确定材料申请量、采购量等。

9.1.1.4 法的计划

法是指施工过程中所需遵循的方法技术，它包括：施工方案、各种操作规程、规范标准等。法的计划包括：深化设计计划、施工方案编制计划、"四新"技术开发应用计划等。某工程的深化设计计划如表 9-6 所示。

表 9-6 深化设计计划

序号	深化设计项目	完成人	出图时间	审核完成时间
		土建专业		
1	钢结构深化设计图	专业分包	按施工需要	按施工需要
2	玻璃幕墙深化设计图	专业分包		
3	大钢模排版设计图	专业分包		
4	铝模排版设计图	专业分包		
5	爬模排版设计图	专业分包		
6	楼梯间装修深化设计图	专业分包		
7	电梯前室装修深化设计图	专业分包		
8	大堂装修深化设计图	专业分包		
9	卫生间装修深化设计图	专业分包		
10	标准间吊顶内详图	专业分包		
		机电专业		
11	电气竖井布置详图	专业分包		
12	标准层管线布置详图	专业分包		
13	水暖管道竖井布置详图	专业分包		
14	外线管线综合布置图	专业分包		

第9章

9.1.1.5 环的计划

环是指环境。在施工过程中要编制 HSE 计划、节能减排计划等。通常采用的格式如表 9-7、表 9-8 所示。

表 9-7 HSE 计划

序号	环境因素	目标	指标	控制措施	实施部门	起止时间

表 9-8 节能减排计划

序号	主要能耗	预计消耗能量	预计 CO_2 排放量	计划节能指标	主要措施	责任人

在施工过程中还要编制 LEED 认证计划等。编制 LEED 认证计划要分析该工程是否符合认证要求、认证的内容有哪些，才能编制 LEED 认证计划。

9.1.2 项目管理计划体系

9.1.2.1 四控制计划

（1）项目工程进度控制计划

施工进度计划是表示各项工程（单项工程、单位工程、分部工程或分项工程）的施工顺序、开始和结束时间以及相互衔接关系的计划。施工进度计划是施工组织的中心内容，它要保证建设工程按合同规定的期限交付使用。施工中的其他工作必须围绕并适应施工进度计划的要求安排施工。按照建设项目的划分，施工进度计划分为施工总进度计划、单位工程进度计划、分部分项工程进度计划和特殊项目的进度计划。这也是传统施工进度计划的构成。

施工总进度计划是对本工程全部施工过程的总体控制计划，具有指导、规范其他各级进度计划的作用，其他所有的施工计划必须满足其控制节点的要求。某工程编制的总进度计划如表 9-9 所示。

表 9-9 某工程总进度计划

序号	工程项目名称	计划开始时间	计划完成时间	天数/天
1	土方工程			69
2	支护桩工程			12
3	降水井工程			17
4	结构±0.000 封顶（不含二次结构）			109
5	主体结构工程（不含二次结构）			224
6	外墙装饰工程			240
7	机电安装工程			365
8	公共部位精装修（分包）			245
9	市政工程			120
10	工程竣工验收			74
11	工程竣工			

单位工程施工进度计划是在既定施工方案的基础上，根据规定的工期和各种资源供应条件，对单位工程中各分部分项工程的施工顺序、施工起止时间及衔接关系进行合理

安排的计划。分部分项施工进度计划是对分部分项工程中资源的施工顺序、施工起止时间及衔接关系进行合理安排的计划。特殊施工进度计划，如施工准备进度计划。

此外，为了有效地控制建设工程施工进度，施工单位还应编制年度施工计划、季度施工计划和月（旬）作业计划，将施工进度计划逐层细化，形成一个旬保月、月保季、季保年的计划体系。

（2）项目工程质量控制计划

工程质量控制致力于满足工程的质量要求，对施工准备阶段、施工阶段、竣工验收阶段等施工全过程的工作质量和工程质量进行控制，即采取一系列的措施、方法和手段来保证工程质量达到工程合同、设计文件、规范的标准。

施工质量控制计划是指确定施工的质量目标和如何达到这些质量目标所规定的必要的作业过程、专门的质量措施和资源等工作。质量计划包括检验批划分计划、工程验收计划、检测计划及创优计划。

检验批是工程最小的验收单元。做检验批划分计划也是施工组织的基本工作。某工程的检验批划分计划如表 9-10 所示。

表 9-10　检验批划分计划

子分部工程	分项工程	检验批名称	批数	部位	备注
混凝土结构子分部	钢筋	钢筋原材料、加工	9	柱、墙、梁、板	按每层 2 批划分，层面装饰按 3 批划分
		钢筋连接、安装	9	柱、墙、梁、板	
		钢筋隐蔽	9	柱、墙、梁、板	
	模板	模板安装	9	柱、墙、梁、板	
		模板拆除	9	柱、墙、梁、板	
	混凝土	混凝土原材料	9	柱、墙、梁、板	
		混凝土施工	9	柱、墙、梁、板	
	现浇结构	现浇结构	9	柱、墙、梁、板	
砌体结构	填充墙	填充墙砌体	3	填充墙	按楼层划分
	配筋砌体	配筋砌体	3	填充墙	按楼层划分
	混凝土小型空心砌块	混凝土小型空心砌块	3	填充墙	按楼层划分

为了给施工提供实施依据，根据国家相关规范，在施工前往往要做样板，为此要编制样板计划。某工程的样板计划如表 9-11 所示。

表 9-11　样板计划表

序号	样板名称	完成时间
1	底板防水	
2	基础钢筋	
3	基础模板	
4	基础混凝土浇筑	
5	墙、柱钢筋	
6	墙、柱模板	
7	墙、柱混凝土浇筑	
8	顶板模板	

第 9 章

序号	样板名称	完成时间
9	顶板钢筋	
10	顶板混凝土浇筑	
11	钢结构焊接	
12	二次结构砌筑	
13	机电吊顶内综合布局	
14	幕墙视觉样板	
15	幕墙现场施工样板	
16	屋面工程	
17	精装修样板间	

验收计划包括工程验收、分部分项验收、检验批验收等计划。某工程的验收计划如表 9-12 所示。

表 9-12　验收计划

序号	验收项目名称	主管部门	计划验收时间
1	防雷检测	市防雷设施检测所	
2	室内环境检测	业主指定检测单位	
3	资料验收	城建档案馆	
4	节能检测	专业检测单位	
5	水质检测	市疾病预防控制中心	
6	规划验收	市规划局	
7	电梯工程	市质量技术监督局	
8	消防验收	市公安消防局	
9	人防验收	市人防监督站	
10	四方验收	业主组织	

在施工过程中，对有疑问的质量环节可能还需要编制检测计划，以保证工程质量，某工程的检测计划如表 9-13 所示。

表 9-13　检测计划

序号	关键部位	质量控制方案	检测依据	检测方法	检测周期	责任人
1	基坑开挖	方案齐全	方案	间歇式巡视		
2	模板支撑	偏差容许范围	GB 50204	浇筑前检查		
3	模板垂直/平整度	偏差容许范围	GB 50204	浇筑前检查		
4	钢筋电渣压力焊	偏差容许范围	JG J18	每层检测		
5	轴线及层高控制	偏差容许范围	方案	每层检测		
6	建筑物沉降控制	方案齐全	方案	每两层检测		
7	防水施工	方案齐全	方案	间歇式巡视		
8	悬挑脚手架	方案齐全	方案	间歇式巡视		
9	变形缝处理	图纸齐全	图纸	定点检测		

为保证施工质量、以过程精品创精品工程、确保工程质量合格，还需要制订工程创优计划。

（3）项目工程安全控制计划

项目工程安全的控制包括项目工程安全计划、计划的实施、计划的检查、特殊事件的处理等。国务院安委会办公室印发的《关于实施遏制重特大事故工作指南构建安全风险分级管控和隐患排查治理双重预防机制的意见》，要求坚持风险预控、关口前移，全面推行安全风险分级管控，进一步强化隐患排查治理。因此安全计划包括风险识别和安全管理计划两部分内容。

（4）项目工程成本控制计划

建设工程成本控制计划是以工程项目为基本核算单元，通过定性与定量的分析计算，在充分考虑现场实际、市场供求等情况的前提下，确定出在目前的内外环境下及合理工期内，通过努力所能达到的成本目标值。建设工程成本控制计划由直接成本计划和间接成本计划组成。

9.1.2.2　二管理计划

（1）项目工程的合同管理计划

合同管理计划包括合同责任分解、履约资料存档、履约文档管理、法律事务筹划等内容。某工程的合同管理计划如表 9-14、表 9-15、表 9-16 所示。

表 9-14　合同责任分解

序号	合同责任明细	目标	责任人	配合人
1	发包人未能按约定提供图纸及开工条件	减小延期损失		
2	发包人未能按约定日期支付工程预付款、进度款	减小损失		
3	承包人不得对工程设计进行变更	按图施工		
4	已完工的成品保护：自费修复	控制在 2% 以内		
	……			

表 9-15　履约资料

序号	履约资料名称	管理要求	责任人	存档时间
1	投标文件	资料齐备		
2	保证金或保函支付记录	资料齐备		
3	招标邀请、通知或其他报告	资料齐备		
4	工程报量及审核记录	资料齐备		
	……			

表 9-16　法律事务筹划

序号	项目法律事务管理内容	责任人	时间	备注
1	起草编制项目法律事务策划书			
2	监管劳务分包进行合法管理			
3	参与索赔与反索赔			
4	协助办理工伤认定			
	……			

（2）项目工程的信息管理计划

建设工程信息管理计划是指对项目建设活动中所产生的信息进行收集、加工、整理、储存、传递与应用等一系列工作统筹计划。其包括信息识别计划、信息管理编写计划、信息资料归档计划等。某工程的信息管理计划如表 9-17、表 9-18、表 9-19 所示。

表 9-17　信息识别计划

一、与企业有关的信息			要点	时间性质	联系人
企业传给项目	1	项目投标资料		开工前	
	2	项目管理目标责任书		开工前	
	3	项目合同资料		开工后	
	4	分包合同资料		工期内	
	5	授权书		项目中标后	
二、与建设方有关的信息				时间性质	
三、与设计方有关的信息				时间性质	
四、与监理有关的信息				时间性质	
五、与政府部门、行业管理机构有关的信息				时间性质	
六、与社区及公共服务部门有关的信息				时间性质	

表 9-18　信息管理编写计划

序号	项目	要点	责任人	完成期限	实际完成
1	对企业的信息管理				
2	对业主的信息管理				
3	对设计的信息管理				
4	对监理的信息管理				
5	对分包的信息管理				
6	对供应商、租赁商的信息管理				
7	对社区等的信息管理				
8	项目部内部信息管理				
9	设备、器械、装备配备及管理				
10	项目信息管理机构及职责				
11	项目会议管理				
12	项目文件资料、照片管理				
13	项目数据库建设				
14	项目内外宣传报道管理				
15	项目保密管理制度				
16	项目信息管理考核制度				
17	项目内外通信联络方式				

表 9-19　信息资料归档计划

序号	项目管理资料归档类目	时间阶段	责任人	工作期限
1	项目履约条件调查资料	开工前	商务部	30 日之内
2	项目合同评审资料	开工前	商务部	15 日之内
3	项目人员工资收入资料	施工中	财务部	每月
4	项目管理实施计划	开工前	施工技术部	15 日之内
5	企业以项目考核、评审资料	施工中	项目经理	每月
6	项目现金流测算资料	施工中	商务部	每月
7	项目信息识别与管理资料	施工中	施工技术部	每月
	……			

9.1.2.3　一协调计划

组织协调就是联结、联合、调和所有活动及力量，其目的是促使各方协同一致，调动一切积极因素，以实现预定目标。协调工作贯穿项目建设的全过程。项目工程组织协调的基本内容：内部关系包括设计、总包与分包队伍、材料设备以及人员的组织协调；外部关系包括政府部门等的组织协调。其具体内容包括会议沟通计划、重要活动计划等，如表 9-20、表 9-21 所示。

表 9-20　会议沟通计划

序号	会议类型	时间	地点	参与人
1	第一次会议			
2	周例会			
3	月例会			
4	专题例会			
5	现场协调会			

表 9-21　重要活动计划

序号	仪式名称	时间	负责人
1	合同签署仪式		
2	奠基典礼		
3	开工典礼		
4	封顶典礼		
5	竣工典礼		
6	落成典礼		
7	竣工发布会		
8	点(动)火典礼		
9	开业典礼		
10	工程交接仪式		
11	揭幕典礼		
12	其他仪式		

项目沟通计划是对项目全过程的沟通工作内容、沟通方法、沟通渠道等各个方面的计划与安排。项目沟通计划的编制要根据收集的信息，先确定出项目沟通要实现的目标，然后根据项目沟通目标和项目沟通需求分解得到项目沟通的任务，进一步根据项目沟通的时间要求安排这些项目沟通任务，并确定保障项目沟通计划实施的资源和预算。项目沟通计划书的内容除了前面给出的目标、任务、时间要求、具体责任、预算与资源保障以外，一般还应该包括下列特殊内容：信息的收集和归档格式要求；信息发布格式与权限的要求；对所发布信息的描述；更新和修订项目沟通管理计划的方法；约束条件与假设前提。

重要活动计划主要是针对项目里程碑事件做的计划，其内容包括开工典礼、封顶典礼、竣工典礼、落成典礼等。

9.2　单位工程施工进度计划

单位工程施工进度计划，是在确定了施工部署和施工方案的基础上，根据施工合同规定的工程工期和技术物资供应等实际施工条件，遵循各施工过程合理的工艺顺序和统筹安排各项施工活动的原则，用图表的形式对单位工程从开始施工到竣工验收全过程的各分部分项工程施工，确定其在时间上的安排和相互间的搭接关系。单位工程施工进度计划是单位工程施工组织设计的重要内容之一，是施工企业编制月、旬施工计划以及各种物资、技术需求量计划的依据。

9.2.1　单位工程施工进度计划的作用与分类

（1）单位工程施工进度计划的作用

单位工程施工进度计划是控制工程施工进度和工程竣工期限等各项施工活动的计划，是直接指导单位工程施工全过程的重要技术文件之一。通过单位工程施工进度计划，可以确定单位工程各个施工过程的施工顺序、施工持续时间及相互衔接和合理配合的关系。它是确定劳动力和各种资源需要量计划的依据，也是编制单位工程施工准备工作计划的依据，还是施工企业编制年、季、月作业计划的依据。

（2）单位工程施工进度计划的分类

单位工程施工进度计划按照对施工项目划分的粗细程度，一般分成控制性施工进度计划和指导性施工进度计划两类。

① 控制性施工进度计划。它是按分部工程来划分施工项目，控制各分部工程的施工时间及其相互配合、搭接关系的一种进度计划。它主要适用于工程结构较复杂、规模较大、工期较长而需跨年度施工的工程，如大型公共建筑、大型工业厂房等；还适用于规模不大或结构不复杂，但各种资源（劳动力、材料、机械等）不落实的情况；也适用于工程建设规模、建筑结构可能发生变化的情况。编制控制性施工进度计划的单位工程，当各分部工程的施工条件基本落实之后，在施工之前还需编制各分部工程的指导性施工进度计划。

② 指导性施工进度计划。它是按分项工程来划分施工项目，具体指导各分项工程的施工时间及其相互配合、搭接关系的一种进度计划。它适用于施工任务具体明确、施工条件落实、各项资源供应满足施工要求、施工工期不太长的单位工程。

9.2.2　施工进度计划编制步骤和方法

编制单位工程施工进度计划，可以采用工期定额计算法，也可以采取以下方法。

（1）划分工程施工项目

单位工程施工进度计划，是以单位工程所包含的分部分项工程施工过程作为施工进度计划的基本组成单元进行编制的。为此，编制施工进度计划时，首先按照施工图纸和施工顺序将拟建单位工程的各个施工过程列出，并结合施工方法、施工条件、劳动组织等因素，加以适当调整，使之成为编制施工进度计划所需要的施工项目。在划分施工项目时，应注意以下问题：

① 施工项目划分的粗细程度。这主要取决于施工进度计划的类型，对于控制性施工进度计划，施工项目可粗一些，一般只列出施工阶段或分部工程名称，如混合结构房屋控制性进度计划，一般将其施工过程划分为基础工程、主体工程、屋面工程、装饰装修工程和设备安装工程五个施工过程。对于指导性施工进度计划，其施工过程的划分则应细一些，一般应明确到分项工程或更具体，特别是其中的主导施工过程均应详细列

出，如分部工程的屋面工程通常应划分为找平层、隔汽层、保温层、防水层、保护层等分项工程。

② 施工项目的划分应与施工方案的要求保持一致。如单层厂房结构安装工程，若采用综合吊装法施工，则施工项目按施工单元（节间、区段）来确定；而采取分件吊装法，则施工项目应按构件来确定，列出柱吊装、梁吊装、屋架扶直就位、屋盖系统吊装等施工项目。

③ 施工项目的划分需区分直接施工与间接施工，如预制构件的制作和运输等工作一般不列入施工项目。

④ 将施工项目适当合并，使进度计划简明清晰，突出重点。这里主要考虑将某些能穿插施工的、次要的或工程量不大的分项工程合并到主要分项工程中去，如安装门窗框可以并入砌墙工程；对同一时间由同一施工队施工的过程可以合并，如工业厂房各种油漆施工，包括门窗、钢梯、钢支撑等油漆可并为一项；对于零星、次要的施工项目，可统一列入"其他工程"一项中。

⑤ 水暖电卫工程和设备安装工程的列项。这些工程通常由各专业队负责施工，在施工进度计划中，只需列出项目名称，反映出这些工程与土建工程的配合关系即可，不必细分。

⑥ 施工项目排列顺序的要求。所有的施工项目，应按施工顺序排列，即先施工的排前面，后施工的排后面，所采用施工项目的名称可参考现行定额手册上的项目名称，以方便工程量的计算和套用相应定额，也可以用验收规范上的术语。

（2）划分流水施工段

组织流水施工时，一般应将施工对象划分为若干个工作面，该工作面称为施工段。划分施工段的目的在于使各施工队（组）能在不同的工作面上平行或交叉进行作业，为各施工队（组）依次进入同一工作面进行流水作业创造条件。

（3）计算工程量

依据划分的各分部分项工程施工过程和流水施工段，按施工图分别计算各施工过程在各施工段上施工的工程量。对已经形成预算的单位工程，也可直接采用施工图预算的数据，但应注意其工程量应按施工层和施工段分别列出。若施工图预算与某些施工过程有出入，要结合工程项目的实际情况作必要的变更、调整和补充。

（4）确定各工程项目的工作日（工作持续时间）

经上述过程计算出单位工程各分部分项工程施工的劳动量和机械台班数量后，就可以确定各分部分项工程项目的施工天数（工作的持续时间），这是编制施工进度计划的基本条件。施工天数的计算方法一般有三种：定额计算法、倒排计划法和经验估算法。

最初计算的分部分项工程的工作持续时间，要与整个单位工程的规定工期以及单位工程中各施工阶段或分部分项工程的控制工期相配合和协调，还要与相邻分部分项工程的工期及流水作业的搭接一致。如果计算的工作持续时间不符合上述要求，应通过增减工人数量、机械数量及每天工作班数来调整。

（5）初步编制施工进度计划

经上述各项计算，在确定各分部分项工程项目施工顺序和工作持续时间以后，即可编制施工进度计划的初始方案。编制的方法步骤如下：

首先划分主要施工阶段或分部工程，分析每个主要施工阶段或分部工程的主导施工过程，优先安排主导施工过程的施工进度，使其尽可能连续施工。其他施工过程尽可能与主导施工过程配合穿插、搭接或平行作业，形成主要施工阶段或分部工程的计划。

在安排好主要施工阶段或分部工程的进度计划后，根据主要施工阶段或分部工程的要求，编制其他施工阶段或分部工程的进度计划。对于其他施工阶段或分部工程，也要分析其每个施工阶段内的主导过程，先安排主导施工项目施工，再安排其他施工项目的施工进度，形成其他施工阶段或分部工程的流水作业图。如单层工业厂房建筑施工，厂房构件的预制施工阶段应根据结构安装的要求和进度，安排好各种构件的现场预制进度和构件的运输时间等项目施工。

按照施工程序，将各施工阶段或分部工程的流水作业图最大限度地合理搭接起来，一般需考虑相邻施工阶段或分部工程的前者最后一个分项工程与后者的第一个分项工程的施工顺序关系。最后汇总为单位工程的初始进度计划。如单层工业厂房建筑施工，当采用分件安装法施工时，吊车梁、连系梁等构件的预制与柱吊装可以穿插进行施工等。

（6）施工进度计划的检查与调整

对初排的施工进度计划，难免出现一些不足之处，为了使初排的施工进度满足规定的目标，应根据上级要求、合同规定、施工条件及经济效益等因素，对初排的施工进度计划进行检查和调整。

9.2.3　基于 BIM 的进度计划编制方法

单位工程施工进度计划的编制程序如图 9-3 所示。根据其编制程序，现将其主要步骤和编制方法分述如下：

（1）实施目标分析

基于 BIM 的进度计划管理对工作量影响最大的地方在于模型建立与匹配分析。在进度的宏观模拟中，进度计划的展示并不要求详细的 BIM 模型，只需要用体量区分每个区域的工作内容即可。在专项模拟中则需要更加精细的模型。选择不同的进度模拟目标会对后续工作的流程以及选择的软件造成一系列影响。

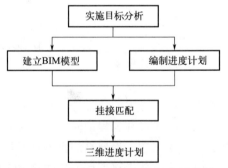

图 9-3　基于 BIM 的进度计划编制程序

若选择使用三维体量进行进度计划模拟，主要展示的是工作面的分配、交叉，方便对进度计划进行合理性分析。这种方式准确性不高，视觉表现较简陋。若按图纸建立模型进行施工进度模拟，是最实用的施工进度模拟，在准确性和视觉表现上都比体量建模要好，但是要考虑简化模型，减少制作施工进度的工程量，这种进度计划的编制需要预留较长的工作时间。

（2）建立 BIM 模型

模拟的模型可选择以下几种：

体量模型。建立体量模型时主要考虑对工作面的表达是否清晰，按照进度计划中工作面的划分进行建模。体量模型是建模速度最快的，可使用 Revit 进行体量建模，方便输入进度计划参数进行匹配。

多专业合成模型。当需要编制全过程施工进度计划时，可采用多专业合成模型，如将 Revit、Tekla 等模型导入软件中进行模拟制作。在采用多专业模型时应注意：不同软件的模型导入 Navisworks 时需要调整基点位置；除 Revit 模型外，其他的模型需手动匹配，最好能按不同软件设置不同的匹配规则；同时要形成集合，例如在 Navisworks 中通过选择集合搜索集的方式形成集合。

（3）编制进度计划

编制进度计划工作表时，应考虑进度计划编制的要求，选择以工作位置、专业为区分的 WBS 工作分解结构模板，批量设置相关匹配信息。其原因是考虑到施工进度以三维模型、三维体量进行进度计划展示，因此需要很好地界定三维模型，否则会造成视觉上的混乱，影响进度计划的表达。信息包括进度信息、与模型匹配的信息、模型中不同专业的信息、用于模型筛分的信息。进度计划可以是 project 或 excel 等格式的文件，也可以在软件中直接输入。

（4）模型与进度挂接匹配

模型与进度计划进行匹配时，可灵活采取匹配方式。匹配方式主要有以下两种：

① 手动匹配。手动匹配时，是在 Navisworks 中选择模型，与相对应的进度计划项进行匹配。筛选模型的方式多种多样，因此手动匹配方法多种多样。手动匹配的优势在于灵活、方便、操作简单。

② 规则自动匹配。按规则进行自动匹配，主要是依据模型的参数特点按照一定的规则对应到进度计划项上。自动匹配快捷方便，能在一定程度上减少匹配工作量，缺点是不够灵活、流程繁琐、匹配错了难以修改。基于 BIM 形成的进度计划如图 9-4 所示。

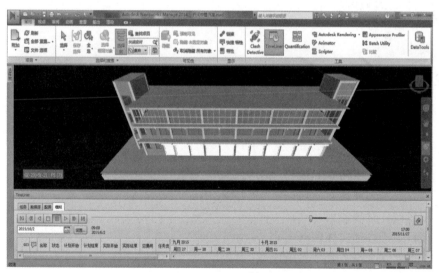

图 9-4　基于 BIM 形成的进度计划

9.3　《项目实施计划书》

《项目实施计划书》是指导项目管理的计划性文件，具备指导性、时效性、可操作性，对项目生产及履约具有较强的指导作用。项目经理部由项目经理为第一责任人，项目领导班子及部门分工协作负责项目部实施计划书的编制与实施工作。《项目实施计划书》应在项目部组建后，根据《项目策划书》《项目部责任书》的要求完成编制工作，并在工程开工前完成发布，确保项目部相关管理人员、相关部门明确自身工作任务、要求及工作方法。

9.3.1 《项目实施计划书》的编制要求与依据

(1) 编制要求

《项目实施计划书》的编写、实施须以《项目策划书》和《项目部责任书》的要求为依据。《项目实施计划书》内容须具有可操作性，对工作内容进行分解并细化到相关责任人员，应对项目运营和过程实施具有指导性、时效性。

(2) 编制依据

《项目实施计划书》的编制依据包括以下内容：

① 《项目策划书》《项目部责任书》；

② 项目合同；

③ 施工图纸；

④ 项目部组织机构及人员职责；

⑤ 项目管理方针目标；

⑥ 市场分析资料、现场分析资料；

⑦ 法律、法规、标准、规定及政策等；

⑧ 同类项目的参考资料；

⑨ 项目成本测算资料；

⑩ 施工组织设计；

⑪ 其他。

9.3.2 《项目实施计划书》的内容

《项目实施计划书》的内容是对《项目策划书》的细化，一般包括以下内容：

① 项目概况；

② 项目管理目标；

③ 项目部组织机构及职责；

④ 项目技术管理实施计划；

⑤ 项目设计管理实施计划；

⑥ 项目生产管理实施计划；

⑦ 项目部综合事务管理实施计划；

⑧ 项目分包管理实施计划；

⑨ 项目材料采购管理实施计划；

⑩ 项目料具及设备管理实施计划；

⑪ 质量管理计划；

⑫ 环境管理计划；

⑬ 职业健康与安全管理计划；

⑭ 信息与沟通管理计划；

⑮ 项目分包模式计划;

⑯ 围绕合同的管控计划;

⑰ 材料物耗控制及采购成本控制计划;

⑱ 竣工结算工作计划;

⑲ 项目非生产费用控制计划;

⑳ 资金收支计划（结合现金流总预算）;

㉑ 项目资金管理及税务实施计划;

㉒ CI 创优计划。

项目实施计划
案例

9.3.3　项目实施计划案例

　　某工程总建筑面积为 68.29 万平方米，由 16 栋塔楼及底层商铺裙房组成。其中 B、C、D 区为回迁住宅，地上 33 层，共 10 栋，高度 100m，地下 2 层，地上为 2～3 层裙房网点。E 区为销售住宅，地上 31 层，共 6 栋，高度 100m，地下 2 层，地上为 2～3 层裙房网点。该项目编制的《项目实施计划书》请扫二维码查看。

 在线习题

　　本章习题请扫二维码查看。

第 10 章
建筑施工准备

 学习目标

掌握施工准备工作的意义、分类、内容与编制方法；
了解图纸会审、入场教育相关内容；
了解样板工程相关内容。

10.1 建筑施工准备工作概述

10.1.1 施工准备工作的意义

（1）遵循建筑施工程序

工程项目建设的总程序是按照规划、设计和施工等几个阶段进行的。施工阶段又可分为施工准备、土建施工、设备安装和交工验收等几个阶段，这是由工程项目建设的客观规律决定的。只有认真做好施工准备工作，才能保证工程顺利开工和施工的正常进行，才能保质、保量、按期交工，才能取得如期的投资效果。

（2）降低施工风险

工程项目施工受外界干扰和自然因素的影响较大，因而施工中可能遇到的风险较多。施工准备工作是根据周密的科学分析和多年积累的施工经验来确定的，具有一定的预见性。因此，只有充分做好施工准备工作，采取预防措施，加强应变能力，才能有效地防范和规避风险，降低风险损失。

（3）创造工程开工和顺利施工的条件

施工准备工作的基本任务是为拟建工程施工提供必要的技术、物质和组织条件，统筹组织施工力量和合理布置施工现场，为拟建工程按时开工和持续施工创造条件。

10.1.2 施工准备工作的分类

（1）按施工准备工作的范围分类

施工准备工作按规模及范围分为：全场性施工准备（施工总准备）、单项（或单位）工程施工条件准备和分部（分项）工程作业条件准备三种。

① 全场性施工准备。全场性施工准备是以整个建设项目或建筑群体为对象而进行统一部署的各项施工准备，它的作用是为整个建设项目的顺利施工创造条件；既为全场性的施工做好准备，也兼顾了单项（或单位）工程施工条件的准备。

② 单项（或单位）工程施工条件准备。单项（或单位）工程施工条件准备是以建设

一栋建筑物或构筑物为对象而进行的施工条件准备工作，它的作用是为单项（或单位）工程施工服务；不仅要为单项（或单位）工程在开工前做好一切准备，而且要为分部工程或冬、雨季施工做好施工准备工作。

③ 分部（分项）工程作业条件的准备。分部分项工程作业条件的准备是以一个分部分项工程为对象进行的作业条件准备。

（2）按拟建工程所处的不同施工阶段分类

按拟建工程所处的施工阶段不同，一般可分为开工前的施工准备和各施工阶段施工前的施工准备两种。

① 工程开工前的施工准备。开工前的施工前准备是在拟建工程正式开工之前所进行的一切施工准备工作。其作用是为拟建工程正式开工创造必要的施工条件，具有全局性和总体性。

② 工程各施工阶段施工前准备。各施工阶段的施工前准备是在拟建工程开工之后，每个施工阶段正式开工之前所进行的一切施工准备工作。其作用是为各施工阶段正式开工创造必要的施工条件，具有局部性和经常性。如混合结构民用住宅的施工，一般可分为地基和基础工程、主体工程、屋面工程和装饰工程等施工阶段，每个施工阶段的施工内容不同，所需要的技术条件、物质条件、组织要求和现场布置等方面各不相同。因此，在每个施工阶段开工之前，都必须做好相应的施工准备工作。

10.1.3　施工准备工作的内容

一般工程的施工准备工作内容可归纳为现场、技术、现金三类，原始资料的调查收集、技术资料准备、施工现场准备、物资准备、施工人员准备和季节性施工准备六个方面的内容。

各项工程施工准备工作的具体内容，视该工程情况及其已具备的条件而异。有的比较简单，有的却十分复杂。不同的工程，因工程的特殊需要和特殊条件而对施工准备工作提出各不相同的具体要求。只有按照施工项目的规划来确定准备工作的内容，并拟定具体的、分阶段的施工准备工作实施计划，才能充分地为施工创造一切必要的条件。

10.1.4　施工准备工作的计划

为了落实各项施工准备工作，加强检查和监督，必须根据各项施工准备的内容、时间和人员，编制出施工准备工作计划。由于各项准备工作之间具有相互制约、相互依存的关系，为了加快施工准备工作的进度，必须加强建设单位、设计单位和施工单位之间的协调工作，密切配合，建立健全施工准备工作的责任制和检查制度，使施工准备工作有领导、有组织、有计划和分期分批地进行。另外，施工准备工作计划除采用上述表格之外，还可以采用网络计划的方法，以明确各项准备工作之间的工作关系，找出关键线路，并在网络计划图上进行施工准备期的调整，以尽量缩短准备工作的时间。

10.2　图纸会审

10.2.1　图纸会审的重要性

图纸会审是开工前的一项重要工作，是工程建设中很关键的一个环节，是事先控制的一个重要手段。通过会审，可以使设计中的一些错误或不合理的地方得到纠正；一些表达不清，容易误解的地方得到澄清；一些不合理的或不经济的施工方法得到调整。尽最大可能将以上问题解决在工程开工之前。

施工单位从施工实施角度出发，校核各工种图纸本身和相互之间是否存在矛盾、表达不清、容易产生歧义的情况，局部构造是否缺图，工艺和用料等是否缺少施工说明，尺寸是否有差错，预留洞孔是否遗漏，管道密集和交叉的部位是否有标高重叠等，并对照自身的技术、设施条件判断是否有无法施工的情况。

图纸会审是施工技术管理的重要部分。通过图纸会审，让有疑问的问题提前得到解决。建筑施工复杂多变，随着施工进度的推进，时常会出现新问题，所以需反复进行审核，及时发现、解决问题，规避施工中的错误，便于工程的顺利进行。

针对施工单位而言，图纸会审的意义更加重大。在确保图纸准确及规避设计误差的同时，还可以在保证工艺及材料性能的前提下规避亏损项，提高企业盈利能力。将浪费人力、成型差的工艺提前规避，缩减工期，降低成本，对建设单位也很有利。作为施工企业，一定要将图纸会审作为项目前期的最重要任务，为项目良好运转打下一个坚实的基础。

10.2.2　图纸会审的内容

（1）图纸自审的主要内容
① 各专业施工图的张数、编号、与图纸目录是否相符。
② 施工图纸、施工图说明、设计总说明是否齐全，规定是否明确，三者有无矛盾。
③ 平面图所标注坐标、绝对标高与总图是否相符。
④ 图纸尺寸、标高、预留孔及预埋件的位置以及构件平、立面配筋与剖面有无错误。
⑤ 建筑施工图与结构施工图，结构施工图与设备基础、水、电、暖、卫、通等专业施工图的轴线、位置（坐标）、标高及交叉点是否矛盾。平面图、大样图之间有无矛盾。
⑥ 图纸上构配件的编号、规格型号及数量与构配件一览表是否相符。

（2）会审内容
① 审查施工图设计是否符合国家有关技术、经济政策和有关规定。
② 审查施工图的基础工程设计与地基处理有无问题，是否符合现场实际地质情况。
③ 审查建设项目坐标、标高与总平面图中标注是否一致，与相关建设项目之间的几何尺寸关系、轴线关系以及方向等有无矛盾和差错。
④ 审查图纸及说明是否齐全和清楚明确，核对建筑、结构、上下水、暖卫、通风、电气、设备安装等图纸是否相符，相互间的关系、尺寸标高是否一致。
⑤ 审查建筑平、立、剖面图之间的关系是否矛盾或标注是否有遗漏，建筑图本身平面尺寸是否有差错，各种标高是否符合要求，与结构图的平面尺寸及标高是否一致。
⑥ 审查建设项目与地下构筑物、管线等之间有无矛盾。
⑦ 审查结构图本身是否有差错及矛盾，关于钢筋构造方面的要求在图中是否说明清楚，如钢筋锚固长度与抗震要求等。
⑧ 审查施工图中有哪些施工特别困难的部位，采用哪些特殊材料、构件与配件，

货源如何组织。

⑨ 对设计采用的新技术、新结构、新材料、新工艺和新设备的可能性以及应采用的必要措施进行商讨。

⑩ 设计中的新技术、新结构限于施工条件和施工机械设备能力以及安全施工等因素，要求设计单位予以改变部分设计的，审查时必须提出、共同研讨，以求得圆满的解决方案。

10.2.3　图纸会审的程序

施工方图纸审查的程序通常分为自审阶段、会审阶段两个阶段。

（1）施工图纸的自审阶段

施工单位收到施工项目的施工图纸和有关技术文件后，应尽快地组织有关工程技术人员对图纸进行熟悉，了解设计要求及施工应达到的技术标准，了解和掌握图纸中的细节。

图纸自审由项目总工程师牵头组织。接到图纸后，项目总工程师应及时安排或组织有关人员进行自审，并提出各专业自审记录。

在熟悉图纸的基础上，由总承包单位内部的土建与水、暖、电等专业共同核对图纸，写出图纸自审记录，协商施工配合事项。自审图纸的记录应包括对图纸的疑问和对图纸的有关建议。

（2）施工图纸的会审阶段

施工图纸会审一般由建设单位或委托监理单位组织，设计单位、监理单位、施工单位参加，四方共同进行设计图纸的会审。图纸会审时，首先由设计单位进行图纸交底，主要设计人员应向与会者说明拟建工程的设计依据、意图和功能要求，并对特殊结构、新材料、新工艺和新技术的选用和设计进行说明；然后施工单位根据图纸自审时的记录和对设计意图的理解，对施工图纸提出问题、疑问和建议；最后在各方统一认识的基础上，对所探讨的问题逐一做好协商记录，形成《图纸会审记录》，参加会议的单位共同会签、盖章，作为与施工图纸同时使用的技术文件和指导施工的依据，并列入工程预算和工程技术档案。图纸会审记录的格式如表 10-1 所示。

表 10-1　图纸会审记录

工程名称		××××××		时间	年　月　日
地点		××××××		专业名称	土建
序号	图号	图纸问题		会审（设计交底）意见	
1	GA01	3#楼装配式结构设计总说明(一)中表 11.2.3 预制构件模具尺寸的长度、截面尺寸、翘曲的允许偏差超出《装配整体式混凝土结构工程预制构件制作与验收规程》表 5.3.2 的要求			
2	GA01	3#楼设计总说明中表 11.4.2 预留洞、门窗洞、预埋件尺寸允许偏差超出省标验收规程要求			
		……			
施工单位签字盖章		监理单位签字	建设单位签字		设计单位签字

入场教育

10.3　入场教育

本节内容请扫二维码查看。

10.4　样板工程

样板是指学习的榜样，在建筑工程中，样板有不同的分类：从业主角度分，有销售用样板、施工用样板、交付用样板等；从施工角度分，有工艺样板、材料样板、资料样板等。

10.4.1　设置要求

在开工前，各施工单位可选取一部位集中设置工法样板，若施工场地具备条件，也可以搭设临时工棚并在内部设置工法样板，样板一般不分散设置。样板区还需预留足够位置放置后续新增加的工法样板。每个样板需设置资料板，详细讲解工序技术要求和相关施工、验收规范。

样板制作应具有代表性，能反映此工序要求的关键性特点。样板的实施面积不能太小，应能体现此工序的操作难度。样板的操作不应是一些水平较高的人来做，应遵循平均先进的原则，尽量选择一些中、高等水平的工人来操作。

样板施工应遵循设计图纸、规范、企业标准、使用功能、设计专业提出的效果要求、当地的交房标准等为原则进行施工。样板应保留至该工序施工全部完成。

10.4.2　实施过程

（1）方案确认

根据工程情况，施工单位经与监理单位、建设单位协商后，明确需要制作样板的详细清单，确认施工工艺、质量标准、验收标准和注意事项等，根据施工范围和专业分包范围分别进行样板施工。

（2）样板施工

挑选有经验、操作技能较强的班组，依照施工方案和技术交底以及现行的国家规范、标准，组织样板施工。样板施工过程中进行记录，保留过程资料。

（3）样板验收

样板施工完毕后，请业主、监理、设计单位共同验收。验收完毕，业主、监理、设计单位应出具《工程样板验收意见》，如表 10-2 所示。

表 10-2　工程样板验收单

工程名称	××××		施工单位	××××
样板名称	基础防水施工样板		做样位置	5轴、8轴
确认时间	××××		确认单编号	

经现场确认上述施工的工程样板与相关规范和设计意图不符，具体不符合点如下所示，整改施工完成后重新验收或同意进行后续工程施工。

续表

规范及设计要求	样板情况	处理意见
1. 基层清理干净,并基本平整,无明显突出部位。 2. 节点部位加强处理:在阴阳角及后浇带部位使用相同的卷材采用满粘法进行加强处理。阴阳角部位附加层总宽度为500mm,转角两侧各一半。 3. 集水坑等部位的斜面部位采用满粘法,地下外墙立面采用湿铺法,其余基础垫层平面均可采用空铺法施工	监理单位: 建设单位:	

确认人(签名)	施工单位	
	监理单位	
	建设单位	

(4) 样板交底

样板经三方确认后,由技术负责人对施工班组进行技术交底和岗前培训,对关键工序做法及质量要求进行说明,做到统一操作程序、统一施工做法、统一质量验收标准。

10.4.3　样板内容

样板要展示的内容有很多,某工程在不同阶段展示的不同样板如下。

(1) 基础工程（筏板）样板

基础工程（筏板）样板如图 10-1 所示。基层展示内容:垫层、冷底子油、防水卷材、(隔离层)防水保护层。

基础钢筋展示内容:锚固及搭接长度、间距、保护层厚度。施工缝展示内容:止水钢板的位置、厚度、朝向、搭接部分的焊接饱满度。

图 10-1　基础工程（筏板）样板

(2) 主体工程样板

主体工程样板如图 10-2 所示。钢筋展示内容:锚固(搭接)长度、接头、绑扎、间距、保护层垫块。

模板展示内容:顶板拼接、支撑体系;楼梯模板拼接、支撑体系;梁板加固、支撑体系;剪力墙及柱的支撑、加固体系;卫生间降板吊模的设置。

混凝土展示内容:混凝土阴阳角方正度、是否漏浆、楼梯施工缝设置、竖向构件施工缝处理、后浇带设置;混凝土表面是否存在烂根、漏浆、麻面等。

图 10-2　主体工程样板

（3）砌体工程样板

砌体工程样板如图 10-3 所示。砌体工程工序展示：门洞预制过梁伸入砌体长度、预埋水泥砖的尺寸及位置；门窗洞口预埋砖位置及尺寸、压顶厚度、伸入墙体长度、坡向坡度、预制过梁伸入墙体长度、窗框塞缝、连接片方向、收口等。

图 10-3　砌体工程样板

（4）水电工程样板

水电工程样板如图 10-4 所示。展示内容：机电管线预留预埋；穿墙和楼板套管预埋；高层建筑的烟道卸载；预制箱体、穿墙洞口预埋；线盒线管后开槽、补槽。

（5）外墙装修工程样板

外墙装修工程样板如图 10-5 所示。外墙防水工序展示：螺栓眼封堵、螺栓眼的防水处理。

外墙外保温工序展示：找平、保温层、锚固钉数量、第一遍抹面砂浆、压网格布、第二遍抹面砂浆。

外墙涂料做法：第一遍腻子、第二遍腻子、底漆、中层漆、面漆。

（6）材料样板

材料样板如图 10-6 所示。样板材料展示：材料产地、供货单位、技术参数等。

图 10-4　水电工程样板

图 10-5　外墙装修工程样板

图 10-6　材料样板

  在线习题

本章习题请扫二维码查看。

第11章
机械设备选择

 学习目标

掌握塔式起重设备选择;

了解液压挖掘机、钢筋加工机械、泵送设备、混凝土搅拌机械、施工升降机的选择。

11.1 塔式起重机的选择

塔式起重机,简称"塔机"或"塔吊"。起重臂安置在塔身顶部、可回转的臂式起重机,属于非连续性搬运重型机械,是工程项目建设过程中常见的垂直运输设备之一,主要用于工厂设备安装和房屋建筑施工中垂直和水平方向物料的搬运。

塔式起重机按照外部组成可分为:基础、塔身、顶升节、回转、起升、平衡臂、起重臂、起重小车、塔顶和驾驶室等部分,如图 11-1 所示。

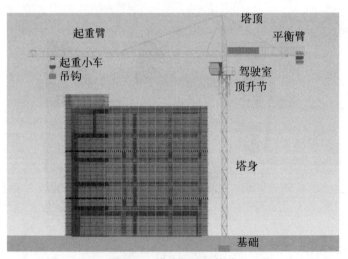

图 11-1 塔式起重机构造

11.1.1 塔式起重机的分类及选型

(1) 按起重量的大小分类

① 轻型塔式起重机。起重量为 0.5～5t,适用于五层以下的民用建筑物。

② 中型塔式起重机。起重量为 6～20t,适用于起重高度在 40m 以下的建筑物

施工。

③ 重型塔式起重机。起重量为 20～60t，适用于构件较重、房屋高度较大的多层及高层建筑物施工。

（2）按行走机构分为固定式和自行式

固定式塔式起重机塔身固定在混凝土基础上，塔身可以根据需要自升接高。自行式塔式起重机又有汽车式、履带式和轮胎式等，对地面要求较高。

（3）按升高（爬升）方式分为内爬式和附着式

内爬式塔式起重机是利用建筑物的骨架作为塔身支承，随建筑物上升而爬升，塔身短且无附着装置，不占建筑场地。但起重负荷全部由建筑物承担，需用套架及爬升设备，增加了施工组织的复杂性，机械本身装拆亦较为困难。

附着式塔式起重机是目前使用最多的一种起重机，其塔身靠建筑物支持、稳定性好、能自升接高、起重能力可充分利用、材料堆放方便。但建筑物需设附着装置，并需适当加强。

（4）按回转部分分为上回转式和下回转式

上回转式塔式起重机塔尖回转，底部轮廓尺寸较小，可附着在建筑物上，适应面较广，但重心高，对整机稳定性不利，安装、拆卸费工费时。

下回转式塔式起重机塔身在底盘上旋转，受力状态较好，自重较轻，能整体托运，便于转移，重心低、冲击荷载影响小。但其下部占用空间大，不利于材料堆放，不能附着在建筑物上，起重高度不大。

（5）按变幅方式分为动臂变幅式和小车运行式

动臂变幅式塔式起重机利用动臂俯仰实现变幅，具有结构轻巧、自重小、用钢省、能增加起重高度、装拆方便等特点，但变幅较小、吊重水平移动时功率消耗大，经济效果差。

小车运行式塔式起重机利用运行小车在起重臂下的轨道上运行实现变幅，具有有效幅度大、变幅所需时间少、工效高、操作方便、安全性好等优点，但起重臂架结构较重，用钢量也较大。

（6）按起重机的安装方式分类

其可分为普通式塔式起重机和自升式塔式起重机。其中自升式又可分为绳轮自升式、链条自升式、齿条自升式、丝杆自升式和液压自升式。

塔式起重机型号的选择，主要是根据其起重量、起升高度和起重力矩以及其他技术要求。具体方法可以首先查阅有关塔式起重机技术性能表所列机型，在满足技术要求的几种塔式起重机中，进行全面的比较分析，从而选择经济效益最好的，即起重机的安拆费用、场外运输费用、基础费用、升接费、人工费、租赁费和燃料动力费总和最小，成本最低的塔机类型。

11.1.2　塔式起重机计算案例

11.1.2.1　成本原理

对于施工方来说，塔式起重机的使用大多采用租赁的方式。以塔机租赁为前提，将塔式起重机成本分为在项目使用过程中的固定成本和可变成本。固定成本包括基础费用和安拆及场外运输费，可变成本包括租赁费用、升接费用、人工费以及燃料动力费等成本。

基础费用是指为了保持塔机的整体稳定性，绑钢筋、浇筑混凝土形成塔机基础所花费的成本。安拆费指塔机设备正常施工使用之前的安装和使用之后的拆卸所花费的人、材、机的费用以及周围辅助设备发生的一切费用。场外运输费指施工单位从租赁公司或设备停放点运到施工项目或者是由 A 施工点运送到 B 施工点所花费的运输、装卸等费用。

租赁费是指在有效租赁期内，施工方向租赁方每月按时交纳的租金。

升接费用是指完成 n 次塔机标准节升接所花费用的总和。人工费指用来支付塔吊司机和塔吊指挥人员工作的费用。燃料动力费指塔机设备在运行过程中耗用的水、电、燃气费用，这里指的是电费。

① 塔机燃料动力费 E。

$$E = A_d \times (t \times P_e \times K_1 \times K_2)/(\eta_d \times \eta_s)$$

式中，A_d 为电力单价；t 为设备每天工作时长，h，一般 1 个台班共 8 小时；P_e 为电动机额定容量，kW；K_1 为台班时间利用系数，一般取 $0.8 \sim 0.9$；K_2 为电动机平均负荷系数，一般取 $0.6 \sim 0.9$；η_d 为电动机效率，一般取 $0.74 \sim 0.92$；η_s 为配电线路和配电设备效率，据实情而定。

② 第 j 类型塔机在施工阶段 i 的施工成本 Y_j。

$$Y_j = (A_1 + A_2) \times Q_{ij} + \sum_{i=1}^{n}(B + C \times Q_{ij} \times T_i + D \times Q_{ij} \times T_i + E \times Q_{ij} \times T_i)$$

式中，n 为塔机的使用阶段数；A_1 为塔式起重机基础费用；A_2 为塔式起重机安装、拆卸及场外运输费用；B 为塔式起重机升接费用，一般 $10 \sim 15$m 一次升接；Q_{ij} 为第 j 种型号塔机在第 i 阶段使用台数；C 为每台塔机每天的平均租赁费用；D 为每台塔机每天的人工费用，包括塔吊司机和指挥人员的工资；T_i 为第 i 阶段的塔机和人员工作天数。

③ 塔式起重机总成本 Z。

$$Z = \sum_{i=1}^{m} Y_j$$

11.1.2.2 成本计算案例

【例 11-1】 济南市奥体网球中心项目位于历下区奥体中心东南方向，北侧为经十东路，东侧为体育东路。该项目由地下一层和地上四层组成，东西长约 223.4m，南北宽约为 170.9m，总建筑面积约为 37172m²，占地面积 23232m²，建筑最大高度 30m。该工程采用钢筋混凝土框架剪力墙结构，罩棚为折板型空间钢结构，共划分中心赛场和主赛场贯穿的类似长方形区域。在主赛场的东南方向依次安置了十六个预赛和半决赛场地，该地区巧用地势差和观众落座席配设房间，构成完整的比赛场所。

根据施工规范，选取塔机型号为 QTZ80 和 QTZ60，其额定力矩分别为 800kN·m、600kN·m，均满足施工要求。两种塔式起重机的基本技术参数如表 11-1 所示。

表 11-1 塔机基本技术参数

型号	臂长/m	端处最大起重量/t	独立高度/m	最大起重量/t	额定功率/kW
QTZ80(6010)	60	1.0	46.2	8	53.4
QTZ60(TC 5515)	50	1.5	40.5	6	45

对上述两种型号的塔式起重机在该建筑物尺寸下进行不同的配置，运用最先进科学的管理方法及手段，确保该工程按期保质完成，确保工程如期交付使用。施工单位对塔式起重机成本问题非常重视，经过施工单位主要负责人多次开会讨论，对两种配置方案塔机施工成本的比较筛选，从而选出最为合理的配置方案。

【解】　方案一：

（1）第一阶段（地基基础地下结构和地上结构施工期间）

在网球中心配置 5 台 QTZ80（6010）塔机，最大工作幅度为 60m，有效运输区域可以将施工现场全部覆盖，并将建筑材料运送到各个工作面。为满足工程主体结构施工期间钢筋、模板、钢管等垂直运输的需要，从地基基础地下结构施工期间到地上主体结构完工，现场安装了 5 台 QTZ80（6010）塔机，施工平面布置如图 11-2 所示。

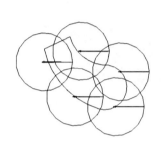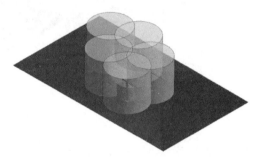

图 11-2　方案一第一阶段施工平面布置图

（2）第二阶段（装饰装修阶段施工期间）

地上主体结构完工后，保留 3 台塔机直到装饰装修阶段钢结构屋面工作完成方可拆除。施工平面布置图如图 11-3 所示。

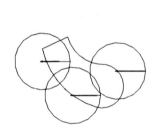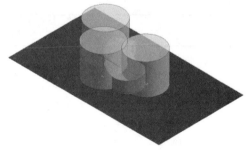

图 11-3　方案一第二阶段施工平面布置图

方案二：

（1）第一阶段（地基基础地下结构和地上结构施工期间）

在满足能够将施工现场覆盖的前提下，将 QTZ80（6010）塔机换成型号为 QTZ60（TC5515）的塔机，6 台 QTZ60 塔机可为各工作面全范围运输各种建筑材料。同样地，从地基基础地下结构施工期间到地上主体结构完工，施工平面布置图如图 11-4 所示。

（2）第二阶段（装饰装修阶段施工期间）

本工程装饰装修阶段施工期间，主要考虑钢结构施工及屋面施工，保留 3 台塔机在装饰装修阶段直到钢结构屋面工作完成，之后塔机设备开始拆除，施工平面布置图如图 11-5 所示。

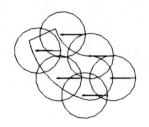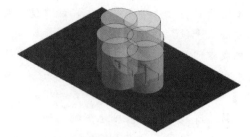

图 11-4　方案二第一阶段施工平面布置图

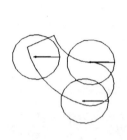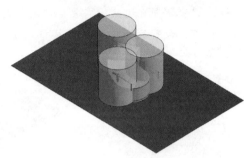

图 11-5　方案二第二阶段施工平面布置图

结合本工程实例，塔式起重机施工使用过程中成本数据如表 11-2、表 11-3 所示。

表 11-2　塔机使用成本

序号	名称	基础费用/元	安拆与运输费/元	租赁费/(元/天)	司机人工费/(元/天)	信号工人工费/(元/天)	使用方式
1	QTZ80	17500	18000	300	300	80	租赁
2	QTZ60	12000	16000	260	300	80	租赁

表 11-3　计算参数

序号	科目	QTZ80(6010)	QTZ60(TC5515)
1	基础费用/元	17500	12000
2	安拆与运输费/元	18000	16000
3	租赁费/(元/天)	300	260
4	司机人工费/(元/天)	300	300
5	司机人数/人	10	12
6	信号工人工费/(元/天)	80	80
7	信号工人数/人	10	12
8	第一阶段工期/天	249	249
9	第二阶段工期/天	179	179
10	第一阶段机械数量/台	5	6
11	第二阶段机械数量/台	3	3
12	使用方式	租赁	租赁

注：1. 基础施工价格为实际发生费用取整，不包含其他特殊条件施工发生的费用。

2. 升接费用未计取。塔机初次安装后，一般 10~15m 一次升接，一次约 1600 元。

3. 燃料动力费无标准费用。本工程消耗电力的费用定为电价 0.5 元/(kW·h)。

方案一中，现场安装 5 台 QTZ80(6010) 塔机，从地基基础地下结构施工期间到地上主体结构完工共计 249 天，保留 3 台在装饰装修阶段直到钢结构屋面工作完成，共计 179 天。期间发生费用如下：

塔机固定成本为：$(A_1 + A_2) \times Q_{11} = (17500 + 18000) \times 5 = 177500$ 元。

第一阶段，从地基基础地下结构施工到地上主体结构完工期间，$T_1 = 249$ 天，$Q_{11} = 5$ 台。

升接一次的费用为 1600 元，鉴于网球中心赛场罩棚最高点高度为 30m，此种类型塔机最大独立高度为 46.2m，满足施工要求，不用升接，故 $B = 0$ 元。

为得到塔机设备的使用权，施工单位应向塔机租赁单位支付一定的费用，QTZ80 型号塔机设备租赁费取平均数 300 元/天，故 $C = 300$ 元/天，$C \times Q_{11} \times T_1 = 300 \times 5 \times 249 = 373500$ 元。

考虑两班作业，共配备司机 10 人，取人均工资 300 元/天，专职塔吊指挥人员 10 人，取人均工资 80 元/天。故 $D = (300 + 80) \times 2 = 760$ 元/天，$D \times Q_{11} \times T_1 = 760 \times 5 \times 249 = 946200$ 元。

电费标准按 $A_d = 0.5$ 元/(kW·h)，QTZ80 塔机额定功率 $P_e = 53.4$kW，设备每天工作小时 $t = 2 \times 8 = 16$h，台班时间利用系数、电动机平均负荷系数、电动机效率均取平均数，分别为 $K_1 = 0.85$、$K_2 = 0.75$、$\eta_d = 0.83$，配电线路和配电设备效率取值为 $\eta_s = 1$，故

$E = A_d \times (t \times P_e \times K_1 \times K_2)/(\eta_d \times \eta_s) = 0.5 \times (16 \times 53.4 \times 0.85 \times 0.75)/(0.83 \times 1) = 328.12$ 元

第一阶段总电费 $= E \times Q_{11} \times T_1 = 328.12 \times 5 \times 249 = 408509.4$ 元

可变成本在第一阶段为：

$B + C \times Q_{11} \times T_1 + D \times Q_{11} \times T_1 + E \times Q_{11} \times T_1 = 0 + 373500 + 946200 + 408509.4 = 1728209.4$ 元

第二阶段，从主体结构到钢结构屋面完工期间，$T_2 = 179$ 天，$Q_{21} = 3$ 台。

在第二阶段不作升接处理，故 $B = 0$；

QTZ80 型号塔机设备租赁费 300 元/天，故 $C = 300$ 元/天，$C \times Q_{21} \times T_2 = 300 \times 3 \times 179 = 161100$ 元；

考虑两班作业，共配备司机 6 人，取人均工资 300 元/天，专职塔吊指挥人员 6 人，取人均工资 80 元/天。故 $D = (300 + 80) \times 2 = 760$ 元/天，$D \times Q_{21} \times T_2 = 760 \times 3 \times 179 = 408120$ 元。

$E = A_d \times (t \times P_e \times K_1 \times K_2)/(\eta_d \times \eta_s) = 0.5 \times (16 \times 53.4 \times 0.85 \times 0.75) = 328.12$ 元

第二阶段总电费 $= E \times Q_{21} \times T_2 = 328.12 \times 3 \times 179 = 176200.44$ 元

可变成本在第二阶段为：

$B + C \times Q_{21} \times T_2 + D \times Q_{21} \times T_2 + E \times Q_{21} \times T_2 = 0 + 161100 + 408120 + 176200.44 = 745420.44$ 元

所以第一阶段方案一的塔机施工总成本 Z 为固定成本，第一阶段、第二阶段可变成本之和：$177500 + 1728209.4 + 745420.44 = 2651129.84$ 元。

同理，布置方案二塔机总成本 $Z = 2807611.81$ 元。

第11章

由此可知，方案二比方案一的成本高出 156481.97 元，所以在成本方面方案一比方案二好。

11.1.2.3 高度与高度差计算原理

按照技术要求，在塔机附墙设计之前，首先考虑相邻塔机的起升高度，使两塔机之间覆盖重合之处，控制塔臂不在一个高度层面上。如果垂直高差设置太大，将会降低建筑材料或者构件吊装的速度，而且在施工附着费上也会有所增加，从而直接影响施工塔机的总成本。如果垂直高差过小，则会引起高位和低位塔机吊钩和塔臂的碰撞，因而塔机垂直高差应经过合理仔细的计算进行确定。《塔式起重机安全规程》中规定："两台塔机之间的最小架设距离应保证处于低位塔机的起重臂端部与另一台塔机的塔身之间至少有 2m 的距离；处于高位塔机的最低位置的部件（吊钩升至最高点或平衡重的最低部位）与低位塔机中处于最高位置部件之间的垂直距离不应小于 2m"。同时，《建筑机械使用安全技术规程》中规定"当同一施工地点有两台以上塔式起重机并可能互相干涉时，应制定群塔作业方案；两台塔式起重机之间的最小架设距离应保证处于低位塔式起重机的起重臂端部与另一台塔式起重机的塔身之间至少有 2m 的距离；处于高位塔式起重机的最低位置的部件（吊钩升至最高点或平衡重的最低部位）与低位塔式起重机中处于最高位置部件之间的垂直距离不应小于 2m"。

(1) 计算低位塔机的顶升高度 H'（图 11-6）

$$H' = \sum_{i=1}^{5} H + D + h_f - H_6$$

式中，H_1 为吊具高度，一般取 1～1.5m；H_2 为构件高度，钢筋混凝土结构按 3m 计算，钢结构按 3～12m 计算；H_3 为安全距离，按 1.5～2m 计算，一般情况下取 2m，群塔施工时取 1.5m；H_4 为脚手架或其他构件高于建筑物高度，m，无说明可取 1.2m（脚手架规范）；H_5 为建筑物高度，m；H_6 为塔机基础（顶）与建筑物（底）高差值，按相对值计算，m；D 为塔机吊钩至起重臂下弦的极限距离，对于动臂变幅和小车变幅一般为 0.8m；h_f 为塔机臂架端头弹性变形下沉值，塔机端头变形值一般为 1.2～1.5m，取 1.5m。

(2) 塔机施工合理垂直高差（图 11-7）

多台塔机施工合理垂直高差，应结合工程实际情况和所有塔机技术性能参数，按以下公式计算。

起重臂交叉不大于 1/2 起重臂长的高差计算，采用下式

$$\Delta H' = H_G - H_D + H_j \geqslant B_h + h_f + D$$

起重臂交叉大于 1/2 且小于或等于 3/4 起重臂长的高差计算，采用下式

$$\Delta H' = H_G - H_D + H_j \geqslant T_m$$

起重臂交叉大于 3/4 起重臂长（或覆盖低塔塔身）的高差计算，采用下式

$$\Delta H' = H_G - H_D + H_j \geqslant T_m + 2$$

式中，$\Delta H'$ 为高、低位塔臂安装垂直高差；H_j 是相邻两台塔机的塔基高差；B_h 是塔臂截面高度；T_m 是指塔帽高度；H_G 是指高位塔机起重臂与塔基顶部之间的高差；H_D 是指低位塔臂与塔基顶部之间的高差。

各参数的含义如图 11-7 所示。

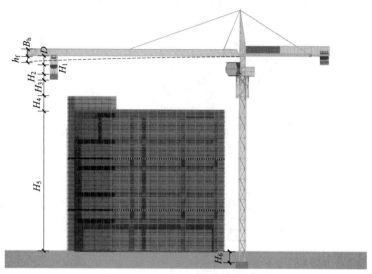

图 11-6　塔机的顶升高度计算参数

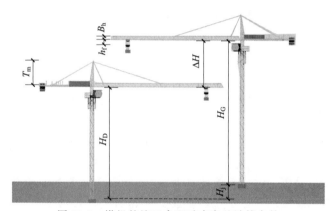

图 11-7　塔机的施工合理垂直高差计算参数

11.1.2.4　高度与高度差计算案例

【例 11-2】　依据以上原则和要求，最终确定例 11-1 中方案一的群塔布置平面如图 11-8 所示。5 台塔机联合作业，相邻的两台塔机之间均有一定程度的重合覆盖。1 号塔机与另外两台塔机（分别是 2 号、3 号塔机）存在交叉作业面；2 号塔机与另外三台塔机（分别是 1 号、3 号、4 号塔机）存在交叉作业面；3 号塔机与另外三台塔机（分别是 1 号、2 号、5 号塔机）存在交叉作业面；4 号塔机与另外两台塔机（分别是 2 号、5 号塔机）存在交叉作业面；5 号塔机与另外两台塔机（分别是 3 号、4 号塔机）存在交叉作业面。4 号、5 号塔机起重臂交叉大于 1/2 且小于 3/4 起重臂长，其他塔机起重臂交叉都不大于 1/2 起重臂长。

图 11-8 中：1 号、2 号、3 号、4 号、5 号塔机型号均为 QTZ80（6010），起重臂长 60m，标准节 2.8m，独立高度 46.2m。各塔机基础高度都相等，$H_j = 0$，其中计算参数 $H_6 = 6.9$m，$H_5 = 38.3$m，$H_4 = 1.2$m，$H_3 = 2.0$m，$H_2 = 3.0$m，$H_1 = 1.5$m，$h_f = 1.5$m，$D = 2.5$m，$T_m = 7$m，$B_h = 1.2$m。3 号和 5 号塔机计算高度最低的优先级

比其他塔机都要高，且塔机实际高度是标准节高度的整数倍，$H_2' = H_5'$，$H_1' = H_4'$。

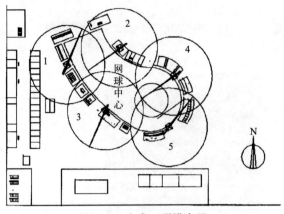

图 11-8   方案一群塔布置

【解】   （1）塔机最低计算高度与实际高度

$$H' = 1.5 + 3.0 + 2.0 + 1.2 + 38.3 + 2.5 + 1.5 - 6.9 = 43.1\text{m}$$

标准节数为 43.1/2.8＝15.4，取 16 节；塔机最低实际高度为 16×2.8＝44.8m。

（2）起重臂交叉不大于 1/2 起重臂长

$$\Delta H_{1\text{-}2}' = \Delta H_{1\text{-}3}' = \Delta H_{2\text{-}3}' = \Delta H_{2\text{-}4}' = \Delta H_{3\text{-}5}' =$$

$$H_G - H_D + H_j \geqslant (B_h + h_f + D) = 1.2 + 1.5 + 2.5 = 5.2\text{m}$$

（3）4 号、5 号塔机之间高差

$$\Delta H_{4\text{-}5}' = H_G - H_D + H_j \geqslant T_m = 7\text{m}$$

（4）计算过程

假设 3 号最低，先将 2 号、5 号塔机升 5.2m，由于 4 号和 5 号塔机的高差为 7m，如果 1 号、4 号塔机降低，将会小于塔机最低计算高度，只能升高 7m，该方案的总提升高度为 2×5.2＋2×(5.2＋7)＝34.8m。

假设 2 号和 5 号塔机最低，3 号先升 5.2m，由于 4 号和 5 号塔机高差的制约，1 号、4 号只能升 5.2m，此时 4 号和 5 号塔机的高差为 10.4m，大于 7m，该方案的总提升高度为 5.2＋2×(5.2＋5.2)＝26m。

假设 2 号和 5 号塔机最低，先升 1 号、4 号塔机 7m，3 号如果降低 5.2m，3 号与 1 号、2 号的高度差为 1.8m，只能提升 5.2m，该方案的总提升高度为 2×7＋(7＋5.2)＝26.2m。

假设 1 号、4 号塔机高度最低时，和 2 号、5 号塔机分析相同。

由于 5 号塔机计算高度的优先级比较高，可将 2 号、5 号塔机计算高度设为 $H_2' = H_5' = 43.1\text{m}$，$H_3' = 43.1 + 5.2 = 48.3\text{m}$，$H_1' = H_4' = 48.3 + 5.2 = 53.5\text{m}$。

3 号塔机升 5.2m，升高的标准节数为：5.2/2.8＝1.86，取 2 节；实际高度为 44.8＋2×2.8＝50.4m。

1 号、4 号塔机升 10.4m，升高的标准节数为 10.4/2.8＝3.71，取 4 节；实际高度为 44.8＋4×2.8＝56m。

计算结果见表 11-4，最后方案如图 11-9 所示。

表 11-4　计算结果

塔机序号	最大独立高度/m	标准节高度/m	计算高度/m	实际高度/m
1	46.2	2.8	53.5	56
2	46.2	2.8	43.1	44.8
3	46.2	2.8	48.3	50.4
4	46.2	2.8	53.5	56
5	46.2	2.8	43.1	44.8

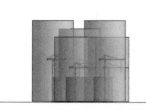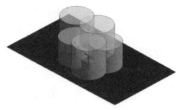

图 11-9　最后方案

11.2　挖掘机

挖掘机是土石方机械化施工的主要机械。由于它的挖土效率高、产量大，能在各种土壤（包括厚度 400mm 以内的冻土）和破碎后的岩石中进行挖掘作业，如开挖路堑、基坑、槽沟和取土等，还可以更换各种工作装置，进行破碎、填沟、打桩、夯土、除根、起重等多种作业，因此在建筑施工中得到广泛应用。

液压挖掘机是挖掘机的一种类型，它的特点是效率高、产量大，但机动性较差。因此，选用大型挖掘机施工时要考虑地形条件、工程量的大小以及运输条件等。遇到开挖量较大的工程时，选用挖掘机配合运输车辆组织施工比较合理。本节以液压挖掘机为例进行介绍，下述挖掘机均为液压挖掘机。

11.2.1　挖掘机机型的选择

按施工土方位置选择：当土方在停机面以上时，可以选择正铲挖掘机；当土方在停机面以下时，一般选择反铲挖掘机；若开挖深沟或基坑，可选择拉铲或抓斗（土壤松软）挖掘机。

按土壤性质选择：挖取水下或潮湿泥土时，应当选用拉铲、抓斗或反铲挖掘机；若土壤比较坚硬或开挖冻土时，应选用重型挖掘机；而装卸松散物料时，采用抓斗挖掘机最有效。

按土方运距选择：在地形平坦的场地挖取松软土壤或开挖各种沟槽，最好选择与运输机械配合施工，同时注意挖斗容量与运输车辆的斗容量合理配套。

按土方量大小选择：当土方工程量不大而必须采用挖掘机施工时，可选用机动性能好的轮胎式挖掘机或装载机；而在大型土方工程中，必须选用大型的专用挖掘机，并可以采用多种机械联合施工，提高运输车辆的效率。

优先选择先进的新型机种：选择施工机械的原则是以本单位现有机械为主。如果另有机械来源，则应根据施工条件和要求优先选择先进的新产品，如液压挖掘机，多功能挖掘机，以提高挖掘效率，缩短施工工期。降低施工成本。

根据上述各种工程条件选择出来的挖掘机可能有多种，所以必须综合考虑。如大型施工机械受地形条件的限制，与运输工具配合的组织计划比较复杂，因此对挖掘机的容量选择十分重要。除此以外，还要根据土方工程量、挖掘土层厚度、土壤性质、气候条件、施工环境、工程期限等，选择出符合"高速、低耗、安全"施工条件的挖掘机。

11.2.2 挖掘机需用台数

液压挖掘机需用台数 N 可用下式计算：

$$N = W/QT$$

式中，W 为设计期限内应由挖掘机完成的总工程量，m^3；Q 为所选定挖掘机的实际生产能力，m^3/h；T 为设计期限内挖掘机的有效工作时间，h。

大型的土石方工程中，当挖掘机与运输机械联合施工时，为保证流水作业连续均衡，提高挖掘和运输机械的总生产效率，运输机械的斗容量应是挖掘机械斗容量的整数倍，一般选 3 倍左右。

挖掘机与自卸汽车联合施工时，每台挖掘机必须配合的自卸汽车台数可按下式计算

$$N_汽 = T_汽 / (n t_挖)$$

式中，$N_汽$ 为自卸汽车台数，台；$T_汽$ 为汽车运土循环时间，min；$t_挖$ 为挖掘机工作循环时间，min；n 为每台汽车装土的斗数。

如果知道汽车的台数，要选配挖掘机的台数，可按下式计算其台数：

$$N_汽 = N_挖 \, n t_挖 / T_汽$$

式中，$N_挖$ 为应配合的挖掘机台数，台；$N_汽$ 为投入施工的自卸汽车台数，台。

11.3 钢筋加工机械

11.3.1 钢筋强化机械

钢筋强化机械通常包括钢筋冷拉机、钢筋冷拔机、冷轧带肋钢筋成形机和钢筋冷轧扭机等机型。此处仅介绍钢筋冷拉机和钢筋冷拔机。

(1) 钢筋冷拉机的合理选择

小冷拉：直径 6~12mm 的盘条冷拉，称为小冷拉。一般可采用慢动卷扬机作为冷拉设备。冷拉场地的长度一般在 50m 左右。为了提高工效，一般采用循环双回路拉法，控制方法多采用拉力计控制应力。小冷拉一般在冷拉场地旁设有开盘设备。开盘设备选用拉力在 10kN 以下的双筒式无级绳卷扬机，亦可采用电动小平车。

大冷拉：直径 12mm 以上的钢筋冷拉，称为大冷拉。一般采用慢动卷扬机配滑轮组增加拉力，大冷拉场地有效长度为 30m 左右，最好是构件长度的倍数。冷拉场地应设有安全防护设施和钢筋时效槽。

(2) 钢筋冷拔机的合理选择

钢筋冷拔机按性能及作用可分为单次式、直线式和滑轮式等。1/750 单次式钢筋拔丝机适用于拉拔含碳量不大于 0.85% 的碳素钢丝。4/650 直线式钢筋拔丝机适用于拉拔

碳素钢丝、弹簧钢丝、高碳钢丝及低碳钢丝。4/550 滑轮式钢筋拔丝机适用于拉拔高碳钢丝、中碳钢丝及低碳钢丝。D5C 滑轮式拔丝机适用于拉拔低碳钢丝，也可用于拉拔其他类型的钢丝及铝丝。

11.3.2　钢筋成形机械

常用的钢筋成形机械有钢筋切断机、钢筋调直机、钢筋弯曲机、钢筋调直切断机和钢筋镦头机等。

(1) 钢筋切断机的分类及选择

钢筋切断机是把钢筋原材和已矫直的钢筋切断成所需长度的专用机械。它广泛应用于施工现场和混凝土预制构件厂剪切 6～40mm 的钢筋，是施工企业的常规设备，也可供其他行业作为圆钢、方钢的下料机械使用（更换相应刀片）。

其具体分类如下：按结构形式可分为手动式钢筋切断机、立式钢筋切断机、卧式钢筋切断机；按工作原理可分为凸轮式钢筋切断机、曲柄连杆式钢筋切断机；按传动方式可分为机械式钢筋切断机、液压式钢筋切断机；按驱动方式可分为电动式钢筋切断机、手动式钢筋切断机。

钢筋切断一般采用切断机，在缺少动力的情况下，也可采用手动的剪切工具。常用的切断机有 GJ5-40 型钢筋切断机，可切断 6～40mm 直径的钢筋；DYJ-32 型电动液压切断机，可切断 8～32mm 直径的各种钢筋；SYJ-16 型手动液压切断机，可切断直径 16mm 的 HPB 级钢筋，2.5mm 直径的钢绞线；GQ40 型钢筋切断机主要用于切断 6～40mm 直径的普通钢筋。

(2) 钢筋调直机的分类及选择

钢筋调直机用于将成盘的细钢筋和经冷拔的低碳钢丝调直。它具有一机多用的功能，能一次操作完成钢筋调直、输送，并兼有清除表面氧化皮和污迹的作用。钢筋调直机一般分为机械式钢筋调直机和简易式钢筋调直机。简易式钢筋调直机又可分为导轮调直机、手绞车调直机、蛇形管调直机，其中手绞车调直机一般适用于工程量较小的零星钢筋加工。

钢筋调直方法分人工调直和机械调直两种。对于直径在 12mm 以下的盘圆钢筋，一般用调直机或卷扬机调直。粗钢筋的调直可在矫正台上通过人工进行，也可以采用卷扬机拉直。

(3) 钢筋弯曲机的分类及选择

钢筋弯曲机是将已切断的钢筋，按配筋图要求，弯曲成所需要形状和尺寸的专用设备。其具体分类如下：按传动方式可分为机械式钢筋弯曲机、液压式钢筋弯曲机；按工作原理可分为蜗轮蜗杆式钢筋弯曲机、齿轮式钢筋弯曲机；按结构形式可分为台式钢筋弯曲机、手持式钢筋弯曲机。钢筋一般选用机械进行弯曲，如无机械，也可采用手工弯曲。常用的手工弯曲机有 GJ7-40(WJ40-1) 型等。

(4) 钢筋调直切断机的分类及选择

钢筋调直切断机能自动调直和定尺切断钢筋，并可清除钢筋表面的氧化皮和污迹。其具体分类如下：按调直原理可分为孔模式钢筋调直切断机、斜辊式（双曲线式）钢筋调直切断机；按切断原理可分为锤击式钢筋调直切断机、轮剪式钢筋调直切断机；按切断机构的不同可分为下切剪刀式钢筋调直切断机、旋转剪刀式钢筋调直切断机；按传动方式可分为液压式钢筋调直切断机、机械式钢筋调直切断机、数控式钢筋调直切断机；按切断运动方式可分为固定式钢筋调直切断机、随动式钢筋调直切断机。

常见的钢筋调直切断机有 2-8 型、4-14 型、4-16 型等，不同的钢筋调直切断机可加工不同范围的钢筋：2-8 型钢筋调直切断机为小型钢筋调直机，主要加工钢筋直径为 2～8mm 的钢筋，在建筑工地使用较多；4-14 型钢筋调直切断机是最常见的钢筋调直切断机型号，加工的钢筋直径为 4～14mm；4-16 型钢筋调直切断机最大可调直 Φ16mm 的盘圆钢筋，在一些大型工地较常见，此种型号的调直机配备动力大、带有牵引机构、调直速度快、效率高，属于高速钢筋调直切断机。

（5）钢筋镦头机的分类及选择

钢筋镦头机是把钢筋或钢丝的端头加工成灯笼形圆头，作为钢筋冷拉或预应力钢筋张拉的锚固头。镦粗锚固具有使用方便、锚固可靠、不滑移、加工简单等优点。钢筋镦头机按固定状态可分为移动式钢筋镦头机和固定式钢筋镦头机两种。钢筋镦头机按动力传递方式的不同可分为机械式冷镦机、液压式冷镦机和电热镦头机三种。

机械式冷镦机，分为手动冷镦机和电动冷镦机两种，均只适用于镦粗直径 5mm 以下的冷拔低碳钢丝。

液压式冷镦机，需有液压油泵配套使用。10 型冷镦机适用于冷墩直径为 5mm 的高强度碳素钢丝；45 型冷镦机适用于冷墩直径为 12mm 普通低合金钢筋。

电热镦头机，利用电极使钢筋的伸出部分电热发红，然后继续转动挤压手柄，并通过挤压偏心轮加压，挤压镦头模顶锻钢筋端头，钢筋即被墩为灯笼圆头。目前对于直径在 12mm 以上、22mm 以下的 HRB335、HRB400（RRB400）级钢筋主要采用电热镦粗。

11.3.3 钢筋连接设备

目前应用较成熟、较广泛的钢筋连接技术有钢筋焊接连接和钢筋机械连接两大类。

（1）电渣压力焊机选择

钢筋焊接机械是利用电流通过焊件时产生的电阻热，并施加一定压力而使金属焊合的一种机械，包括点焊机、对焊机、弧焊机、气压焊机、电渣压力焊机等。

钢筋电渣压力焊是常见的焊接形式。钢筋电渣压力焊是将两根钢筋安放成竖向对接形式，利用焊接电流通过两钢筋端面间隙，在焊剂层下形成电弧过程和电渣过程，产生电弧热和电阻热，熔化钢筋，加压完成的一种焊接方法。

钢筋电渣压力焊机按控制方式可分为手动式电渣压力焊机、半自动式电渣压力焊机和自动式电渣压力焊机；按传动方式可分为手摇齿轮式电渣压力焊机和手压杠杆式电渣压力焊机。

电渣压力焊机是钢筋竖向连接的焊机，因施工简单、节能省料、质量可靠、成本低等原因而得以广泛应用。竖向钢筋电渣压力焊，实际是一种综合焊接方法，同时具有埋弧焊、电渣焊和压力焊三种焊接方法的特点。其适用于竖向或斜向受力钢筋的连接，连接钢筋级别为 HPB235、HRB335 级，直径为 14～40mm。选择焊机时要考虑焊机的焊接电流、焊接电压和通电时间。

（2）钢筋机械连接设备选择

钢筋机械连接是通过连接件的机械咬合作用或钢筋端面的承压作用，将一根钢筋中的力传递至另一根钢筋的连接方法。钢筋机械连接同其他连接方式比较，具有以下优点：操作简单，连接时无明火，不受天然及自然环境的影响，在可燃性环境及水中均可作业；适用范围广，可连接不同材质和不同直径的钢筋，并且端头不需特别处理；接头性能可靠，检验方便，节约钢材，节约能源；不污染环境，可全天施工。

钢筋机械连接设备包括钢筋套筒挤压连接机和钢筋螺纹连接机。

① 钢筋套筒挤压连接机。钢筋套筒挤压连接是将需要连接的螺纹钢筋插入特制的钢套筒内，利用挤压机压缩钢套筒使之产生塑性变形，靠变形后钢套筒与钢筋的紧固力来实现钢筋的连接。

钢筋套筒挤压连接机按工作特性不同可分为抗压套筒连接机、抗拉套筒连接机和抗拉压两用套筒连接机；按套筒作用不同可分为径向套筒连接机和轴向套筒连接机；还有一种梅花齿形连接机。

这种连接方式适用于任何直径的螺纹钢筋的连接，但其钢套筒成本较高，适合要求高的结构和部位。

② 钢筋螺纹连接机。钢筋螺纹连接机有锥螺纹连接机和直螺纹连接机。

锥螺纹钢筋接头是采用锥螺纹连接钢筋的一种机械式钢筋接头。它能在施工现场连接 HRB335、HRB400（RRB400）级直径为 16～40mm 的同径或异径的竖向、水平或任何倾角钢筋，不受钢筋有无花纹及含碳量的限制。其适用于按一、二级抗震等级设防的一般工业与民用房屋及构筑物的现浇混凝土结构梁、柱、板、墙、基础的连接施工作业，所连接钢筋直径之差不宜超过 8mm。但它的缺点是：耐腐蚀能力差，早于钢筋破坏。

直螺纹钢筋接头是采用直螺纹连接钢筋的一种机械式钢筋接头，其特点类似于锥螺纹钢筋接头。

（3）选择连接设备需要考虑的因素

工程结构特点因素。对重要的且工期要求紧的高层、超高层建筑，因各种机械连接具有速度快、连接质量好、生产效率高等特点，应优先选用。

钢筋种类因素。对于可焊性较差的钢筋，应尽量避免使用各种焊接方法，如气压焊、电渣压力焊等，首先选择套筒挤压和螺纹连接。

气候及施工环境条件因素。晴天宜采用气压焊、电渣压力焊；在我国南方多雨气候地区宜选用各种机械连接方法；施工现场附近有易燃易爆的气体存在时，应禁止使用气压焊和电渣压力焊。

11.4 混凝土泵送机械

11.4.1 混凝土泵送机械简介

混凝土泵送机械包括混凝土泵及混凝土泵车，混凝土泵是将混凝土沿管道连续输送到浇筑工作面的一种混凝土输送机械。混凝土泵车是将混凝土泵装在汽车底盘上，并用液压折叠式（或称布料杆）管道来输送混凝土，臂架具有变幅、曲折和回转三个动作，在其活动范围内可任意改变混凝土浇筑位置。

在现场施工中，混凝土现场浇筑量往往是很大的，有时甚至一次连续浇筑几千立方米以上。因此，合理的施工组织、恰当地使用混凝土输送与浇筑机械设备是非常重要的。混凝土泵是混凝土输送机械中比较理想的一种，它能一次连续地完成水平输送和垂直输送并浇筑。预拌混凝土生产与泵送施工相结合，利用混凝土搅拌运输车进行中间运送，可实现混凝土的连续泵送和浇筑。对于一些工地狭窄和有障碍物的施工现场，或用其他输送设备难以直接靠近施工的工程，混凝土泵则更能有效地发挥作用。泵送施工输送距离长，单位时间的输送量大，可以很好地满足混凝土浇筑量大的施工要求。混凝土泵具有机械化程度高、效率高、占用人力少、劳动强度低和施工组织简单等优点，已经在国内得到了广泛的应用，我国的混凝土泵送技术已达到世界先进水平。

混凝土泵车的机动性好，布料灵活，工作时不需要另外铺设混凝土输送管道，使用方便，适用于大型基础工程和零星分散混凝土输送。混凝土泵车结构复杂，布料杆的长度受汽车底盘的限制，泵送的距离和高度较小。

应根据混凝土输送管路系统布置方案、浇筑工程量、浇筑进度、混凝土坍落度、设备状况等施工技术条件，确定混凝土泵送设备的选型。

11.4.2　混凝土泵送机械选型

(1) 初选设备

初选设备时，要考虑混凝土输送管最小内径，如表 11-5 所示。

表 11-5　混凝土输送管最小内径要求

粗骨料最大粒径/mm	输送管最小内径/mm
25	125
40	150

不同入泵坍落度或扩展度的混凝土，其泵送高度宜符合表 11-6 中的要求。

表 11-6　混凝土入泵坍落度与泵送高度关系

最大泵送高度/m	50	100	200	400	400 以上
入泵坍落度/mm	100~140	150~180	190~220	230~260	—
入泵扩展度/mm	—	—	—	450~590	600~740

(2) 计算配管的水平计算长度 L

在规划泵送混凝土时，应根据工程平面和场地条件确定泵车（或泵，下同）的停放位置，并做出配管设计，使配管长度不超过泵车的最大输送距离。单位时间内的最大排出量与配管的换算长度密切相关。配管是由水平管、垂直管、斜向管、弯管、异型管以及软管等各种管组成。在选择混凝土泵车和计算泵送能力时，应将混凝土配管的各种工作状态换算成水平长度，配管的水平换算长度一般可按下式计算：

$$L = L_p + L_v$$

式中，L 为混凝土输送管路系统的累计水平换算长度，可按表 11-7 计算，m；L_p 为水平管长度，m；L_v 为非水平管长度换算值，m。

在编制泵送作业设计时，应使泵送配管的换算长度小于泵车的最大输送距离。

表 11-7　混凝土输送管水平换算长度

管的类别或布置状态	换算单位	管的规格		水平换算长度/m
向上垂直管	每米	管径/mm	100	3
			125	4
			150	5
倾斜垂直管 (输送管倾斜角为 α)	每米	管径/mm	100	$\cos\alpha+3\sin\alpha$
			125	$\cos\alpha+4\sin\alpha$
			150	$\cos\alpha+5\sin\alpha$
垂直向下或倾斜向下管	每米	—		1
锥形管	每根	锥径变化/mm	175～150	4
			150～125	8
			125～100	16
弯管(弯头张角为 β,$\beta\leqslant90°$)	每米	弯曲半径/mm	500	$12\beta/90$
			1000	$9\beta/90$
胶管	每根	长 3～5m		20

(3) 混凝土泵的额定工作压力小于 $P_{\max}$

选定的混凝土泵的额定工作压力应小于 $P_{\max}$，$P_{\max}$ 计算如下

$$P_{\max}=\Delta P_{H}L/10^{6}+P_{f}$$

式中，$P_{\max}$ 为混凝土最大泵送阻力，MPa；L 为混凝土输送管路系统的累计水平换算距离，可按表 11-7 计算，m；ΔP_{H} 为混凝土在水平输送管内每流动 1m 所产生的压力损失，可按表 11-8 计算，Pa/m，也可按下述公式计算；P_{f} 为混凝土泵送系统附件及泵体内部压力损失，可按表 11-9 累加，MPa。

表 11-8　输送普通混凝土时单位长度水平输送管的压力损失　　单位：10^{-6} Pa/m

混凝土坍落度/mm	管径/mm	输送量/(m³/h)				
		20	30	40	50	60
80	100	0.18	0.21	0.24	0.28	0.32
	125	0.11	0.12	0.13	0.15	0.17
120	100	0.15	0.18	0.21	0.25	0.28
	125	0.10	0.11	0.12	0.13	0.14
150	100	0.12	0.15	0.18	0.21	0.24
	125	0.09	0.10	0.11	0.12	0.13
180	100	0.10	0.12	0.14	0.17	0.20
	125	0.07	0.08	0.09	0.10	0.11
210	100	0.08	0.10	0.12	0.14	0.16
	125	0.05	0.06	0.07	0.08	0.09

表 11-9 混凝土泵送系统附件及泵体内部的估算压力损失

附件名称或泵体内部损耗项		换算单位	估算压力损失/MPa
管路截止阀		每个	0.1
泵体附属结构	分配阀	每个	0.2
启动内耗		每台泵	1.0

混凝土在水平输送管内每流动 1m 产生的压力损失 ΔP_H 也可以采用下述公式计算。

$$\Delta P_H = (2/r)[K_1 + K_2(1 + t_2/t_1)v_2]\alpha_2$$

$$K_1 = 300 - S_1$$

$$K_2 = 400 - S_1$$

式中，ΔP_H 为混凝土在水平输送管内每流动 1m 产生的压力损失，Pa/m；r 为混凝土输送管半径，m；S_1 为混凝土坍落度，约为 200mm；K_1 为黏着系数，Pa；K_2 为速度系数，Pa·s/m；t_2/t_1 为混凝土泵分配阀切换时间与活塞推压混凝土时间之比，当设备无说明时，一般取 0.3；v_2 为混凝土输送管内的平均流速，m/s；α_2 为径向压力与轴向压力之比，对普通混凝土取 0.90。

需要注意的是，ΔP_H 也可用其他方法确定，且需要通过试验验证。

（4）判定 $L_{max} > L$

混凝土泵的最大水平输送距离可由试验或产品性能曲线确定，也可由下列公式确定。

$$L_{max} = (P_e - P_f)/\Delta P_H \times 10^6$$

式中，L_{max} 为混凝土泵的最大水平输送距离，m；P_e 为混凝土泵的额定功率，MPa；P_f 为混凝土泵送系统附件及泵体内部压力损失，MPa，按表 11-9 计算；ΔP_H 为混凝土在水平输送管内每流动 1m 产生的压力损失，Pa/m。

（5）混凝土的输出量 Q_1

混凝土的输出量 Q_1 一般根据泵车（或泵，下同）的最大排出量结合配管条件系数按下式计算：

$$Q_1 = \eta \alpha_1 Q_{max}$$

式中，Q_1 为混凝土泵的实际平均输出量，m³/h；Q_{max} 为混凝土泵的最大输出量，m³/h；η 为作业效率，根据混凝土搅拌运输车向混凝土泵供料的间隔时间、拆装混凝土输送管和布料停歇等情况，取 0.5～0.7；α_1 为配管条件系数，可取 0.8～0.9。

（6）混凝土泵的配备数量

混凝土泵的配备数量可根据混凝土浇筑体积、单机的实际平均输出量和计划施工作业时间，按下式计算：

$$N_2 = Q/(Q_1 \times T_0)$$

式中，N_2 为混凝土泵的台数，台（按结果取整，小数进位）；Q 为混凝土浇筑体量，m³；Q_1 为每台泵的实际平均输出量，m³/h；T_0 为混凝土泵送计划作业时间，h。

（7）运输车台数

$$N_1 = \frac{Q_1}{60 V_1 \eta_V} \times \left(60\frac{L_1}{S_0} + T_1\right)$$

式中，N_1 为混凝土搅拌运输车台数，台（整数，小数进位）；Q_1 为每台混凝土泵的实际平均输出量，m^3/h；V_1 为每台混凝土搅拌运输车容量，m^3，取 $15m^3$；η_V 为搅拌运输车容量折减系数，取 $0.9 \sim 0.95$；S_0 为混凝土搅拌运输车平均行车速度，km/h；L_1 为混凝土搅拌运输车往返距离，km；T_1 为每台混凝土搅拌运输车总计停歇时间，min。

11.4.3　混凝土泵送机械计算案例

【例 11-3】　高层建筑筏板式基础，筏板厚度为 $3m$，混凝土量为 $1790m^3$，分层浇筑，每次浇筑 $30cm$，采用混凝土输送泵车浇筑，泵车的额定功率 $P = 4.71 \times 10^6 Pa$，输送管直径为 $125mm$，每台泵车水平配管长度为 $120m$，装有一根软管、二个弯管（$500mm$ 弯径，弯头张角 $90°$）和三根变径管（$150 \sim 125mm$），混凝土坍落度为 $18cm$，混凝土在输送管内的流速 $v_2 = 0.56m/s$，配备 1 个管路截止阀。泵车最大输送能力为 $50m^3/h$，作业效率为 0.6，配管条件系数为 0.9，混凝土泵送计划作业时间为 $12h$。试计算混凝土输送泵的输送距离，并验算泵送能力能否满足要求；试计算泵车台数。

【解】　（1）换算水平管长度

$$L = L_p + L_v = 120 + (20 + 2 \times 12 \times 90/90 + 3 \times 8) = 188m$$

（2）ΔP_H 计算

$$t_2/t_1 = 0.3, \quad \alpha_2 = 0.9, \quad v_2 = 0.56m/s, \quad r = 0.125/2 = 0.0625m$$

$$K_1 = 300 - S_1 = 300 - 180 = 120Pa$$

$$K_2 = 400 - S_1 = 400 - 180 = 220Pa \cdot s/m$$

$$\Delta P_H = (2/r)[K_1 + K_2(1 + t_2/t_1)v_2]\alpha_2$$

$$= (2/0.0625)[120 + 220 \times (1 + 0.3) \times 0.56] \times 0.9 = 8068.61Pa/m$$

（3）最大输送距离 L_{max} 判定

$$P_f = 1 + 0.1 = 1.1MPa$$

$$L_{max} = (P - P_f)/(\Delta P_H \times 10^6) = (4.71 - 1.1)/(8068.61 \times 10^6) = 447.41m$$

$447.41m > 188m$，长度满足要求。

（4）最大阻力 P_{max} 判定

$$P = 4.71 \times 10^6 Pa = 4.71MPa$$

$$P_{max} = \Delta P_H L/10^6 + P_f = 8.07 \times 10^{-3} \times 188 + 1.1 = 2.62MPa$$

$4.71MPa > 2.62MPa$，压力满足要求。

（5）泵送能力验证

混凝土输送泵的输送距离为 $L=188\text{m}$，$L_{\max}=272.66\text{m}$，$P_{\max}=2.62\text{MPa}$，能够满足要求。

（6）泵车输出量

混凝土泵的实际平均输出量 Q_1 计算如下。

$$\eta=0.6$$
$$\alpha_1=0.9$$
$$Q_{\max}=50\text{m}^3/\text{h}$$
$$Q_1=\eta\alpha_1 Q_{\max}=0.6\times0.9\times50=27\text{m}^3/\text{h}$$

（7）混凝土泵的配备数量

$$Q=1790\text{m}^3, Q_1=27\text{m}^3/\text{h}, T_0=12\text{h}$$
$$N_2=Q/(Q_1\times T_0)=1790/(27\times12)=5.5\text{ 台}$$

混凝土泵的台数为 6 台。

11.5　混凝土搅拌机械

混凝土搅拌机械是将一定配合比的水泥、砂、石骨料和水等搅拌成匀质混凝土的专用机械。同人工拌制相比，它可使混凝土强度提高 20%～30%，而且可以减轻劳动强度，加快施工进度，提高生产率。其有混凝土搅拌机、混凝土搅拌站和混凝土搅拌楼三种。

11.5.1　混凝土搅拌机的合理选择

（1）混凝土搅拌机的主要参数

周期式混凝土搅拌机的主要参数是额定容量、工作时间和搅拌转速。

额定容量有进料容量和出料容量之分。我国规定出料容量为主参数。进料容量是指装进搅拌筒的物料体积，单位用 L 表示；出料容量是指卸出的物料混凝土等体积，单位用 m^3 表示。

搅拌机工作时间以秒为单位，可划分为：①上料时间，指从给拌筒送料开始到上料过程结束的时间；②出料时间，指从出料开始到 95% 以上搅拌物料卸出的时间；③搅拌时间，指从上料结束到出料开始的时间；④循环时间，指在连续生产条件下，前一次上料过程开始至紧接着的后一次上料开始之间的时间，也就是一次作业循环的总时间。

搅拌转速一般以 n 表示，单位为 r/min。拌筒旋转自落式搅拌机的 n 值一般为 14～33r/min，其中常用的 n 为 18r/min 左右；用叶片搅拌的强制式搅拌机的 n 值一般为 20～38r/min，其中常用的 n 为 36～38r/min。

（2）混凝土搅拌机根据工程类型的选择

① 从工程量和工期方面考虑。混凝土工程量大且工期长时，宜选用中型或大型固定式混凝土搅拌机群为搅拌站；混凝土工程量小且工期短时，宜选用中小型移动式搅拌机。

② 从设计的混凝土性质考虑。混凝土为塑性或半塑性时，宜选用自落式搅拌机；

混凝土为高强度、干硬性或轻质混凝土时，宜选用强制式搅拌机。

③ 从混凝土组成特性和稠度方面考虑。稠度小且骨料粒度大时，宜选用容量较大的自落式搅拌机；稠度大而骨料粒度大时，宜选用搅拌筒转速较快的自落式搅拌机；稠度大而骨料粒度小时，宜选用强制式搅拌机或中、小容量的锥形反转出料搅拌机。

（3）混凝土搅拌机容量的选择

搅拌机的容量可根据施工要求的每台班所需混凝土量，结合额定生产率进行合理选择。具体要求如下：

① 优先考虑本单位现有机械，不足部分再考虑其他来源。

② 根据混凝土需要量选择。当混凝土需要量较多时，宜选用生产率较高的机械，以减少投入台数，节约费用；当施工工期内所需混凝土量变化较大时，可适当选用一些小型搅拌机，以备调节使用。

③ 搅拌机容量应适合混凝土骨料的最大粒径。一般骨料粒径越大，要求搅拌机的容量越大。若自落式搅拌机的容量为 $0.35m^3$、$0.75m^3$、$1.0m^3$，则其混合料最大粒径分别可达 60mm、80mm、120mm。强制式搅拌机由于叶片易磨损或卡料，骨料最大粒径应小些，一般不能超过 $40\sim60mm$。

④ 搅拌机的出料容量应与运输工具（如斗车、翻斗车、搅拌车等）的装料容量相配合，才能充分提高配合机械的生产效率。

（4）混凝土搅拌机类型的选择

根据混凝土工程的施工条件和要求参照搅拌机的技术性能选择机型时，应注意如下事项：当施工现场具有动力电源时，应优先选用电动搅拌机，否则可使用内燃搅拌机；混凝土工程量较小时，宜选用移动式搅拌机，以便于转移，否则选用固定式搅拌机；优先选择强制式搅拌机。强制式搅拌机虽然功耗较大，叶片衬板磨损较快，但搅拌混凝土的质量好，生产效率高，又可搅拌干硬性和轻质混凝土，适应性强，其综合经济效益较高；当混凝土工程量大而且集中时，宜选用机械化、自动化程度高的混凝土搅拌站（楼）。

（5）混凝土搅拌机台数的计算

混凝土搅拌站中需要搅拌机台数的计算公式如下：

$$n = Q_T / Q_0$$

式中，Q_T 表示每天需要混凝土的总量，m^3；Q_0 表示每台搅拌机一个台班的生产率，m^3/台班；n 表示搅拌机的台数，取整数。

搅拌站搅拌机的投入和安装台数，应有 $10\%\sim15\%$（至少 1 台）的备用量，以保证机械维修保养时不影响混凝土连续浇筑。

11.5.2　混凝土搅拌站（楼）的合理选择

（1）混凝土搅拌站位置的选择

如果工程量大，混凝土浇筑也较集中，可就近设置搅拌站，采用直接搅拌浇筑的方式，有利于保证质量和降低成本。

如果总的工程量不小，但浇筑点分散，可采用总站和分站相结合的办法，或采用总站下设运输线至各浇筑点的办法，但应考虑混凝土的运送时间。

搅拌站的位置应靠近交通道路和采料场，以保证物料的运输和供应，并能满足供

第11章

电、供水的要求。

（2）混凝土搅拌站（楼）主机的选择

搅拌主机的选择，决定了搅拌站（楼）的生产率。常用的主机有锥形反转出料式、立轴涡桨式和双卧轴强制式三种形式，搅拌主机的规格可按搅拌站（楼）的生产率选用。

（3）混凝土搅拌站配套设备的合理选择

对于需要较大数量混凝土的搅拌站，为了节省投资，可根据混凝土工程数量、工地布置方式和施工具体情况去选择搅拌机主机，然后确定必要的配套设备。常用配套设备有砂石料供应设备、水泥供应设备、材料配量设备、混凝土运输设备等。

11.6　桩工机械

桩工机械是建筑施工中各种桩基础、地基改良加固、地下连续墙施工及其他特殊地基基础工程施工的建筑工程机械。桩工机械主要可分为四类：打入桩施工机械、灌注桩施工机械、地下连续墙施工机械及地基加固机械。

11.6.1　打入桩施工机械

打入桩的施工方式可分为冲击式、振动式和静压式。

冲击式是打桩机靠桩锤冲击桩头，桩头在冲击瞬间受到一个很大的力，使桩贯入土中。打桩机由桩锤和桩架组成。根据桩锤驱动方式，打桩机可分为蒸汽、柴油和液压三种打桩机。

振动式是用振动沉拔桩机，靠振动桩锤使桩身产生高频振动，从而使桩尖处和桩身周围的阻力大大减小，桩在自重或稍加压力的作用下贯入土中。振动式沉拔桩机由振动桩锤和桩架组成。

静压式是采用静力压拔桩机，通过机械或液压方式产生静压力，使桩在持续静压力作用下压入至所需深度或拔出。

（1）选择打桩锤的原则及范围

选择合适的锤型和锤级必须先对桩的形状、尺寸、重量、埋入长度、结构形式以及土质、气象等做综合分析，再按照桩锤特性进行选定，有时几种锤配合使用往往更有效，但是无论如何都必须使用锤击力能充分超过沉桩阻力的桩锤。桩的打入阻力包括桩尖阻力、桩的侧面摩阻力、桩的弹性位移所产生的能量损失等。桩重与锤重必须相适应，锤重和桩重的比值变化会产生不同的打桩效率。如果锤重不足，则沉桩困难，并容易引起桩的头部破损；但用大型锤打小截面的桩时，会使桩产生纵向压曲或局部损坏。一般情况下相对于桩重，锤重越大，打桩效率越高，但选择时应同时考虑工程环境、施工进度及费用。综上所述，选择打桩锤的一般原则如下：

① 保证桩能打穿较厚的土层，进入持力层，达到设计预定的深度。

② 桩的锤击应力应小于桩材的容许强度，保证桩不致遭受破坏。钢筋混凝土桩的锤击压应力不宜大于混凝土的标准强度，锤击拉应力不宜大于混凝土的抗拉强度；预应力桩的锤击拉应力不宜大于混凝土抗拉强度与桩的预应力值之和。

③ 打桩时的总锤击数和全部锤击时间应适当控制，以避免桩的疲劳和破坏、降低

桩锤效率和施工生产率。

④ 桩的贯入度不宜过小，柴油锤沉桩的贯入度不宜小于 $1\sim2\text{mm}$/击，蒸汽锤不宜小于 $2\sim3\text{mm}$/击，以免损坏桩锤和打桩机。

⑤ 按照打桩锤的动力特性，对不同的土质条件、桩材强度、沉桩阻力，选用工效高、能顺利打入至预定深度的桩锤。

（2）柴油打桩锤的合理选择

选择桩锤的大小，应根据桩的沉降阻力大小而定。若桩锤产生的沉桩力小于桩的沉降阻力，显然不能工作，但是也不应太大，否则冲击力将把桩头甚至整根桩打坏。

柴油锤打桩时，除使活塞下降的冲击力外，还利用气缸爆发力。因为大于桩的沉降阻力 R 的沉桩力 P 作用时间越长，桩在每一次冲击循环中的沉降量 S 就越大，打桩效率就越高。

所以在选择柴油锤时除应注意柴油锤的主要参数，还要了解桩的长度、桩的直径及截面形状、桩的材料、地基地质等资料。

（3）振动桩锤的合理选择

振动锤应具有必要的激振力。为了保证能使桩顺利下沉至设计标高，激振力必须大于桩与土之间的摩擦阻力。

振动体系应具有必要的振幅。振动沉桩时，振动锤使桩发生振动产生必要的振幅，使振动力大于桩周土体的瞬间全部弹性压力，并使桩端处产生大于桩尖地基土的某种破坏力，这时桩才能下沉。

振动锤应具有必要的频率。振动沉桩时，只有当振动锤的频率大于自重作用下桩能够自由下沉的振动频率时，桩才能沉至预定设计标高。

振动锤应具有必要的偏心力矩。振动锤的偏心力矩相当于冲击锤的锤重参数。因此，偏心力矩愈大，就愈能将更重的桩沉至更硬的土层中去。

振动体系应具有必要的重量。振动沉桩时，振动体系必须具有克服桩尖处土层阻力的必要重量。

考虑桩径、长度及沉桩时间。在选择振动锤时，尚应根据桩径与长度，考虑 5min 左右完成桩的打入为宜。若明显超过 5min，将会使打桩作业效率降低，加快机械磨耗；若超过 15min，可能使振动锤的动力装置发热甚至被烧坏，造成打桩作业效率的急剧降低，此时应考虑选用更大功率的振动锤。

（4）打桩架的合理选择

根据工程要求选择桩架一般依据下列因素：所选桩锤的形式、重量、尺寸、通用性；桩型、桩材、截面形状和尺寸、桩长，接头形式，送桩深度；所选桩的种类、根数，布桩的密度，施工精度；作业空间有无场地宽窄和高度的限制、地形坡度、地面承载力、打入位置、导杆形状；打桩是连续进行或是间断进行，施工工期的长短，打桩的顺序；打桩施工作业人员的技术管理水平和实际操作能力。

按上述各项所选定的适宜的桩架，应满足能装载桩锤、稳定性好、移位机动性强、接地压力满足地基承载力要求、调正位置和角度方便且打入精度高、能将桩打入预定深度、桩架台数少、施工效率高、工费节省等要求，并应注意准备好打桩的辅助设备等。

11.6.2　灌注桩施工机械

（1）螺旋钻孔机

螺旋钻孔机可用于干作业螺旋钻孔的施工，分为长螺旋钻孔机与短螺旋钻孔机两种。在工作中，刀刃切削的泥块沿着螺旋叶片向上滑动或滚动。同时，由于长螺旋钻的高速转动，离心力将土块甩到孔壁并与孔壁发生摩擦，这个摩擦力阻碍了土块随螺旋叶片的上升，因此要求钻杆的转速能使土块克服土块和叶片之间的摩擦力和叶片对土块的反作用力，这样的钻杆转速称为"临界转速"。在选择螺旋钻孔机时，要使转速大于"临界转速"的20%～40%，才能保证输土通畅，不堵塞。

（2）全套管钻孔机

全套管施工法又称贝诺托法，配合这个施工工艺的设备称为全套管设备或全套管钻孔机。它主要用于桥梁等大型建筑基础钻孔桩施工，在成孔过程中一面下沉钢质套管，一面在钢管中抓挖黏土或砂石，直至套管下沉到设计深度，成孔后灌注混凝土，同时逐步将钢管拔出，以便重复使用。

（3）转盘式钻孔机

转盘式钻孔机通过转盘旋转或悬挂动力头旋转带动钻杆，传递动力到钻具上，并可通过钻杆对钻具施加一定的压力，提高钻进能力。变更钻头型号可以满足施工提出的各种地质条件的要求。转盘式钻孔机基本构造是将动力系统动力通过变速、减速系统带动转盘驱动钻杆钻进，并通过卷扬机构或油缸升降钻具施加钻压，钻渣通过正循环或反循环排渣系统排到泥浆池。对于直径较大的桩以及支承桩，一般采用反循环出渣方式。

（4）回转斗式钻孔机

回转斗式钻孔机使用特制的斗式回转钻头，在钻头旋转时切土使其进入土斗，装满土斗后，停止旋转并提出孔外，打开土斗弃土，并再次进入孔中旋转切土，重复进行直至成孔。用回转斗式钻孔机施工，其排渣方法独特，不需要反循环旋转钻孔机排渣系统的诸多机具和设施，施工消耗低、施工工艺简单。由于采用频繁提升、下降的回转斗，对孔壁的扰动较大，容易坍孔，所以对护壁泥浆的制备要求较高。

（5）潜水钻孔机

潜水钻孔机是一种深入地下水中旋转钻土的灌注桩钻孔机械，它的动力装置与工作装置连成一体，潜入泥水中工作，多数情况下采用反循环排渣。其设备简单、体积小、成孔速度快、移动方便，近年来被广泛地使用于覆盖层中进行成孔作业。

（6）冲击式钻孔机

冲击式钻孔机能适应各种不同地质情况，特别是在卵石层中钻孔时，冲击式钻机较其他形式钻孔机适应性更强。同时，用冲击式钻孔机钻孔，成孔后，孔壁周围形成一层密实的土层，对稳定孔壁、提高桩基承载能力均有一定作用。

冲击钻孔是利用钻机的曲柄连杆机构，将动力系统的回转运动改变为往复运动，通过钢丝绳带动钻头上下运动，同时通过钻头的冲击作用，将卵石或岩石破碎，使钻渣随泥浆排出。由于冲击式钻孔机的钻进是将岩石破碎成粉粒状钻渣，功率消耗很大，钻进效率较低，因此除在卵石层中钻孔时采用外，在其他地层中已被其他形式的钻孔机所取代。

11.6.3　其他桩工机械

（1）地下连续墙施工机械

地下连续墙施工是深基础施工的重要手段之一。它的施工方法是：在拟建地下建筑的地面上，用专门的成槽机械沿着设计部位，在泥浆护壁的条件下，分段开挖一段狭长的深槽；在槽内沉放钢筋笼并浇灌水下混凝土，筑成一段钢筋混凝土墙幅，通过特殊方法接头，将若干墙幅连接成整体，形成一条连续的钢筋混凝土墙体；它既可作为地下建筑、高层建筑地下室的外墙，又可作为深基坑工程的围护结构，起支挡水土压力、承重与截水防渗之用。

目前常用的地下连续墙抓斗有三大类：悬吊式抓斗（配合履带式起重机作业）、导板式抓斗和导杆式抓斗。悬吊式抓斗的刃口闭合力大，成槽深度深，同时配有自动纠偏装置，可保证抓斗的工作精度，是中、大型地下连续墙施工的主要机械；导板式抓斗结构简单，成本低，在国内使用较为普及；导杆式抓斗由于其成槽深度有限，应用并不广泛。

（2）地基加固机械

地基加固是一项专业性很强的施工技术，地基加固的方法也很多，应根据工程不同的特点来选择不同的地基加固方法，如高压旋喷注浆法、重锤夯实法、强夯法、深层搅拌法、井点降水法等。根据这些不同的加固方法，选用不同类型的施工机械。

11.7　施工升降机

施工升降机是一种可分层输送各种建筑材料和施工人员的客货两用电梯，因施工升降机的导轨附着于建筑结构的外侧，又称为外用电梯。施工电梯是由轿厢、驱动机构、标准节、附墙、底盘、围栏、电气系统等几部分组成，是建筑中经常使用的载人、载货施工机械，其独特的箱体结构使其乘坐起来既舒适又安全。施工电梯在工地上通常配合塔机使用。

（1）施工升降机的分类

施工升降机按用途分为人货两用和货用两种；按构造又分为单笼式和双笼式两种，单笼式施工升降机，单侧有一个吊笼，适用于输送量小的工程；双笼式施工升降机，双侧各有一个吊笼，适用于输送量大的工程。

施工升降机按提升方式分为齿轮齿条式、钢丝绳式和混合式三种。齿轮齿条式施工升降机，吊笼通过齿轮和齿条啮合的方式做升降运动，其结构简单，传动平稳，已为较多的机型所采用。钢丝绳式施工升降机，吊笼由钢丝绳牵引的方式做升降运动，早期施工升降机都采用此方式，现已较少采用。混合式施工升降机，一个吊笼由齿轮齿条驱动，另一个吊笼由钢丝绳牵引。其构造复杂，已很少采用。混合式施工升降机按架设方式分为固定式、附着式和快速安装式三种。

（2）施工升降机选择

施工升降机的选型主要包括梯笼尺寸、载重、速度、单笼或双笼这 4 个参数的选择。

① 梯笼尺寸的影响。施工升降机梯笼尺寸主要受所运材料的尺寸和建筑结构的影

响。施工升降机梯笼有多种尺寸，正常情况下，宜优先选用标准尺寸，即 3.2m×1.5m×2.5m 的梯笼。若升降机布置在建筑内部，则梯笼尺寸还受建筑结构的影响，应选择合适尺寸，尽量避免或减少与结构梁的冲突。升降机井道内的施工升降机尺寸受升降机井道的限制。

② 重量的影响。施工升降机的载重受最重的不可拆分材料的影响，在选型时要考虑最大的构件或材料的质量。

③ 速度的影响。施工升降机常用的速度有低速（33m/min）、中速（63m/min）和高速（96m/min），要根据建筑物的高度选择不同速度的施工升降机。

影响施工升降机数量的因素有：工人数量、材料运次、升降机运行时间、升降机额定载客量及载重量、满载率、每天限制的运输时间等。而升降机运行时间又受建筑高度、升降机速度、可停层数、停层次数、每梯次载客量、开门时间、工人进出时间、不确定因素损失时间等因素的影响。

 在线习题

本章习题请扫二维码查看。

第12章
施工场地布置

 学习目标

了解施工场地布置概述的相关内容；

掌握施工场地的布置方法；

掌握基于 BIM 的施工场地布置方法。

12.1 施工场地布置概述

施工场地布置是在拟建工程的建筑场地上（包括周围环境），布置为施工服务的各种临时设施、材料构件堆场、施工机械等，它是施工方案在现场的空间体现。它反映已有建筑与拟建工程之间、临时建筑与临时设施之间的相互空间关系。

（1）施工场地布置依据

设计资料：建筑总平面图、地形地貌图、区域规划图、建筑项目范围内有关的一切已有和拟建的各种设施位置。

现场考察情况：周边道路及交通情况、原有建筑物情况、用水用电接驳口、现场排水口、施工区域及围墙出入口设置情况等。

施工规划：施工方案、施工进度计划。了解施工规划以便了解各施工阶段的情况，合理规划施工场地。

建筑材料特点：材料构件、加工品、施工机械和运输工具一览表（含需要数量及外廓尺寸等信息）。了解建筑材料特点，以便规划工地内部的储放场地和运输线路。

构件特点：加工厂规模、仓库及其他临时设施的需求数量和规格。

各类规范：《建设工程施工现场消防安全技术规范》（GB 50720）、《施工现场临时建筑物技术规范》（JGJ/T 188）、《建筑施工组织设计规范》（GB/T 50502）、《建设工程施工现场环境与卫生标准》（JGJ 146）。

文明施工标准化：当地主管部门和建设单位关于施工现场安全文明施工的相关要求，施工单位安全文明施工标准。

（2）施工场地布置原则

① 在满足施工要求的前提下，少占地，不挤占交通道路。

② 主要施工机械设备的布置满足施工需求。

③ 最大限度地压缩场内运输距离，尽可能避免二次搬运。

④ 在满足施工需要的前提下，临时工程越小越好，以降低临时工程费。

⑤ 充分考虑劳动保护、环境保护、技术安全、消防要求等。

⑥ 遵守当地主管部门和建设单位关于施工现场安全文明施工的相关要求。

(3) 施工平面布置图的绘制要求

绘图时，图幅大小和绘图比例要根据施工现场大小及布置内容多少来确定。通常图幅不宜小于 A3，应有图框、标题栏、指北针、图例等。绘图比例一般采用 1∶500～1∶200，常用 1∶200，具体视工程规模大小而定。

绘制施工平面布置图要求层次分明、比例适中、图例图形规范、线条粗细分明、图面整洁美观，同时绘图要符合国家有关制图标准，并详细反映平面的布置情况。

施工平面布置图应按常规内容标注齐全，平面布置应有具体的尺寸和文字。比如塔机要标明回转半径、具体位置坐标，建筑物主要尺寸，仓库、主要料具堆放区等。

红线外围环境对施工平面布置影响较大，施工平面布置图中不能只绘制红线内的施工环境，还要对周边环境表述清楚，如原有建筑物的性质、高度和距离等，这样才能判断所布置的机械设备等是否影响周围，是否合理。

施工现场平面布置图应配有编制说明及注意事项。

(4) 施工平面布置图的主要内容

① 用地与建筑红线，场内外通道，场地出入口，现场临时供水、供电接入口位置；

② 现有和拟建的建筑物、构筑物、安装管线；

③ 现场主要施工机械（垂直运输机械、加工机械）的位置；

④ 钢筋、模板、脚手架、五金件等材料和半成品的现场加工场、仓库和堆场；

⑤ 生产、生活用的临时设施，包括临时变压器、水泵、搅拌站、办公室、职工宿舍、卫生间（带淋浴）、厨房、供水及供电线路、仓库和堆场的位置；

⑥ 消防和安保设施，消防道路和消火栓的位置，大门、围墙和门卫，现场视频监控系统等；

⑦ 平面图比例，采用的图例、方向、风向和主导风向标记、说明及标注、指北针等。

12.2　施工场地布置的方法

(1) 施工总平面布置图绘制

施工现场地面或主要道路应作硬化处理，围绕建筑物一圈，道路应畅通，不得堆放材料；现场应设排水设施，保证排水通畅，现场不得有积水；在温暖季节应有绿化布置。现场场地的施工总平面布置图可根据资料重新绘制，或根据建筑总平面布置图绘制。

根据建筑总平面布置图绘制施工总平面布置图较为简单准确，通常以建筑总平面图做底图，但必须进行图形处理，否则比较杂乱。处理时主要采取关闭图层方法，必须保留的有：用地红线、地下室外边线、拟建建筑物外轮廓线、周边已有建筑物轮廓线、周边已有市政道路线、楼栋号及层数标注。可处理掉的有：建筑控制线、绿化、园景（如零星构筑物、铺地等）、小区道路、坐标及尺寸标注，场地高差不大的标高标注也可关闭，当采用关闭图层命令无法将上述内容处理掉时可采用删除命令进行删除。

在处理后的建筑总平面图上主要增设以下图层：临时设施图层（含办公区、临时生活区、仓库等）、加工场及堆场图层、场内运输道路图层、主要施工机械图层。新设的不同图层应设置不同颜色（最好不采用黄色等比较浅的颜色），以便于最后打印出图时调整打印效果。一般塔吊覆盖范围线采用虚线线型。

（2）大门定位与布置

施工现场出入口的设置应满足消防车通行的要求，并宜布置在不同方向，其数量不宜少于 2 个。当确有困难只能设置 1 个出入口时，应在施工现场内设置满足消防车通行的环形道路。

现场大门内侧设置车辆冲洗设备、沉淀池、混凝土浇捣的冲洗平台及毛毡等吸水材料，保证驶出工地的车辆清洁，车辆不得带泥上路。冲洗车辆的污水必须经沉淀处理后方可排出工地或排入市政污水管网或河流，尤其注意混凝土输送泵车冲洗后产生的污水。

在施工现场的进出口处设置公示标牌。五牌指工程概况牌、管理人员名单及监督电话牌、消防保卫牌、安全生产牌和文明施工牌。一图指施工现场总平面图。同时，设置宣传栏、读报栏、黑板报。

（3）围墙布置

市区主要路段周围应设置不低于 2.5m 的围墙，一般路段不低于 1.8m，且应连续设置。小区或多个单位工程由多家单位施工时，应设彩钢板围挡或其他硬质材料围挡进行明显区分。围挡材料应坚固、稳定、整洁、美观，一般采用砖砌或彩钢板，砖砌围墙应注意基础是否稳固，是否有不均匀沉降。

不能设置封闭式围挡的市政基础设施工程、城市绿化工程，一般要设置移动式围挡，并设置警示标识；房屋建筑工程进入室外配套工程施工阶段，需拆除原有围挡的，建设单位应当组织相关施工单位设置临时围挡。

（4）布置运输道路

施工道路具有消防和运输两种作用，应按材料和构件运输的要求，避开拟建工程和拟建地下管道等部位，沿仓库、堆场和垂直运输机械等布置，保证运输畅通无阻。施工道路要尽可能利用原有道路，新建道路尽可能布置成环状或在路的尽端设回车道。道路路宽满足以下要求：

① 主干道单行道路宽不小于 3.5m，双行道不小于 5.5～6m；

② 单行道，要在道路尽端设有 12m×12m 的回车场；

③ 消防车道的净宽不小于 4m；

④ 载重车转弯半径不宜小于 15m；

⑤ 当道路具有消防功能或单独设置时，还应满足临时消防车道的要求；

⑥ 临时消防车道宜为环形，如设置环形车道确有困难，应在消防车道尽端设置尺寸不小于 12m×12m 的回车场；

⑦ 临时消防车道的净宽度和净空高度均不应小于 4m；

⑧ 临时消防车道的右侧应设置消防车行进路线指示标识；

⑨ 临时消防车道路基、路面及其下部设施应能承受消防车通行压力及工作荷载；

⑩ 临时消防车道与在建工程、临时用房、可燃材料堆场及其加工场的距离，不宜小于 5m，且不宜大于 40m；

⑪ 施工现场周边道路满足消防车通行及灭火救援要求时，施工现场内可不设置临时消防车道。

建筑高度大于 24m 的在建工程、建筑工程单体占地面积大于 3000m² 的在建工程、超过 10 栋且为成组布置的临时用房，应设置环形临时消防车道。设置环形临时消防车道确有困难时，除要在道路尽端设有 12m×12m 的回车场，尚应设置临时消防救援场地，临时消防救援场地应满足以下要求：

① 临时消防救援场地应在在建工程装饰装修阶段设置；

② 临时消防救援场地应设置在成组布置的临时用房场地的长边一侧或在建工程的长边一侧；

③ 场地宽度应满足消防车正常操作要求且不应小于 6m，与在建工程外脚手架的净距不宜小于 2m，且不宜超过 6m。

（5）布置垂直机械

① 塔机的布置。塔式起重机布置数量应满足施工吊次的要求；布置位置使塔式起重机大臂尽量覆盖全部施工作业面，同时便于塔式起重机的安装和拆除。塔式起重机的平面布置主要取决于建筑的平面形状、构件重量、现场施工条件以及起重机的种类。提升架布置数量应满足装修、机电安装要求；提升架布置位置尽量缩小设备和施工面之间的距离。中小型机械布置环境应保证安全，尽量避开高空落物击打。

塔机一般布置在建筑物边，高层建筑必须考虑附墙加固；塔机的服务半径应能基本覆盖高层塔楼；若有预制构件或钢结构吊装，选用的塔机应进行起吊能力验算（最远距离、最重构件）；群塔布置应能相互避开塔身，但覆盖范围最好能小部分搭接；塔机布置还应考虑拆卸方便。在布置塔机时，需满足以下要求：

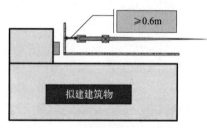

图 12-1 塔式起重机与外围设施之间的最小距离

（a）塔式起重机运动部分（尾部）与建筑物及建筑物外围设施之间的最小距离不应小于 0.6m，如图 12-1 所示。

（b）塔机中心与建筑物的墙面距离以 3.5～5m 为宜，距离超过 7m 时，附着杆的结构要经过专门设计，同时还要考虑建筑物上锚固点的位置。

（c）两台塔机之间的最小架设距离应保证处于低位塔机的起重臂端部与另一台塔机的塔身之间至少有 2m 的距离；处于高位塔机最低位置的部件（吊钩升至最高点或平衡重的最低部位）与低位塔机中处于最高位置部件之间的垂直距离不应小于 2m，如图 12-2 所示。

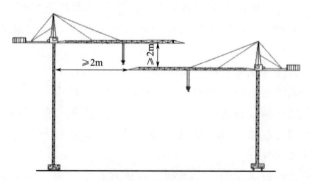

图 12-2 两台塔机之间的最小架设距离

（d）有架空输电线的场合，塔机的任何部位与输电线的安全距离，应符合表 12-1 的要求。如因条件限制不能保证表 12-1 中的安全距离，应与有关部门协商，并采取安全防护措施后方可架设。

表 12-1　塔机的任何部位与输电线的安全距离

位置	电压/kV				
	<1	1~15	20~40	60~110	220
沿垂直方向安全距离/m	1.5	3.0	4.0	5.0	6.0
沿水平方向安全距离/m	1.0	1.5	2.0	4.0	6.0

② 施工升降机。施工升降机布置时应查看标准层平面，尽量设置在阳台位置，高层建筑每个单元设置 1 台双笼施工电梯。施工升降机梯笼周围 2.5m 范围内应设置稳固的防护栏杆，各楼层平台通道应平整牢固，出入口应设防护栏杆和防护门，全行程四周不得有危害安全运行的障碍物。

（6）布置水平机械设备

在水平机械设备布置前，应查明施工场地明、暗设置物（电线、地下电缆、管道、坑道等）的地点及走向，严禁在离电缆 1m 距离以内作业。在布置时，遵循以下要求：

① 多台夯土机械并列工作时，其间距不得小于 5m；前后工作时，其间距不得小于 10m。

② 挖掘机、起重机、打桩机等重要作业区域，应设立警告标志及采取现场安全措施。

③ 动臂式和尚未附着的自升式塔式起重机，塔身上不得悬挂标语牌。

④ 打桩机作业区内应无高压线路。作业区应有明显标志或围栏，非工作人员不得进入。桩锤在施打过程中，操作人员必须在距离桩锤中心 5m 以外监视。

⑤ 安装高度超过 30m 的物料提升机必须使用附墙架。

（7）布置仓库堆场

仓库堆场包括各种仓库、钢筋加工场、搅拌站、加工棚和材料、构件堆场等，应尽量靠近使用地点或在起重机能力范围内，并且不能影响运输通道。各加工场应标注名称及占用面积，钢筋加工场一般需 800m²。

现场材料堆放遵循以下要求：

① 现场所需材料、构件、料具应按施工平面布置图布局堆放；

② 各种材料要求挂标有名称、品种、产地、规格、等级等内容的材料标牌；

③ 建筑垃圾应固定地点、集中堆放、及时清运；

④ 易燃易爆物品应分类存放，氧气瓶、乙炔瓶应在阴凉处存放、进笼，避免暴晒。

固定动火作业场应布置在可燃材料堆场及其加工场、易燃易爆危险品库房等场地的全年最小频率风向的上风侧；宜布置在临时办公用房、宿舍、可燃材料库房、在建工程等场地的全年最小频率风向的上风侧。

易燃易爆危险品库房与在建工程的防火间距不应小于 15m；可燃材料堆场及其加工场、固定动火作业场与在建工程的防火间距不应小于 10m；其他临时用房、临时设施与在建工程的防火间距不应小于 6m。

(8) 布置临时用房

施工现场应设置办公室、宿舍、食堂、厕所、淋浴间、开水房、文体活动室、密闭式垃圾站（或容器）及盥洗设施等临时设施。临时设施所用建筑材料应符合环保、消防要求。

① 办公区和生活区应设密闭式垃圾容器。

② 办公室内布局应合理，文件资料宜归类存放，并应保持室内清洁卫生。

③ 施工现场应配备常用药及绷带、止血带、颈托、担架等急救器材。

④ 宿舍内应保证有必要的生活空间，室内净高不得小于2.4m，通道宽度不得小于0.9m，每间宿舍居住人员不得超过16人。

⑤ 施工现场宿舍必须设置可开启式窗户，宿舍内的床铺不得超过2层，严禁使用通铺。

⑥ 宿舍内应设置生活用品专柜，有条件的宿舍宜设置生活用品储藏室。

⑦ 宿舍内应设置垃圾桶，宿舍外宜设置鞋柜或鞋架，生活区内应提供为作业人员晾晒衣物的场地。

⑧ 食堂应设置在远离厕所、垃圾站、有毒有害场所等污染源的地方。

⑨ 食堂应设置独立的制作间、储藏间，门扇下方应设不低于0.2m的防鼠挡板。

⑩ 制作间灶台及其周边应贴瓷砖，所贴瓷砖高度不宜小于1.5m，地面应做硬化和防滑处理。

⑪ 粮食存放台距墙和地面应大于0.2m。

⑫ 食堂应配备必要的排风设施和冷藏设施。

⑬ 食堂的燃气罐应单独设置存放间，存放间应通风良好并严禁存放其他物品。

⑭ 食堂制作间的炊具宜存放在封闭的橱柜内，刀、盆、案板等炊具应生熟分开。食品应有遮盖，遮盖物品应有正反面标识。各种佐料和副食应存放在密闭器皿内，并应有标识。

⑮ 食堂外应设置密闭式泔水桶，并应及时清运。

⑯ 施工现场应设置水冲式或移动式厕所，厕所地面应硬化，门窗应齐全。蹲位之间宜设置隔板，隔板高度不宜低于0.9m。

⑰ 厕所大小应根据作业人员的数量设置。高层建筑施工超过8层以后，每隔四层宜设置临时厕所。厕所应设专人负责清扫、消毒，化粪池应及时清掏。

⑱ 淋浴间内应设置满足需要的淋浴喷头，可设置储衣柜或挂衣架。

⑲ 盥洗设施应设置满足作业人员使用的盥洗池，并应使用节水龙头。

⑳ 生活区应设置开水炉、电热水器或饮用水保温桶；施工区应配备流动保温水桶。

㉑ 文体活动室应配备电视机、书报、杂志等文体活动设施和用品。

另外，根据《建设工程施工现场消防安全技术规范》，临时设施还要满足：

① 宿舍、办公用房不应与厨房操作间、锅炉房、变配电房等组合建造；

② 建筑层数不应超过3层，每层建筑面积不应大于300m²；

③ 层数为3层或每层建筑面积大于200m²时，应设置不少于2部疏散楼梯，房间疏散门至疏散楼梯的最大距离不应大于25m；

④ 单面布置用房时，疏散走道的净宽度不应小于1.0m，双面布置用房时，疏散走道的净宽度不应小于1.5m；

⑤ 疏散楼梯的净宽度不应小于疏散走道的净宽度；

⑥ 宿舍房间的建筑面积不应大于 $30m^2$，其他房间的建筑面积不宜大于 $100m^2$；

⑦ 房间内任意一点至最近疏散门的距离不应大于 15m，房门的净宽度不应小于 0.8m，房间建筑面积超过 $50m^2$ 时，房门的净宽度不应小于 1.2m；

⑧ 隔墙应从楼地面基层隔断至顶板基层底面；

⑨ 其他临时用房、临时设施与在建工程的防火间距不应小于 6m。

施工现场主要临时用房、临时设施的防火间距不应小于表 12-2 的要求，当办公用房、宿舍成组布置时，其防火间距可适当减小，但应符合以下要求：每组临时用房的栋数不应超过 10 栋，组与组之间的防火间距不应小于 8m；组内临时用房之间的防火间距不应小于 3.5m；当建筑构件燃烧性能等级为 A 级时，其防火间距可减小到 3m。

表 12-2　施工现场主要临时用房、临时设施的防火间距　　　单位：m

间距名称	办公用房、宿舍	发电机房、变配电房	可燃材料库房	厨房操作间、锅炉房	可燃材料堆场及其加工场	固定动火作业场	易燃易爆危险品库房
办公用房、宿舍	4	4	5	5	7	7	10
发电机房、变配电房	4	4	5	5	7	7	10
可燃材料库房	5	5	5	5	7	7	10
厨房操作间、锅炉房	5	5	5	5	7	7	10
可燃材料堆场及其加工场	7	7	7	7	7	7	10
固定动火作业场	7	7	7	7	7	7	12
易燃易爆危险品库房	10	10	10	10	10	12	12

注：1. 临时用房、临时设施的防火间距应按临时用房外墙外边线或堆场、作业场、作业棚边线间的最小距离计算，如临时用房外墙有突出可燃构件时，应从其突出可燃构件的外缘算起。

2. 两栋临时用房相邻较高一面的外墙为防火墙时，防火间距不限。

3. 本表未规定的，可按同等火灾危险性的临时用房、临时设施的防火间距确定。

（9）布置其他临时用房

发电机房、变配电房、厨房操作间、锅炉房、可燃材料库房及易燃易爆危险品库房的防火设计应符合下列要求：

① 建筑构件的燃烧性能等级应为 A 级；

② 层数应为 1 层，建筑面积不应大于 $200m^2$；

③ 可燃材料库房单个房间的建筑面积不应超过 $30m^2$，易燃易爆危险品库房单个房间的建筑面积不应超过 $20m^2$；

④ 房间内任一点至最近疏散门的距离不应大于 10m，房门的净宽度不应小于 0.8m；

⑤ 变配电所、乙炔站、氧气站、空气压缩机房、发电机房、锅炉房等易发生危险的场所，应在危险区域界限处，设置围栅和警告标志，非工作人员未经批准不得入内。

（10）布置临时用水设施

临时供水的管网布置要基本覆盖主要拟建建筑物，并考虑现场消防需要设置消火栓。每栋楼应设置至少一处供水点（立管随楼层上升），主出入口、蓄水池、搅拌站、生活区及办公区等应设置供水点。管线的布置要符合以下要求：宜采用枝状布置，长度最短，通到各主要用水点；宜暗埋，在使用点引出，并设置龙头及阀门；管线不得妨碍在建或拟建工程，转弯宜为直角。

① 施工给水管网的布置。现场用水包括施工用水、安全消防用水以及生活用水等。布置时首先进行用水量的计算和设计，布置要点如下：

施工给水管网的设计计算，主要包括用水量计算（包括生产用水、机械用水、生活用水、消防用水等）以及给水管径的确定。然后进行给水管网的布置，主要包括水源选择、取水设施、贮水设施、配水布置等。

施工用的临时给水管，应尽量由建设单位的干管接入，或直接由城市给水管网接入。布置现场管网时，应力求管网总长度最短，且方便现场其他设施的布置。管线可暗铺，也可明铺，视当时的气温条件和使用期限的长短而定。其布置形式有环形、枝形、混合式三种。给水管网应按防火要求布置消火栓。

② 施工排水管网的布置。施工现场排水包括施工用水排除、生活用水排除、地表水排除、地下水排除等。现场排水系统通常与城市排水管网相结合。为排除地面水和地下水，应及时修通永久性下水道，并结合现场地形在建筑物周围设置排泄地面水和地下水的沟渠。在山坡地区施工时，应设有拦截山水下泄的沟渠和排泄通道，防止冲毁在建工程和各种设施。

③ 消防用水布置。临时消防用水量应为临时室外消防用水量与临时室内消防用水量之和。

临时室外消防用水量应按临时用房和在建工程的临时室外消防用水量的较大者确定，施工现场火灾次数可按同时发生 1 次确定。临时用房建筑面积之和大于 $1000 m^2$ 或在建工程单体体积大于 $10000 m^3$ 时，应设置临时室外消防给水系统。当施工现场处于市政消火栓 150m 保护范围内且市政消火栓的数量满足室外消防用水量要求时，可不设置临时室外消防给水系统。临时用房的临时室外消防用水量不应小于表 12-3 的要求。

表 12-3　临时用房的临时室外消防用水量

临时用地的建筑面积之和	火灾持续时间/h	消火栓用水量/(L/s)	每支水枪最小流量/(L/s)
$1000 m^2 <$ 面积 $\leqslant 5000 m^2$	1	10	5
面积 $> 5000 m^2$	1	15	5

在建工程的临时室外消防用水量不应小于表 12-4 的要求。

表 12-4　在建工程的临时室外消防用水量

在建工程（单体）体积	火灾持续时间/h	消火栓用水量/(L/s)	每支水枪最小流量/(L/s)
$10000 m^3 <$ 体积 $\leqslant 30000 m^3$	1	15	5
体积 $> 30000 m^3$	2	20	5

施工现场临时室外消防给水系统的设置应符合下列要求：

① 给水管网宜布置成环状；

② 临时室外消防给水干管的管径应依据施工现场临时消防用水量和干管内水流计算速度进行计算确定，且不应小于 DN100；

③ 室外消火栓应沿在建工程、临时用房及可燃材料堆场及其加工场均匀布置，距在建工程、临时用房及可燃材料堆场及其加工场的外边线不应小于 5m；

④ 消火栓的间距不应大于 120m；

⑤ 消火栓的最大保护半径不应大于 150m。

建筑高度大于 24m 或单体体积超过 30000m³ 的在建工程，应设置临时室内消防给水系统。在建工程的临时室内消防用水量不应小于表 12-5 的要求。

表 12-5　在建工程的临时室内消防用水量

建筑高度及 在建工程体积（单体）	火灾持续时间 /h	消火栓用水量 /(L/s)	每支水枪最小流量 /(L/s)
24m＜建筑高度≤50m 或 30000m³＜体积≤50000m³	1	10	5
建筑高度＞50m 或体积＞50000m³	1	15	5

在建工程室内临时消防竖管的设置应符合下列要求：

① 消防竖管设置的位置应便于消防人员操作，其数量不应少于 2 根，当结构封顶时，应将消防竖管设置成环状。

② 消防竖管的管径应根据在建工程临时消防用水量、竖管内水流计算速度进行计算确定，且不应小于 DN100。

③ 设置室内消防给水系统的在建工程，应设消防水泵接合器。消防水泵接合器应设置在室外便于消防车取水的部位，与室外消火栓或消防水池取水口的距离宜为 15～40m。

④ 设置临时室内消防给水系统的在建工程，各结构层均应设置室内消火栓接口及消防软管接口，并应符合下列要求：消火栓接口及软管接口应设置在位置明显且易于操作的部位；消火栓接口的前端应设置截止阀；消火栓接口或软管接口的间距，多层建筑不大于 50m，高层建筑不大于 30m。

在建工程结构施工完毕的每层楼梯处，应设置消防水枪、水带及软管，且每个设置点不少于 2 套。高度超过 100m 的在建工程，应在适当楼层增设临时中转水池及加压水泵。中转水池的有效容积不应少于 10m³，上下两个中转水池的高差不宜超过 100m。

临时消防给水系统的给水压力应满足消防水枪充实水柱长度不小于 10m 的要求；给水压力不能满足要求时，应设置消火栓泵，消火栓泵不应少于 2 台，且应互为备用；消火栓泵宜设置自动启动装置。

当外部消防水源不能满足施工现场的临时消防用水量要求时，应在施工现场设置临时贮水池。临时贮水池宜设置在便于消防车取水的部位，其有效容积不应小于施工现场火灾延续时间内一次灭火的全部消防用水量。

施工现场临时消防给水系统应与施工现场生产、生活给水系统合并设置，但应设置将生产、生活用水转为消防用水的应急阀门。应急阀门不应超过 2 个，且应设置在易于操作的场所，并设置明显标识。

（11）布置临时用电设施

① 电缆线路。电缆线路应采用埋地或架空敷设，严禁沿地面明设，并应避免机械损伤和介质腐蚀。埋地电缆路径应设方位标志。若架空敷设，架空线路的档距不得大于 35m。若埋地敷设，电缆直接埋地敷设的深度不应小于 0.7m，并应在电缆紧邻上、下、左、右侧均匀敷设不小于 50mm 厚的细砂，然后覆盖砖或混凝土板等硬质保护层。埋

地电缆与附近外电电缆和管沟的平行间距不得小于 2m，交叉间距不得小于 1m。

②　安全距离。在建工程（含脚手架）的周边与外电架空线路边线之间的最小安全操作距离应符合表 12-6 的要求。

表 12-6　在建工程的周边与架空线路边线之间的最小安全操作距离

外电线路电压等级/kV	<1	1～10	35～110	220	330～550
最小安全操作距离/m	4.0	6.0	8.0	10.0	15.0

注：上、下脚手架的斜道不宜设在有外电线路的一侧。

施工现场的机动车道与外电架空线路交叉时，架空线路的最低点与路面的最小垂直距离应符合表 12-7 的要求。

表 12-7　施工现场的机动车道与架空线路交叉时的最小垂直距离

外电线路电压等级/kV	<1	1～10	35
最小垂直距离/m	6.0	7.0	7.0

起重机严禁越过无防护设施的外电架空线路作业。在外电架空线路附近吊装时，起重机的任何部位或被吊物边缘在最大偏斜时与架空线路边线的最小安全距离应符合表 12-8 的要求。

表 12-8　起重机与架空线路边线的最小安全距离

安全距离	外电线路电压等级/kV						
	<1	10	35	110	220	330	500
沿垂直方向安全距离/m	1.5	3.0	4.0	5.0	6.0	7.0	8.5
沿水平方向安全距离/m	1.5	2.0	3.5	4.0	6.0	7.0	8.5

施工现场开挖沟槽边缘与外埋地电缆沟槽边缘之间的距离不得小于 0.5m。当达不到要求时，必须采取绝缘隔离防护措施，并应悬挂醒目的警告标志。

架设防护设施时，必须经有关部门批准，采用线路暂时停电或其他可靠的安全技术措施，并应有电气工程技术人员和专职安全人员监护。防护设施与外电线路之间的安全距离不应小于表 12-9 所列数值。防护设施应坚固、稳定，且对外电线路的隔离防护应达到 IP30 级。

表 12-9　防护设施与外电线路之间的最小安全距离

外电线路电压等级/kV	≤10	35	110	220	330	500
最小安全距离/m	1.7	2.0	2.5	4.0	5.0	6.0

③　灯。室外 220V 灯具距地面不得低于 3m，室内 220V 灯具距地不得低于 2.5m。普通灯具与易燃物距离不宜小于 300mm；聚光灯、碘钨灯等高热灯具与易燃物距离不宜小于 500mm，且不得直接照射易燃物。达不到要求的安全距离时，应采取隔热措施。

④　配电箱。配电箱系统采用三级配电，总配电箱以下可设若干分配电箱；分配电箱以下可设若干开关箱。总配电箱应设在靠近电源的区域，分配电箱应设在用电设备或负荷相对集中的区域，分配电箱与开关箱的距离不得超过 30m，开关箱与其控制的固定式用电设备的水平距离不宜超过 3m。

配电箱、开关箱应装设端正、牢固。固定式配电箱、开关箱的中心点与地面的垂直距离应为 1.4～1.6m。移动式配电箱、开关箱应装设在坚固、稳定的支架上，其中心点与地面的垂直距离宜为 0.8～1.6m。

每台用电设备必须有各自专用的开关箱，严禁用同一个开关箱直接控制 2 台及 2 台以上用电设备。

对配电箱、开关箱进行定期维修、检查时，必须将其前一级相应的电源隔离开关分闸断电，并悬挂"禁止合闸、有人工作"停电标志牌，严禁带电作业。

对夜间影响飞机或车辆通行的在建工程及机械设备，必须设置醒目的红色信号灯，其电源应在施工现场总电源开关的前侧，并应设置外电线路停止供电时的应急自备电源。

⑤ 应急照明。施工现场的下列场所应配备临时应急照明：自备发电机房及变、配电房；水泵房；无天然采光的作业场所及疏散通道；高度超过 100m 的在建工程的室内疏散通道；发生火灾时仍需坚持工作的其他场所。

作业场所应急照明的照度不应低于正常工作所需照度的 90%，疏散通道的照度值不应小于 0.5lx。临时消防应急照明灯具宜选用自备电源的应急照明灯具，自备电源的连续供电时间不应小于 60min。

（12）防火疏散布置

临时消防设施应与在建工程的施工同步设置。房屋建筑工程中，临时消防设施的设置与在建工程主体结构施工进度的差距不应超过 3 层。

在建工程及临时用房的下列场所应配置灭火器：

① 易燃易爆危险品存放及使用场所；

② 动火作业场所；

③ 燃材料存放、加工及使用场所；

④ 厨房操作间、锅炉房、发电机房、变配电房、设备用房、办公用房、宿舍等临时用房；

⑤ 其他具有火灾危险的场所。

灭火器的配置数量应按照《建筑灭火器配置设计规范》（GB 50140）经计算确定，且每个场所的灭火器数量不应少于 2 具。灭火器的最低配置标准应符合表 12-10 的要求。

表 12-10　灭火器的最低配置标准

项目	固体物质火灾		液体或可熔化固体物质火灾、气体火灾	
	单具灭火器最小灭火级别	单位灭火级别最大保护面积/（m²/A）	单具灭火器最小灭火级别	单位灭火级别最大保护面积/（m²/B）
易燃易爆危险品存放及使用场所	3A	50	89B	0.5
固定动火作业场	3A	50	89B	0.5
临时动火作业点	2A	50	55B	0.5
可燃材料存放、加工及使用场所	2A	75	55B	1.0
厨房操作间	2A	75	55B	1.0

续表

项目	固体物质火灾		液体或可熔化固体物质火灾、气体火灾	
	单具灭火器最小灭火级别	单位灭火级别最大保护面积/(m^2/A)	单具灭火器最小灭火级别	单位灭火级别最大保护面积/(m^2/B)
自备发电机房	2A	75	55B	1.0
变、配电房	2A	75	55B	1.0
办公用房、宿舍	1A	100	—	

灭火器的最大保护距离应符合表 12-11 的要求。

表 12-11　灭火器的最大保护距离　　　　　　　　单位：m

灭火器配置场所	固体物质火灾	液体或可熔化固体物质火灾、气体类火灾
易燃易爆危险品存放及使用场所	15	9
固定动火作业场	15	9
临时动火作业点	10	6
可燃材料存放、加工及使用场所	20	12
厨房操作间、锅炉房	20	12
发电机房、变配电房	20	12
办公用房、宿舍等	25	—

作业场所应设置明显的疏散指示标志，其指示方向应指向最近的临时疏散通道入口。作业层的醒目位置应设置安全疏散示意图。临时疏散通道应满足以下要求：

① 临时疏散通道的侧面如为临空面，必须沿临空面设置高度不小于 1.2m 的防护栏杆；

② 临时疏散通道应设置明显的疏散指示标识；

③ 临时疏散通道应设置照明设施。

(13) 临边与洞口防护布置

临边高处作业，必须布置防护措施，并符合下列要求：

① 基坑周边，尚未安装栏杆或栏板的阳台、料台与挑平台周边，雨篷与挑檐边，无外脚手架的屋面与楼层周边及水箱与水塔周边等处，都必须设置防护栏杆。

② 分层施工的楼梯口和梯段边，必须安装临时护栏。顶层楼梯口应随工程结构进度安装正式防护栏杆。

③ 井架与施工用电梯和脚手架等与建筑物通道的两侧边，必须设防护栏杆，地面通道上部应装设安全防护棚。双笼井架通道中间，应予以分隔封闭。

④ 各种垂直运输接料平台，除两侧设防护栏杆外，平台口还应设置安全门或活动防护栏杆。

搭设临边防护栏杆时，必须符合下列要求：

① 防护栏杆应由上、下两道横杆及栏杆柱组成，上杆离地高度为 1.0～1.2m，下杆离地高度为 0.5～0.6m。坡度大于 1：2.2 的屋面，防护栏杆高度应为 1.5m，并加挂安全立网。除经设计计算外，横杆长度大于 2m 时，必须加设栏杆柱。

② 栏杆柱的固定及其与横杆的连接，其整体构造应使防护栏杆在上杆任何处，能

经受任何方向的 1000N 外力。当栏杆所处位置有发生人群拥挤、车辆冲击或物件碰撞等可能时，应加大横杆截面或加密栏杆柱。

③ 防护栏杆必须自上而下用安全立网封闭，或在栏杆下边设置严密固定的高度不低于 1800mm 的挡脚板或 400mm 的挡脚笆。挡脚板与挡脚笆上如有孔眼，不应大于 25mm。板与笆下边距离底面的空隙不应大于 10mm。接料平台两侧的栏杆，必须自上而下加挂安全立网或满扎竹笆。

④ 当临边的外侧面临街道时，除防护栏杆外，敞口立面必须采取满挂安全网或其他可靠措施作全封闭处理。

⑤ 建筑物高度超过 30m 时，通道口防护顶棚应采用双层防护。

进行洞口作业以及在因工程和工序需要而产生的，使人与物有坠落危险或危及人身安全的其他洞口进行高处作业时，必须按下列要求设置防护设施：

① 板与墙的洞口，必须设置牢固的盖板、防护栏杆、安全网或其他防坠落的防护设施。

② 电梯井口必须设防护栏杆或固定栅门；电梯井内应每隔两层并最多隔 10m 设一道安全网。

③ 钢管桩、钻孔桩等桩孔上口，杯形、条形基础上口，未填土的坑槽，以及天窗、地板门等处，均应按洞口防护设置稳固的盖件。

④ 施工现场通道附近的各类洞口与坑槽等处，除设置防护设施与安全标志外，夜间还应设红灯示警。

⑤ 边长在 1500mm 以上的洞口，四周设防护栏杆，洞口下张设安全平网。

⑥ 位于车辆行驶道旁的洞口、深沟与管道坑、槽，所加盖板应能承受不小于当地额定卡车后轮有效承载力 2 倍的荷载。

⑦ 下边沿至楼板或底面低于 800mm 的窗台等竖向洞口，如侧边落差大于 2m 时，应加设 1.2m 高的临时护栏。

⑧ 对邻近的人与物有坠落危险性的其他竖向的孔、洞口，均应予以盖设或加以防护，并有固定其位置的措施。

⑨ 钢模板部件拆除后，临时堆放处离楼层边沿不应小于 1m，堆放高度不得超过 1m。楼层边口、通道口、脚手架边缘等处，严禁堆放任何拆下物件。

(14) 脚手架

① 门式钢管脚手架。

a. 立杆基础。立杆基础应按方案要求平整、夯实，并设排水设施，基础垫板及立杆底座应符合规范要求；架体应设置距地高度不大于 200mm 的纵、横向扫地杆，并用直角扣件固定在立杆上。

b. 架体与建筑结构拉结。搭设高度超过 24m 的双排脚手架应采用刚性连墙件与建筑物可靠连接。

c. 脚手板与防护栏杆。架体外侧应封闭密目式安全网，网间应严密；作业层应在 1.2m 和 0.6m 处设置上、中两道防护栏杆；作业层外侧应设置高度不小于 180mm 的挡脚板。

② 碗扣式钢管脚手架。

架体搭设应有施工方案，结构设计应进行设计计算，并按要求进行审批；搭设高度超过 50m 的脚手架，应组织专家对安全专项方案进行论证，并按专家论证意见组织实施。布置时遵循以下要求：

　　a. 架体纵、横向扫地杆距地高度应小于 350mm；

　　b. 架体搭设高度超过 24m 时，顶部 24m 以下的连墙件层必须设置水平斜杆并应符合规范要求；

　　c. 作业层应在外侧立杆 1.2m 和 0.6m 的碗扣节点处设置上、中两道防护栏杆；

　　d. 作业层外侧应设置高度不小于 180mm 的挡脚板；

　　e. 架体作业层脚手板下应用安全网双层兜底，以下每隔 10m 应用安全平网封闭。

　　③ 附着式升降脚手架。

　　a. 在升降或使用工况下，最上和最下两个防倾装置之间最小间距不应小于 2.8m 或架体高度的 1/4；

　　b. 架体高度不应大于 5 倍楼层高度、宽度不应小于 1.2m；

　　c. 直线布置架体支承跨度不应大于 7m，折线、曲线布置架体支承跨度不应大于 5.4m；

　　d. 架体水平悬挑长度不应大于 2m 且不应大于跨度的 1/2；

　　e. 架体悬臂高度应不大于 2/5 架体高度且不大于 6m；

　　f. 架体高度与支承跨度的乘积不应大于 110m^2。

　　④ 承插型盘扣式钢管支架。

　　a. 架体外侧应使用密目式安全网进行封闭；

　　b. 作业层应在外侧立杆 1.0m 和 0.5m 的盘扣节点处设置上、中两道防护栏杆；

　　c. 作业层外侧应设置高度不小于 180mm 的挡脚板。

　　另外根据《建筑施工扣件式钢管脚手架安全技术规范》和《建设工程施工现场消防安全技术规范》，脚手架搭设还需要遵循以下要求：

　　a. 对高度 24m 以上的双排脚手架，必须采用刚性连墙件与建筑物可靠连接。

　　b. 高度在 24m 以下的单、双排脚手架，均必须在外侧立面的两端各设置一道剪刀撑，并应由底至顶连续设置。

　　c. 脚手架必须配合施工进度搭设，一次搭设高度不应超过相邻连墙件以上两步。

　　d. 外脚手架搭设不应影响安全疏散、消防车正常通行及灭火救援操作；外脚手架搭设长度不应超过该建筑物外立面周长的二分之一。

12.3　基于 BIM 的场地布置

　　施工场地布置是项目施工的前提，是施工组织设计的重要组成部分。合理的布置方案能够在项目开始之初，从源头减少安全隐患，是方便后续施工管理、降低成本、提高项目效益的重要方式。而近年来建筑体量逐渐增大，场地空间越来越狭小，对施工总平面空间及时间维度上的要求更高。

　　传统二维模式下静态的施工场地布置是技术人员基于对该项目特点及施工现场环境情况的基本了解，依靠经验和推测对施工场地各项设施进行布置设计的过程。由于这种布置仅仅是在平面的基础上，并没有充分考虑空间要求，所以很难分辨其布置方案的优劣，不能提前发现问题。通过 BIM 信息参数化模型，加入施工总平面三维和四维动态信息，会使施工场地布置更合理，更具有指导意义。

12.3.1　基于 BIM 的施工场地布置的优势和不足

（1）优势

基于 BIM 施工平面协调的合理运用对于现场平面管理具有极大的好处。利用 BIM 的三维可视化、施工模拟等功能，将带有关键参数的设备族，放置于现场环境模型中进行施工模拟，使管理人员能够全面分析复杂的施工环境，对现场布置方案合理性作出快速评估，为项目平面布置决策提供科学的依据，有效减少布置不合理情况的发生，从而加快施工进度，提高企业经济效益。

（2）不足

该项工作建模量相对较大，施工模拟要求较复杂，项目需配备一定的人员及相关设备，而且对人员的要求较高，最好能既熟练操作 BIM 软件，又能充分熟悉现场情况。总之，这项工作将增加工作量，人员和设备投入的成本较高，但只要合理地使用，收获将会很大。

12.3.2　基于 BIM 的施工场地布置内容

为满足现场施工平面布置模拟便捷准确的要求，前期需完善常用的施工设备及施工现场临时设施模型内容库。

利用 BIM 软件，建立不同施工阶段的施工现场模型，模型应包括：土建结构、钢结构、施工道路、周围主要建筑外轮廓模型等。

通过 BIM 软件统计出各阶段的相关工程量，即利用 BIM 数据库功能对项目钢筋用量、混凝土用量、钢结构构件量进行统计，从而作出现场施工材料堆场的初步规划。

在已建立的现场环境中，放置相关堆场及施工设备，通过 BIM 软件进行施工模拟、对比优化，选定设备型号及布置位置，从而确定现场平面布置方案。

当分包方有大宗物资及大型机械进场、场地需超期使用、可能影响结构楼板等结构安全的平面占用、运输路线等申请要求时，可依据已布置方案模型快速进行方案模拟比对，从而制订最合理的方案。

12.3.3　基于 BIM 的施工场地布置方法

（1）拟建建筑物平面图导入

实施过程主要在 AutoCAD 和 Revit 两个软件中实现。在 CAD 图纸中，可利用设计单位提供的总平面图进行图纸清理，如图 12-3 所示，为地基基础和主体结构阶段以及装修阶段布置图做准备。

（2）建立 BIM 模型

根据 CAD 图纸建立 BIM 模型。为了提高软件操作的流畅性，对各建筑物进行单独建模，再统一链接到中心文件中，如图 12-4 所示。

（3）基础阶段定位临时设施位置

根据平面图规划，定位大型临时设施办公场地、确定施工机械类型，将具有参数信息的施工机械模型导入，与建筑物建立平面、空间关系。在布置临时道路时，要充分考

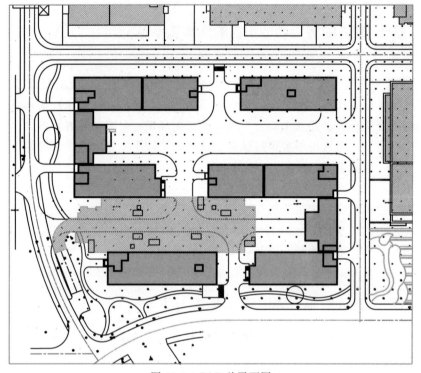

图 12-3 CAD 总平面图

图 12-4 建立 BIM 模型

虑重型车辆的转弯安全半径。还可以利用 Revit 软件，生成施工总平面布置图及三维模型图。如方案后续增减或者调整临时设施，图纸会自动关联调整。某工程基础阶段的场地布置如图 12-5 所示。

（4）主体结构施工阶段布置

相对于基础施工，主体结构施工过程主要需考虑塔机的位置和覆盖半径、塔机的安装与拆卸路径、人货电梯位置与材料堆场的位置关系。通过三维立体的方式，使表达更直观，易于在空间上发现不合理之处。通过 BIM 三维可视化技术，直观地了解建筑物的具体造型，在塔机布置上，可以兼顾覆盖范围、扶墙设置、拆除路径，避免因对建筑物形体不熟悉而导致布置失误。某工程主体阶段的场地布置如图 12-6 所示。

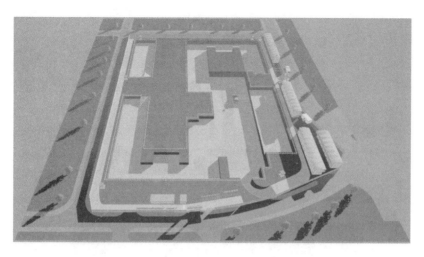

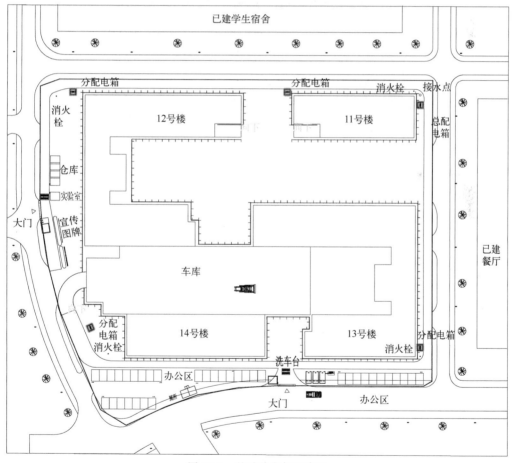

图 12-5 基础阶段场地布置

（5）装修施工阶段布置

装修阶段的场地布置需要考虑总图标高等因素，需要对场地进行修改或重新绘制，并要根据总图规划进行适当的绿化布置。考虑到装修施工等要求，现场需拆除塔机等设施，要布置干混砂浆存放点等设施。某工程装修阶段的场地布置如图 12-7 所示。

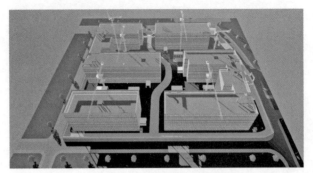

图 12-6　主体阶段场地布置图

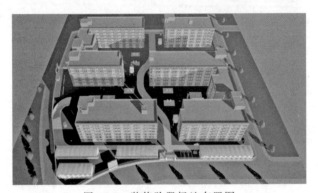

图 12-7　装修阶段场地布置图

（6）参数化统计

通过 BIM 技术，可对现场所有施工机械进行有效管控。在布置施工机械时，将机械的准确信息记录在模型中，通过统计信息，确定临时用电所需数据。在机械设备管理中，可以将模型的信息与管理数据相结合，提高数据的准确性，并形成数据库，为项目后续提供信息支持。利用 Revit 明细表功能，统计不同类型设备清单，利用参数化特点，动态调整设备的数量及参数，统计信息实时自动更新，再将数据导入软件中进行临电计算。

 在线习题

本章习题请扫二维码查看。

第 13 章
施工方案编制

 学习目标

了解施工方案概述相关内容；

掌握技术施工方案、危害性较大的安全施工方案编制内容与方法；

掌握临水方案、临时用电施工组织设计的编制方法。

13.1 施工方案概述

13.1.1 施工方案的基本内涵

施工方案是以分部分项工程或专项工程为主要对象编制的施工技术与组织方案，用以具体指导其施工过程。施工方案包括专项技术施工方案和专项安全施工方案。专项技术施工方案分为一般技术方案、重大方案、专业分包施工方案。专项安全施工方案依国家安全法规分为一般性专项安全施工方案和危险性较大工程专项安全施工方案。危险性较大工程专项安全施工方案分为危险性较大的分部分项工程施工方案和超过一定规模的危险性较大的分部分项工程施工方案。

专项技术施工方案通常是以单位工程中的一个分部分项工程或专项工程为对象而编制的，用以指导其施工，确保工程顺利实施而进行的施工组织及施工管理活动。它的主要作用是依据合同对建设工期、工程质量、工程造价的要求，结合国情和工程具体情况，运用企业拥有的先进技术、领先施工工艺和最新设备，统筹安排分部分项工程或专项工程施工进度与程序，选择科学、安全、合理的专项或多项施工技术措施，使分部分项工程或专项工程施工各项准备工作和正式工作能有依据、有步骤地展开，使工程施工在最佳状态下有秩序地进行，获取最佳技术经济效果。

危险性较大的分部分项工程，是指房屋建筑和市政基础设施工程在施工过程中，容易导致人员群死群伤或者造成重大经济损失的分部分项工程。危险性较大工程专项安全施工方案是以危险性较大的分部分项工程为对象编制的施工方案。危险性较大工程专项安全施工方案须组织专家论证后报监理、建设方审批。

开工前，项目部应确定所需编制的专项技术施工方案、专项安全施工方案的范围，制订《施工方案编制计划》。施工方案由项目总工程师组织编制，应在专项工程施工前编制完毕。分包工程的施工方案由分包单位技术人员编制。

13.1.2 施工方案编制管理规定

施工方案编制前应召开讨论会，确定可行的施工方法和施工措施。编制人应具有相关专业知识和专业技能，分部分项工程的专项技术施工方案以及危险性较大分部分项工程专项安全施工方案，由工程项目经理、项目技术负责人或项目专业技术工程师牵头进行编制。专业分包商独立完成的分部分项工程施工方案，由专业分包商技术负责人编制。

施工方案应按照现场进度，在分部分项工程施工之前编制完成。当编制难度大、需要召开专家论证的重大方案或危险性较大工程方案应留有充足的编制时间。

选用的施工方案应技术可行，经济合理，能全面满足施工要求。内容符合法律、法规、规范性文件、标准、规范及图纸（国标图集）的要求。超过一定规模危险性较大的专项方案应按规定召开专家论证会，以保证质量和安全满足施工要求。行文组织有层次、叙述条理清楚，内容重点突出、图文并茂。

13.1.3 施工方案审批管理规定

施工方案应由项目技术负责人审批，牵涉到质量、安全的专项施工技术方案和危险性较大分部分项工程专项安全施工方案必须由施工单位技术部门组织本单位技术、质量、安全等部门审核（如需要还应组织专家论证），施工单位技术负责人审批。

专业承包单位施工的分部分项工程或专项工程的施工方案，应由专业承包单位技术负责人或其授权的技术人员审批；有总承包单位时，应由总承包单位项目技术负责人核准备案。

在审批时，审核内容要有以下重点。

（1）一般性方案

① 方案措施有无重大缺陷；

② 质量、安全等保障体系是否健全，措施是否可行；

③ 进度安排是否合理；

④ 机具、劳动力、周转材料供应是否充足；

⑤ 现场平面布置是否合理。

（2）重大方案或专业分包施工方案

① 重难点解决措施是否合理可行；

② 技术性措施是否合理，安全性措施是否有效；

③ 施工组织是否科学；

④ 资源供应是否充足。

（3）危险性较大分部分项工程专项安全方案

① 安全施工条件是否具备；

② 方案措施是否完善、可行；

③ 专项方案计算书和验算依据是否符合相关标准、规范的规定；

④ 超过一定规模的危险性较大的分部分项工程专项方案是否召开专家论证，是否有可行的应急预案措施。

13.2 技术施工方案

13.2.1 施工方案编制的原则

(1) 编制前做到充分讨论

主要分部分项工程的施工方案在编制前，由技术负责人组织本单位技术、工程、质量、安全等部门相关人员，以及分包相关人员共同参加方案编制讨论会，在讨论会上讨论流水段划分、劳动力安排、工程进度、施工方法选择、质量控制等内容，并在讨论会上达成一致意见。由此保证方案的编制不会流于形式，有很好的实施性，能真正指导施工。

(2) 施工方法选择要合理

最优的施工方法要同时具有先进性、可行性、安全性、经济性，但这四个方面往往不能同时达到，这就需要对工程实际条件、施工单位的技术实力和管理水平综合权衡后决定。只要能满足各项施工目标要求、适应施工单位施工水平，经济能力能承受的方法就是合理的方法。

(3) 不能照抄施工工艺标准

现在有很多施工工艺方面的参考资料，这些工艺标准大部分是提炼出来的、带有共性、普遍性的工艺，没有针对性。如果施工方案大部分照抄这样的工艺标准和规范而不给出具体的构造和节点，那么这样的方案是没有针对性的，无法指导施工。

(4) 各项控制措施要实用

要根据工程目标采取有针对性的控制措施，不要泛泛而谈，也不要采用施工不方便或者成本费用较高的措施。选择的措施一定要适合工程特点，同时选择的施工方法一定要实用，在适用的基础上尽可能做到经济。

13.2.2 施工方案编制的要求

结合工程特点，围绕方案的指导性这一根本目的确定施工方案及编制内容。

(1) 选择切实可行的施工方案

拟定多个可行方案，以技术、经济、效益指标综合评价施工方法的优劣性，从中选出总体效果最好的施工方法。

(2) 保证施工目标的实现

制订的施工方案在工期方面必须保证竣工时间符合合同工期要求，并争取提前完成；在质量方面应能达到合同及规范要求；在安全方面应能有良好的施工环境；在技术及管理方面均有充足的安全保障；在施工费用方面应在满足前面要求的基础上尽可能经济合理。

危险性较大的分部分项工程专项施工方案应按照《危险性较大的分部分项工程安全管理规定》（中华人民共和国住房和城乡建设部令第 37 号）及《住房城乡建设部办公厅关于实施〈危险性较大的分部分项工程安全管理规定〉有关问题的通知》（建办质〔2018〕31 号）的要求结合工程特点进行编制。

13.2.3　编制的准备工作

方案编制的准备工作包含以下内容：

① 熟悉图纸，了解专业概况、节点构造，提前解决图纸设计不合理或错误的地方；

② 把握技术及施工重难点，做好图纸审核工作；

③ 熟悉现场平面，了解地下管线布置；

④ 熟悉合同相关条文，了解工程目标、任务划分、责权关系等；

⑤ 收集学习相关规范、规程、标准、主管部门的条文规定等；

⑥ 收集类似工程的施工方案并针对性学习；

⑦ 收集当地相关资源，特别是机械、材料资源及价格水平；

⑧ 学习与工程相关的"四新"技术，特别是目前比较领先的新技术和新工艺；

⑨ 计算相关工程量，为进度安排、劳动力安排、材料计划等提供计算依据；

⑩ 初步拟定施工组织及施工方法，编制前召开由总包、分包相关人员参加的技术方案讨论会。

13.2.4　编制的内容

（1）编制依据

编制依据是施工方案编制时所依据的条件及准则，为编制施工方案服务，一般包括现场的施工条件、图纸、技术标准、政策文件、施工组织设计等。

（2）工程概况

施工方案的工程概况不是针对整个工程的介绍，而是针对本分部分项工程内容进行介绍，不同的分部分项工程所介绍的内容和重点虽然不同，但介绍的原则是相同的，包括：

① 重点描述与施工方法有关的内容和主要参数；

② 分部分项工程施工条件；

③ 分部分项工程施工目标；

④ 特点及重难点分析。

以上四项内容在方案概况介绍时并不是全部需要的，可根据工程具体情况选用。

对工程概况分析要简明扼要，多用图表表示，对特点及重难点分析要根据工程特点及施工单位的实力分析得当，如果没有什么特点及重难点，也可以不写，不要为了分析而分析。

（3）施工准备

施工准备包括技术准备、机具准备、材料准备、试验、检验工作的内容。

① 技术准备。图纸的熟悉及审图工作，图集、规范、规程等收集及学习；现场条件的熟悉及了解；施工方案编制的前期准备工作，如搜集资料及类似工程方案、工程量的计算、召开编制会议等；"四新"技术、工法等方面的学习及准备；样板部位确定；其他与技术准备相关的内容，如相关合同的了解、当地资源、机械性能、市场价格的收集及了解等。

② 机具准备。包括中小型施工机械、工程测量仪器、工程试验仪器等，用列表说明所需机具的名称、型号、数量、规格、主要性能、用途和进出场时间等。

③ 材料准备。包括工程用主材（包含预制件、构件）、工程用辅材、周转材料、成品保护及文明施工等材料；工程用主材需确定订货厂家，运输及加工的规格、尺寸，同时用表格明确名称、型号、数量、规格、进出场时间等；工程用辅材、周转材料、成品保护及文明施工等材料也应用表格注明名称、规格、型号、数量、进出场时间等内容。

④ 试验、检验工作。列表说明试验、检验工作的部位、方法、数量，见证部位及数量。

（4）施工安排

① 内容。施工安排包含组织机构及职责、施工部位、施工流水组织、劳动力组织、现场资源协调、工期要求、安全施工条件等内容。

② 组织机构及职责。根据施工组织设计所确定的总承包组织机构对该分部分项工程所涉及的机构进行细化，并明确分工及职责、奖惩制度。组织机构应细化到分包管理层。在总承包层面，其组织机构除了反映组织关系外，还应在方框图中注明岗位人员的姓名及职称、主要负责区域及分工。

③ 施工部位。施工部位与施工组织及施工方法有着密切的联系，在施工安排中应明确该分部分项工程包含哪些施工部位。

④ 施工流水组织。根据单位工程的施工流水组织对分部分项工程的施工流水组织进行细化。分部分项工程的施工流水组织包括各分包队伍施工任务划分、施工区域划分、流水段划分及流水顺序。例如模板工程，应该按水平部位、竖向部位分别划分流水段，根据工期及模板配置数量说明模板如何流水。

⑤ 劳动力组织。列表说明各时间段（或施工阶段）各工种的劳动力数量。劳动力数量要根据定额、经验数据及工期要求确定。

除用表格说明各时间段的劳动用工外，宜绘制动态管理图直观地显示各时间段劳动力总数及工种构成比例。

明确现场管理人员应根据进度安排提前核实本工种的劳动力数量及比例构成，特别是高峰阶段的劳动力用工，当发现不能满足进度要求时，要督促分包负责人及时调配以满足施工需要。

⑥ 现场资源协调。这里的现场资源主要指：大型运输工具（如塔式起重机、电梯等），现场场地，公用设施（如脚手架等），周转材料（如模板）等。在方案中应明确总承包方总协调人，根据主导工程及时调整资源配给，保证关键线路的施工进度不滞后。

⑦ 工期要求。此处所指工期要求是要将该分部分项工程各施工部位的开始时间及结束时间描述清楚。此处工期的确定是根据项目编制的施工组织设计或项目施工计划书的进度计划确定，在确定时应根据流水段的划分及资源配置核实工期安排，不合适的地方及时调整修正。

⑧ 安全施工条件。安全施工条件对保障施工人员生命及财产安全、减少和防止各种安全事故的发生具有重要意义。在施工安排时必须明确各部位施工安全作业条件，强调不具备条件时应采取措施达到安全条件，否则不准施工。

⑨ 主要施工方法。施工方法是施工方案的核心，合理的施工方法能保证分部分项工程又好又快地施工。应根据工程特点尽量选择工厂化、机械化的施工方法，如采用工厂预制及现场组装、高层建筑模板选用爬模等。施工方法包含一般部位的施工方法、重难点部位的施工方法。重点描述重难点部位的施工工艺流程及技术要点。

施工方法选择要遵循的原则有：方法可行，可以满足施工工艺要求；符合法律法规、技术规范等要求；科学、先进、可行、合理；与选择的施工机械及流水组织相协调。

（5）质量要求

质量要求包含要达到的质量标准及质量控制措施。质量标准分为国家标准、行业标准、地方标准、企业标准，应结合工程实际情况和单位工程施工组织设计中的质量目标，确定分部分项工程的质量指标。质量控制措施应结合工程特点及采用的施工方法，有针对性地提出保证工艺质量的措施，可从技术、施工、管理方面来控制，也可从事前、事中、事后过程控制的角度论述。采用的保证质量的措施及方法应可行、方便施工、节约成本，凡是无效的、原则性的措施尽可能不写。

（6）其他要求

根据施工合同约定和行业主管部门要求，制订施工安全生产、消防、环保、成品保护、绿色施工等措施。

编制内容包括标准及控制措施。要结合工程特点及施工方法有针对性地论述。

13.3　危大工程安全施工方案

施工单位应当在危险性较大的工程（危大工程）施工前组织工程技术人员编制专项施工方案。实行施工总承包的，专项施工方案应当由施工总承包单位组织编制。危大工程实行分包的，专项施工方案可以由相关专业分包单位组织编制。专项施工方案应当由施工单位技术负责人审核签字、加盖单位公章，并由总监理工程师审查签字、加盖执业印章后方可实施。危大工程实行分包并由分包单位编制专项施工方案的，专项施工方案应当由总承包单位技术负责人及分包单位技术负责人共同审核签字并加盖单位公章。

13.3.1　编制范围

13.3.1.1　危大工程范围

（1）基坑工程

① 开挖深度超过 3m（含 3m）的基坑（槽）的土方开挖、支护、降水工程。

② 开挖深度虽未超过 3m，但地质条件、周围环境和地下管线复杂，或影响毗邻建、构筑物安全的基坑（槽）的土方开挖、支护、降水工程。

（2）模板工程及支撑体系

① 各类工具式模板工程：包括滑模、爬模、飞模、隧道模等工程。

② 混凝土模板支撑工程：搭设高度 5m 及以上，或搭设跨度 10m 及以上，或施工总荷载（荷载效应基本组合的设计值，以下简称设计值）$10kN/m^2$ 及以上，或集中线荷载（设计值）15kN/m 及以上，或高度大于支撑水平投影宽度且相对独立无联系构件的混凝土模板支撑工程。

③ 承重支撑体系：用于钢结构安装等满堂支撑体系。

（3）起重吊装及起重机械安装拆卸工程

① 采用非常规起重设备、方法，且单件起吊重量在 10kN 及以上的起重吊装工程。

② 采用起重机械进行安装的工程。

③ 起重机械安装和拆卸工程。

（4）脚手架工程

① 搭设高度 24m 及以上的落地式钢管脚手架工程（包括采光井、电梯井脚手架）。

② 附着式升降脚手架工程。

③ 悬挑式脚手架工程。

④ 高处作业吊篮。

⑤ 卸料平台、操作平台工程。

⑥ 异形脚手架工程。

（5）拆除工程

可能影响行人、交通、电力设施、通信设施或其他建、构筑物安全的拆除工程。

（6）暗挖工程

采用矿山法、盾构法、顶管法施工的隧道、洞室工程。

（7）其他

① 建筑幕墙安装工程。

② 钢结构、网架和索膜结构安装工程。

③ 人工挖孔桩工程。

④ 水下作业工程。

⑤ 装配式建筑混凝土预制构件安装工程。

⑥ 采用新技术、新工艺、新材料、新设备可能影响工程施工安全，尚无国家、行业及地方技术标准的分部分项工程。

13.3.1.2　超过一定规模的危大工程范围

（1）深基坑工程

开挖深度超过 5m（含 5m）的基坑（槽）的土方开挖、支护、降水工程。

（2）模板工程及支撑体系

① 各类工具式模板工程：包括滑模、爬模、飞模、隧道模等工程。

② 混凝土模板支撑工程：搭设高度 8m 及以上，或搭设跨度 18m 及以上，或施工总荷载（设计值）15kN/m² 及以上，或集中线荷载（设计值）20kN/m 及以上。

③ 承重支撑体系：用于钢结构安装等满堂支撑体系，承受单点集中荷载 7kN 及以上。

（3）起重吊装及起重机械安装拆卸工程

① 采用非常规起重设备、方法，且单件起吊重量在 100kN 及以上的起重吊装工程。

② 起重量 300kN 及以上，或搭设总高度 200m 及以上，或搭设基础标高在 200m 及以上的起重机械安装和拆卸工程。

（4）脚手架工程

① 搭设高度 50m 及以上的落地式钢管脚手架工程。

② 提升高度在 150m 及以上的附着式升降脚手架工程或附着式升降操作平台工程。

③ 分段架体搭设高度 20m 及以上的悬挑式脚手架工程。

（5）拆除工程

① 码头、桥梁、高架、烟囱、水塔或拆除中容易引起有毒有害气（液）体或粉尘

扩散、易燃易爆事故发生的特殊建、构筑物的拆除工程。

②　文物保护建筑、优秀历史建筑或历史文化风貌区影响范围内的拆除工程。

（6）暗挖工程

采用矿山法、盾构法、顶管法施工的隧道、洞室工程。

（7）其他

①　施工高度50m及以上的建筑幕墙安装工程。

②　跨度36m及以上的钢结构安装工程，或跨度60m及以上的网架和索膜结构安装工程。

③　开挖深度16m及以上的人工挖孔桩工程。

④　水下作业工程。

⑤　重量1000kN及以上的大型结构整体顶升、平移、转体等施工工艺。

⑥　采用新技术、新工艺、新材料、新设备可能影响工程施工安全，尚无国家、行业及地方技术标准的分部分项工程。

13.3.2　危大工程专项施工方案的主要内容

危大工程专项施工方案的主要内容应当包括：

①　工程概况：危大工程概况和特点、施工平面布置、施工要求和技术保证条件；

②　编制依据：相关法律、法规、规范性文件、标准、规范及施工图设计文件、施工组织设计等；

③　施工计划：包括施工进度计划、材料与设备计划；

④　施工工艺技术：技术参数、工艺流程、施工方法、操作要求、检查要求等；

⑤　施工安全保证措施：组织保障措施、技术措施、监测监控措施等；

⑥　施工管理及作业人员配备和分工：施工管理人员、专职安全生产管理人员、特种作业人员、其他作业人员等；

⑦　验收要求：验收标准、验收程序、验收内容、验收人员等；

⑧　应急处置措施；

⑨　计算书及相关施工图纸。

13.3.3　专家论证会

对于超过一定规模的危大工程，施工单位应当组织召开专家论证会对专项施工方案进行论证。实行施工总承包的，由施工总承包单位组织召开专家论证会。专家论证前专项施工方案应当通过施工单位审核和总监理工程师审查。专家应当从地方人民政府住房城乡建设主管部门建立的专家库中选取，符合专业要求且人数不得少于5名。与本工程有利害关系的人员不得以专家身份参加专家论证会。

（1）专家论证会参会人员

超过一定规模的危大工程专项施工方案专家论证会的参会人员应当包括：专家；建设单位项目负责人；有关勘察、设计单位项目技术负责人及相关人员；总承包单位和分包单位技术负责人或授权委派的专业技术人员、项目负责人、项目技术负责人、专项施工方案编制人员、项目专职安全生产管理人员及相关人员；监理单位项目总监理工程师及专业监理工程师。

（2）专家论证内容

对于超过一定规模的危大工程专项施工方案，专家论证的主要内容应当包括：

① 专项施工方案内容是否完整、可行；

② 专项施工方案计算书和验算依据、施工图是否符合有关标准规范；

③ 专项施工方案是否满足现场实际情况，并能够确保施工安全。

（3）专项施工方案修改

超过一定规模的危大工程专项施工方案经专家论证后结论为"通过"的，施工单位可参考专家意见自行修改完善；结论为"修改后通过"的，专家意见要明确具体修改内容，施工单位应当按照专家意见进行修改，并履行有关审核和审查手续后方可实施，修改情况应及时告知专家。

13.4　临水方案

13.4.1　临水方案概述

（1）临水系统构成

建筑工地临时用水系统（简称临水系统）包括临时供水系统和临时排水系统。临时供水系统可由取水设施、净水设施、贮水构筑物（水塔及蓄水池）、输水管和配水管线综合而成。排水系统是收集、输送、处理、再生和处置污水和雨水的设施以一定方式组合成的总体。其可由收集设施、沉淀设施、排水管等构成，包括雨水沟、集水坑、沉淀池、化粪池、隔油池、排水管等组成。排水系统分明沟排水和埋管排水两种。明沟排水系统主要用于雨水系统排水，埋管排水系统主要用于污水系统排水。

建筑工地临时供水主要包括：生产用水、生活用水和消防用水三种。生产用水包括工程施工用水、施工机械用水。生活用水包括施工现场生活用水和生活区用水。施工期间需排除的水主要包括生活污水、生产污水和雨水三大类。

（2）水源选择

建筑工地临时供水水源，有供水管道和天然水源两种。应尽可能利用现场附近已有供水管道，只有在工地附近没有现成的供水管道或现成给水管道无法使用以及给水管道供水量难以满足使用要求时，才使用江河、水库、泉水、井水等天然水源。

（3）临时供水管网平面布置原则

布置临时供水管网的原则是在保证满足各生产点、生活区及消防用水的要求下，管道铺设得越短越好，同时还应考虑在施工期间各段管网应具有移动的可能性。

尽量利用现有永久性管网，或利用拟建项目的永久性管网。

临时供水管网布置应与场地平整统一规划，避免因挖土使管道暴露甚至被挖断，或被深埋于地下。

用水量要估算准确并留有一定余地，以免因施工情况变动造成供水不足，以致影响施工现场生产和生活。

临时供水管网布置要方便使用：通常供水管网有环状、枝状和混合式三种布置方式，可根据建筑物、使用地点和供水需要，分别采用适宜的方式。

枝状管网管线短、造价低，临时给水管网常采用这种管网，但枝状管网供水可靠性差，若在管网中某一点发生局部故障，则有断水之威胁。从保证连续供水的观点看，环状管网最可靠，但其管线长、造价高、管材消耗大。混合式可以兼有上述两种管网的优点，总管采用环状，支管采用枝状。这样对主要用水地点可保证有可靠的供水条件，这一点对消防要求高的地区（例如木材加工区、易燃材料仓库生活区等）尤为重要。

临时给水管的铺设可以采用明管或暗管。一般采用暗管较为合适，它既不妨碍施工，又不影响运输工作。对于严寒地区及需要过冬的水管应埋在冰冻线以下，明管部分应考虑防寒保温的措施。在非严寒地区或工期较短的工程可考虑采用明管。临时管线不要布置在拟建的永久性建筑物或室外管沟处，以免这些项目开工时，切断了水源，影响施工用水。

（4）排水措施

针对不同的污水，分别采取如下措施：

① 雨水没有任何污染，可直接排除；

② 生产污水本身除含有较多的泥砂外，没有别的污染，可在沉淀后排除；

③ 生活污水具有一定的污染性，这部分污水在经过沉淀后排放至污水管道；

④ 在临时道路的排水口下部设置沉淀池用来沉淀排除废水中的泥砂；

⑤ 在食堂处设隔油池，用来除去食堂废水中的油水，保证排除的水的水质符合要求；

⑥ 在厕所处设化粪池，用来对厕所处的粪水进行处理，达标后排放；

⑦ 混凝土泵车、砂浆搅拌机统一设置，且混凝土浇筑点、砂浆搅拌场应设置砂浆沉淀池，其冲洗产生的污水经砂浆沉淀池排入管道。

13.4.2 临水方案的内容

（1）编制依据

临水方案编制依据有施工合同、施工组织设计、相关施工图纸及图纸会审记录、《建筑施工安全检查标准》、企业的相关规定等，目前还缺乏直接指导规范，可参考的规范包括《室外排水设计标准》《城市暴雨强度公式编制和设计暴雨雨型确定技术导则》《建设工程施工现场消防安全技术规范》《建筑给排水及采暖工程施工质量验收规范》《建筑给水排水设计标准》等。

（2）工程概况

介绍项目概况，特别是和临时用水相关的概况。

（3）施工准备

材料准备。如 PVC 管、阀门、消火栓等。

机械工具准备。如套丝机、电焊机、钢卷尺、热熔器、管钳、砂轮切割机、割刀、钢锯、刨锤、扁铲、管子台虎钳、扳手、管子铰板、手动试压泵、氧割（焊）设备等。

技术准备。如临水设计图纸已具备，并经过设计交底。

（4）施工安排

和技术施工方案类似，临水方案施工安排也包含组织机构及职责、施工部位、施工流水组织、劳动力组织等内容。如在现场组织成立临时用水管理小组，沿道路等部位施工等。

（5）质量措施

管道连接操作不当，最易造成渗水、漏水，主要围绕填料缠绕不当、套丝过硬或过软而引起连接不严密等质量问题，提出有效的措施。

（6）成品保护

如 PVC 管道埋地的保护、PVC 立管的保护、管道安装完成后管口封闭保护。

（7）用水量计算

根据用水量计算公式计算工地的总用水量、管径等。

（8）临时用水布置

包括水源确定、供水排水等管线布置、供水排水图等。

13.4.3　临水方案计算

13.4.3.1　工地用水量与管径计算

（1）工程施工用水量 q_1

$$q_1 = K_1 \sum \frac{Q_1 N_1}{T_1 b} \times \frac{K_2}{8 \times 3600}$$

式中，q_1 为施工工程用水量，L/s；K_1 为未预见的施工用水系数，取 $1.05 \sim 1.15$；Q_1 为年（季）度工程量（以实物计量单位表示）；N_1 为施工用水定额，见表 13-1；T_1 为年季度有效工作日，天；b 为每天工作班次；K_2 为用水不均衡系数，见表 13-2。

表 13-1　施工用水参考定额

序号	用水对象	单位	耗水量 N_1/L
1	浇筑混凝土全部用水	L/m³	$1700 \sim 2400$
2	搅拌普通混凝土	L/m³	250
3	搅拌轻质混凝土	L/m³	$300 \sim 350$
4	搅拌泡沫混凝土	L/m³	$300 \sim 400$
5	搅拌热混凝土	L/m³	$300 \sim 350$
6	混凝土养护（自然养护）	L/m³	$200 \sim 400$
7	混凝土养护（蒸汽养护）	L/m³	$500 \sim 700$
8	冲洗模板	L/m³	5
9	搅拌机清洗	L/台班	600
10	人工冲洗石子	L/m³	1000
11	机械冲洗石子	L/m³	600
12	洗砂	L/m³	1000
13	砌砖工程全部用水	L/m³	$150 \sim 250$
14	砌石工程全部用水	L/m³	$50 \sim 80$
15	粉刷工程全部用水	L/m³	30
16	砌耐火砖砌体	L/m³	$100 \sim 150$
17	洗砖	L/千块	$200 \sim 250$

续表

序号	用水对象	单位	耗水量 N_1/L
18	洗硅酸盐砌块	L/m³	300～350
19	抹面	L/m³	4～6
20	楼地面	L/m³	190
21	搅拌砂浆	L/m³	300
22	石灰消化	L/t	3000

表 13-2　施工用水不均衡系数

类别	用水名称	系数	类别	用水名称	系数
K_2	施工工程用水	1.5	K_4	动力设备用水	1.05～1.10
	生产企业用水	1.25	K_5	施工现场生活用水	1.30～1.50
K_3	施工机械用水	2.00	K_6	居民区生活用水	2.00～2.50
	运输机械用水				

（2）施工机械用水量 q_2

$$q_2 = K_1 \sum Q_2 N_2 \frac{K_3}{8 \times 3600}$$

式中，q_2 为施工机械用水量，L/s；K_1 为未预见的施工用水系数，取 1.05～1.15；Q_2 为同种机械台数，台；N_2 为施工机械用水定额，见表 13-3；K_3 为施工机械用水不均衡系数，见表 13-2。

表 13-3　施工机械用水参考定额

序号	用水对象	单位	耗水量 N_2/L	备注
1	内燃挖土机	L/(台·m³)	200～300	以斗容量 m³ 计
2	内燃起重机	L/(台班·t)	15～18	以起重 t 数计
3	蒸汽起重机	L/(台班·t)	300～400	以起重 t 数计
4	蒸汽打桩机	L/(台班·t)	1000～1200	以锤重 t 数计
5	蒸汽压路机	L/(台班·t)	100～150	以压路机 t 数计
6	内燃压路机	L/(台班·t)	12～15	以压路机 t 数计
7	拖拉机	L/(昼夜·t)	200～300	
8	汽车	L/(昼夜·t)	400～700	
9	标准轨蒸汽机车	L/(昼夜·t)	10000～20000	
10	窄轨蒸汽机车	L/(昼夜·t)	4000～7000	
11	空气压缩机	L/[台班·(m³/min)]	40～80	以压缩空气机排气量 m³/min 计
12	内燃机动力装置(直流水)	L/(台班·马力)	120～300	
13	内燃机动力装置(循环水)	L/(台班·马力)	25～40	
14	锅驼机	L/(台班·马力)	80～160	不利用凝结水
15	锅炉	L/(h·t)	1000	以小时蒸发量计
16	锅炉	L/(h·m²)	15～30	以受热面积计

续表

序号	用水对象	单位	耗水量 N_2/L	备注
17	点焊机 25 型	L/h	100	实测数据
	点焊机 50 型	L/h	150～200	实测数据
	点焊机 75 型	L/h	250～350	
18	冷拔机	L/h	300	
19	对焊机	L/h	300	
20	凿岩机 01-30(CM-56)	L/min	3	
	凿岩机 01-45(TN-4)	L/min	5	
	凿岩机 01-35(KIIM-4)	L/min	8	
	凿岩机 YQ-100	L/min	8～12	

（3）施工现场生活用水量 q_3

$$q_3 = \frac{P_1 N_3 K_4}{b \times 8 \times 3600}$$

式中，q_3 为施工现场生活用水量，L/s；P_1 为施工现场高峰期生活人数，人；N_3 为施工现场生活用水定额，参见表 13-4；K_4 为施工现场生活用水不均衡系数，参见表 13-2；b 为每天工作班次。

表 13-4　生活用水量参考定额

序号	用水对象	单位	耗水量/L
1	工地全部生活用水	L/(人·d)	100～120
2	生活用水(生活饮用)	L/(人·d)	25～30
3	食堂	L/(人·d)	15～20
4	浴室(淋浴)	L/(人·次)	50
5	淋浴带大池	L/(人·次)	30～50
6	洗衣	L/人	30～35
7	理发室	L/(人·次)	15
8	小学	L/(人·d)	12～15
9	幼儿园、托儿所	L/(人·d)	75～90
10	医院	L/(病床·d)	100～150

（4）生活区生活用水量 q_4

$$q_4 = \frac{P_2 N_4 K_5}{24 \times 3600}$$

式中，q_4 为生活区生活用水量，L/s；P_2 为生活区居民人数，人；N_4 为生活区昼夜全部用水定额，参见表 13-4；K_5 为生活区用水不均衡系数，参见表 13-2。

（5）消防用水量 q_5

临时消防用水量根据第 12 章表 12-3、表 12-4、表 12-5 确定。

（6）总用水量 Q

① 当 $q_1 + q_2 + q_3 + q_4 \leqslant q_5$ 时，则

$$Q = q_5 + \frac{1}{2}(q_1 + q_2 + q_3 + q_4)$$

② 当 $q_1 + q_2 + q_3 + q_4 > q_5$ 时，则

$$Q = q_1 + q_2 + q_3 + q_4$$

③ 当工地面积小于 5 万 m^2，并且 $q_1 + q_2 + q_3 + q_4 < q_5$ 时，则

$$Q = q_5$$

最后计算出的用水总量，还应增加 10%，以补偿不可避免的水管渗漏损失。

$$Q_z = 1.1Q$$

（7）确定供水管径

在计算出工地的各项用水量和总需水量后，可计算出管径，公式如下

$$D = \sqrt{\frac{4Q}{\pi v \times 1000}}$$

式中，D 为配水管内径，m；Q 为用水量，L/s；v 为管网中水的流速，取 1.5～2m/s，见表 13-5。

表 13-5　临时水管中水的流速

管径	流速	
	正常时间/(m/s)	消防时间/(m/s)
支管 $D < 0.10m$	2	
生产消防管道 $D = 0.1～0.3m$	1.3	>3.0
生产消防管道 $D > 0.3m$	1.5～1.7	2.5
生产用水管道 $D > 0.3m$	1.5～2.5	3.0

13.4.3.2　消防水池计算

根据 q_5，按照 t 小时注满计算。

$$V = q_5 \times 3.6t$$

13.4.3.3　水泵扬程及水塔高度计算

取水设施一般由进水装置、进水管和水泵组成。取水口距河底（或井底）一般为 0.25～0.90m。给水工程所用水泵有离心泵、隔膜泵及活塞泵三种。所选用的水泵应具有足够的抽水能力和扬程。

（1）将水送至水塔时的扬程

将水送至水塔时的扬程为：$H_p = (Z_t - Z_p) + H_t + \alpha + \sum h' + h_s$。

式中，H_p 为水泵所需扬程，m；Z_t 为水塔处的地面标高，m；Z_p 为泵轴中线的标高，m；H_t 为水塔高度，m；α 为水塔的水箱高度，m；$\sum h'$ 为从泵站到水塔间的水头损失，m；h_s 为水泵的吸水高度，m。

（2）将水直接送到用户时的扬程

将水直接送到用户时的扬程为：$H_p = (Z_y - Z_p) + H_y + \sum h' + h_s$。

式中，H_y 为供水对象最大标高处必须具有的自由水头，一般为 8～10m；Z_y 为供水对象的最大标高，m。

(3) 确定贮水构筑物

贮水构筑物一般有水池、水塔或水箱。在临时供水时，如水泵房不能连续抽水，则需设置贮水构筑物。其容量以每小时消防用水决定，但不得少于 $10\sim20\mathrm{m}^3$。贮水构筑物（水塔）高度与供水范围、供水对象位置及水塔本身的位置有关，可用下式确定：

$$H_t=(Z_y-Z_t)+H_y+h$$

式中，符号意义同上。

13.4.3.4　化粪池计算

(1) 化粪池有效容积

化粪池有效容积：$V=V_w+V_n$。

式中，V 为化粪池有效容积；V_w 为化粪池内污水部分容积；V_n 为化粪池内污泥部分容积。

(2) 污水容积

$$V_w=mb_fq_wt_w/(24\times1000)$$

式中，m 为化粪池设计使用人数，人；b_f 为实际使用卫生器具的人数与总人数的百分比，参考表 13-6；q_w 为每人每日计算污水量，L/(人·d)，参考表 13-7；t_w 为污水在化粪池停留时间，宜采用 $12\sim24\mathrm{h}$。

表 13-6　化粪池使用人数百分比

建筑物名称	百分比/%
医院、疗养院、养老院、幼儿园(有住宿)	100
住宅、宿舍、旅馆	70
办公楼、教学楼、试验楼、工业企业生活间	40
职工食堂、餐饮业、影剧院、体育场(馆)、商场和其他场所(按座位)	5~10

表 13-7　化粪池每人每日计算污水量

分类	生活污水与生活废水合流排入	生活污水单独排入
每人每日污水量/L	(0.85~0.95)用水量	15~20

(3) 污泥容积

$$V_n=\frac{mb_fq_nt_n(1-b_x)m_s\times1.2}{(1-b_n)\times1000}$$

式中，q_n 为每人每日计算污泥量，L/(人·d)，参考表 13-8；t_n 为污泥清理周期，宜按照 $3\sim12$ 月；b_x 为新鲜污泥含水率，按照 95% 计算；m_s 为污泥发酵后的浓缩系数，按 0.8 计算；b_n 为污泥发酵后的污泥含水率，按 90% 计算。

表 13-8　化粪池每人每日计算污泥量

建筑物分类	生活污水与生活废水合流排入 /[L/(人·d)]	生活污水单独排入 /[L/(人·d)]
有住宿的建筑物	0.70	0.40
人员逗留时间>4h 并≤10h 的建筑物	0.30	0.20
人员逗留时间小于等于 4h	0.10	0.07

化粪池的长度与深度、宽度的比例应按污水中悬浮物的沉降条件和积存数量，经水力计算确定。但其深度（水面至池底）不得小于 1.30m，宽度不得小于 0.75m，长度不得小于 1.00m，圆形化粪池直径不得小于 1.00m。

双格化粪池第一格的容量宜为计算总容量的 75%；三格化粪池第一格的容量宜为总容量的 60%，第二格和第三格各宜为总容量的 20%。具体做法可参照化粪池标准图集。

13.5　临电施工组织设计

13.5.1　临电施工组织设计概述

（1）临电施工组织设计编制的规定

建筑工地临时供电系统包括：确定工地用电量、选择电源、确定变压器、供电线路空间布置及确定导线截面积。

施工现场临时用电设备在 5 台及以上或设备总容量在 50kW 及以上者，应编制用电组织设计。施工现场临时用电设备在 5 台以下和设备总容量在 50kW 以下者，应制订安全用电和电气防火措施。临时用电组织设计及变更时，必须履行"编制、审核、批准"程序，由电气工程技术人员组织编制，经相关部门审核及具有法人资格的企业技术负责人批准后实施。变更用电组织设计时应补充有关图纸资料。

（2）选择电源

选择临时供电电源，通常有如下几种方案：

① 完全由工地附近的电力系统供电，包括在全面开工之前把永久性供电外线工程做好，设置变电站。

② 工地附近的电力系统能供应一部分，工地尚需要增设临时电站以补充不足。

③ 利用附近的高压电网，申请临时加设配电变压器。

④ 工地处于新开发地区，没有电力系统时，完全由自备临时电站供给。

⑤ 采取何种方案，须根据工程实际，经过分析比较后确定。

⑥ 通常将附近的高压电，经设在工地的变压器降压后，引入工地。

（3）配电线路的布置

配电线路的布置与给水管网相似，也是分为环状、枝状及混合式三种。其优缺点与给水管网相似。工地电网，一般 3～10kV 的高压线路采用环状；380V 或 220V 的低压线采用枝状。

为架设方便，并可保证电线的完整，以便重复使用，建筑工地上一般采用架空线路。在跨越主要道路时则应改用电缆。多数架空线路装设在间距为 25～40m 的木杆上，离道路路面或建筑物的距离不应小于 6m，离铁路轨顶的距离不应小于 7.5m。临时低压电缆埋设于沟中，或者吊在电杆支承的钢索上，这种方式比较经济，但使用时应充分考虑施工的安全。

13.5.2　施工现场临电组织设计内容

施工现场临时用电组织设计应包括下列内容：

（1）工程概况

现场和周围与临电有关的构筑物、道路、水沟情况；甲方提供的施工电源情况，包括电源的电压等级，进线路数和方向，电源变压器容量、台数，电源至工地的距离等。

（2）现场勘测

现场勘测工作包括调查、测绘施工现场的地形、地貌、地质结构，管线和沟道位置，正式工程位置以及周围环境、电源位置，地上与地下管线、用电设备等。

（3）确定线路

通过现场勘测可确定电源进线、变电所、配电室、总配电箱、分配电箱、固定开关箱、物料和器具堆放位置，以及办公、加工与生活设施、消防器材位置和线路走向等。

（4）进行负荷计算

负荷计算主要是根据施工现场用电情况计算用电设备、用电设备组、配电线路，以及作为供电电源的变压器或发电机的计算负荷。负荷计算是选择变压器、配电装置、开关电器和导线、电缆的主要依据。

（5）选择变压器

根据计算所得容量，从变压器产品目录中选择；根据变压器容量与各用电设备组计算负荷的总和比较确定变压器。

（6）设计配电系统

设计配电线路，选择导线或电缆；设计配电装置，选择电器；设计接地装置；绘制临时用电工程图纸，主要包括用电工程总平面图、配电装置布置图、配电系统接线图、接地装置设计图。

（7）设计防雷装置

雷电依据形成和危害方式、过程不同分为直击雷和感应雷。施工现场需要考虑防直击雷的部位主要有：塔式起重机、物料提升机、外用电梯等高大机械设备及钢脚手架、在建工程金属结构等高架设施。施工现场防感应雷的部位主要有：设置现场变电所时的进出线。要对这些设备和场所进行防雷设计。

（8）确定防护措施

确定防护措施包括建立健全电气安全管理岗位规章制度、建立健全电气安全资料、对从事电工作业的人员进行安全技术培训考核等内容。

（9）制订安全用电措施和电气防火措施

制订安全用电措施和电气防火措施包括采用安全电压、保证电气设备的绝缘性能、保证安全距离、装设漏电保护装置、接地、接零保护等内容。

13.5.3　临时用电计算

（1）确定工地用电量

施工现场用电量大体上分为动力用电量和照明用电量两类。在计算用电量时，应考虑以下几点：

① 全工地使用的电力机械设备、工具和照明的用电功率；

② 施工总进度计划中，施工高峰期同时用电数量；

③ 各种电力设备的利用情况。

总用电量可按下列公式计算：

第13章

$$P = (1.05 \sim 1.10) \times \left(K_1 \frac{\sum P_1}{\cos\varphi} + K_2 \sum P_2 + K_3 \sum P_3 + K_4 \sum P_4 \right)$$

式中，P 为供电设备总需要容量，kVA；P_1 为电动机额定功率，kW；P_2 为电焊机额定功率，kW；P_3 为室内照明容量，kW；P_4 为室外照明容量，kW；$\cos\varphi$ 为电动机的平均功率因数（施工现场最高为 0.75～0.78，一般为 0.65～0.75）；K_1、K_2、K_3、K_4 为需要系数，见表 13-9。

单班施工时，最大用电负荷量以动力用电量为准，不考虑照明用电。各类机械设备以及室外照明用电可参考有关定额。

表 13-9　需要系数 K 值

用电名称	数量	需要系数		备注
		K	数值	
电动机	3～10 台	K_1	0.7	如施工中需用电热时,应将其用电量计算进去。为使计算接近实际,式中各项用电根据不同工作性质分别计算
	11～30 台		0.6	
	30 台以上		0.5	
加工厂动力设备	—		0.5	
电焊机	3～10 台	K_2	0.6	
	10 台以上		0.5	
室内照明	—	K_3	0.8	
室外照明	—	K_4	1.0	

（2）确定变压器输出功率

变压器输出功率可由下列公式计算：

$$P = K \frac{\sum P_{max}}{\cos\varphi}$$

式中，P 为变压器输出功率，kW；K 为功率损失系数，取 1.5；$\sum P_{max}$ 为各施工区最大计算负荷，kW；$\cos\varphi$ 为功率因数。

根据计算所得容量，从变压器产品目录中选用略大于该功率的变压器。

（3）确定配电导线截面积

配电导线要正常工作，必须具有足够的力学强度、耐受最大电流通过所产生的热量并且使得电压损失在允许范围内，因此选择配电导线有以下三种方法：

① 按机械强度确定。导线必须具有足够的机械强度以防止受拉或机械损伤而折断。在各种不同敷设方式下，导线按机械强度要求所需的最小截面可参考有关资料。

② 按允许电流强度选择。导线必须能承受负荷电流长时间通过所引起的温度升高。

三相四线制线路上的电流强度可按以下公式计算：

$$I = \frac{P}{\sqrt{3} V \cos\varphi}$$

式中，I 为电流强度，A；P 为功率，W；V 为电压，V；$\cos\varphi$ 为功率因数，临时电网取 0.7～0.75。

二线制线路的电流强度可按以下公式计算：

$$I = \frac{P}{V \cos\varphi}$$

式中，符号意义同上。

③ 按容许电压降确定。导线上引起的电压降必须限制在一定限度内。配电导线的截面计算：

$$S = \frac{\sum PL}{C\varepsilon}$$

式中，S 为导线截面积，mm^2；P 为负荷电功率或线路输送的电功率，kW；L 为送电路的距离，m；C 为系数，视导线材料、送电电压及配电方式而定；ε 为容许的相对电压降（即线路的电压损失百分比），照明电路中容许电压降不应超过 $2.5\% \sim 5\%$，电动机的电压降不超过 $\pm 5\%$。

所选用的导线截面积应同时满足上述三个公式的要求，即以求得的三个截面积中最大者为准，从导线的产品目录中选用线芯。通常先根据负荷电流的大小选择导线截面，然后再以机械强度和允许电压降进行复核。

 在线习题　　　　　　　　　　　　　　　　　　　　　　　　　　

本章习题请扫二维码查看。

第 14 章
施工部署

 学习目标

了解施工部署相关内容；
掌握施工顺序与施工方法确定。

14.1 施工部署概述

施工部署是对项目实施过程做出的统筹规划和全面安排，包括项目施工主要目标、施工顺序及空间组织、施工组织安排等。

（1）施工部署的作用

施工部署是在对拟建工程的工程情况、建设要求、施工条件等进行充分了解的基础上，对项目实施过程涉及的任务、资源、时间、空间做出的统筹规划和全面安排。

施工部署是施工组织设计的纲领性内容，施工进度计划、施工准备与资源配置计划、施工方法、施工现场平面布置和主要施工管理计划等施工组织设计的组成内容都应该围绕施工部署的原则编制。

（2）施工部署的内容

① 工程目标。工程的质量、进度、成本、安全、环保及节能、绿色施工等管理目标。

② 重点和难点分析。包括工程施工的组织管理和施工技术两个方面。

③ 工程管理的组织。包括管理的组织机构，项目经理部的工作岗位设置及其职责划分。岗位设置应和项目规模相匹配，人员组成应具备相应的上岗资格。

项目管理组织机构形式应根据施工项目的规模、复杂程度、专业特点、人员素质和地域范围确定。大中型项目宜设置矩阵式项目管理组织结构，小型项目宜设置线性职能式项目管理组织结构，远离企业管理层的大中型项目宜设置事业部式项目管理组织。

④ 进度安排和空间组织。工程主要施工内容及其进度安排应明确说明，施工顺序应符合工序逻辑关系；施工流水段划分应根据工程特点及工程量进行分阶段合理划分，并应说明划分依据及流水方向，确保均衡流水施工；单位工程施工阶段一般包括地基基础、主体结构、装饰装修和机电设备安装工程。

⑤ "四新"技术。根据现有的施工技术和管理水平，对项目施工中开发和使用的"四新"技术应做出规划并采取可行的技术、管理措施来满足工期和质量等要求。

⑥ 项目管理总体安排。对主要分包工程施工单位的选择要求及管理方式应进行简

要说明。对主要分包项目施工单位的资质和能力应提出明确要求。

施工部署的各项内容，应能综合反映施工阶段的划分与衔接、施工任务的划分与协调、施工进度的安排与资源供应、组织指挥系统与调控机制。

14.2 施工顺序与施工方法的确定

14.2.1 施工顺序

无论是高层混凝土工程，还是多层砖混工程，其一般遵循控制网建立、土石方开挖、基础工程施工、主体工程施工、外墙工程施工、装饰工程施工、市政园林工程施工的施工顺序。这些工程不是结束到开始的关系，是穿插搭接的，甚至有些是颠倒的，如有些工程先打桩、后挖土，也有先挖土、后打桩的工程。

施工顺序的确定原则：工艺合理、保证质量、安全施工、充分利用工作面、缩短工期。一般工程的施工顺序："先准备、后开工""先地下、后地上""先主体、后围护""先结构、后装饰""先土建、后设备"。

(1) 控制网建立

依据建设单位提供的控制点进行该工程的平面位置确定，并对各点进行角度、距离检查、闭合，根据控制点引测多点到本工程附近，再进行各点角度、距离检查、闭合、调整，然后根据引测点来控制建筑物各角点和各轴线。

施工测量前，应收集有关测量资料，熟悉施工设计图纸，明确施工要求，制订施工测量方案。

大中型的施工项目，应先建立场区控制网，再分别建立建筑物施工控制网；小规模或精度高的独立施工项目，可直接布设建筑物施工控制网。

场区控制网，应充分利用勘察阶段的已有平面和高程控制网。原有平面控制网的边长，应投影到测区的主施工高程面上，并进行复测检查。精度满足施工要求时，可作为场区控制网使用。否则，应重新建立场区控制网。

① 场区控制网。

a. 场区平面控制网。场区平面控制网，可根据场区的地形条件和建（构）筑物的布置情况，布设成建筑方格网、导线及导线网、三角形网或 GPS 网等形式。

场区平面控制网，应根据工程规模和工程需要分级布设。对于建筑场地大于 $1km^2$ 的工程项目或重要工业区，应建立一级或一级以上精度等级的平面控制网；对于场地面积小于 $1km^2$ 的工程项目或一般性建筑区，可建立二级精度的平面控制网。

b. 场区高程控制网。场区高程控制网，应布设成闭合环线、附合路线或结点网。大中型施工项目的场区高程测量精度，不应低于三等水准。场区水准点，可单独布设在场地相对稳定的区域，也可设置在平面控制点的标石上。水准点间距宜小于 $1km$，距离建（构）筑物不宜小于 $25m$，距离回填土边线不宜小于 $15m$。

施工中，当少数高程控制点标石不能保存时，应将其高程引测至稳固的建（构）筑物上，引测的精度，不应低于原高程点的精度等级。

② 建筑物施工控制网。

建筑物施工控制网，应根据建筑物的设计形式和特点，布设成十字轴线或矩形控制网。民用建筑物施工控制网也可根据建筑红线定位。

a. 建筑物施工平面控制网。建筑物施工平面控制网是建筑物施工放样的基本控制。建筑物施工平面控制网应根据建筑物的分布、结构、高度、基础埋深和机械设备传动的连接方式、生产工艺的连续程度，分别布设一级或二级控制网。

建筑物施工平面控制网宜布设成矩形，特殊时也可布设成十字形主轴线或平行于建筑物外廓的多边形。

建筑物施工平面控制网分建筑物外部控制网和内部控制网，其中地下施工阶段在建筑物外侧布设点位，主体施工阶段在建筑物内部设置控制点，建立控制网。

b. 建筑物高程控制网。建筑物高程水准点可设置在平面控制网的标桩或外围的固定地物上，也可单独埋设。水准点的个数，不应少于 2 个。当场地高程控制点距离施工建筑物小于 200m 时，可直接利用。

当施工中高程控制点标桩不能保存时，应将其高程引测至稳固的建筑物或构筑物上，引测的精度不应低于四等水准。

高程控制点应选在土质坚实、稳定，便于施测、使用并易于长期保存的地方，若遇基坑时，距基坑边缘不应小于基坑深度的两倍，点位不少于 3 个。

③ 建筑物定位放线和基础施工测量。

建筑物定位放线和基础施工测量的主要内容包括：建筑物定位放线、桩基础施工测量、基坑开挖过程中的放线与抄平、建筑物基础放线、±0.000 以下的测量放线与抄平等。

建筑物定位放线，当以城市测量控制点或场区平面控制点定位时，应选择精度较高的点位和方向为依据；当以建筑红线桩点定位时，应选择沿主要街道且较长的建筑红线边为依据；当以原有建（构）筑物或道路中线定位时，应选择外廓规整且较大的永久性建（构）筑物的长边（或中线）或较长的道路中线为依据。

建筑物定位放线应包括下列工作内容：根据定位依据与定位条件测设建筑物施工平面控制网；在建筑物施工平面控制网的基础上测设建筑物主轴线控制桩；根据主轴线控制桩测设建筑物角桩；根据角桩标定基槽（坑）开挖边界灰线等。

建筑物主轴线控制桩是基槽（坑）开挖后基础放线、首层及地下各层结构放线与竖向控制的基本依据，应在施工现场总平面布置图中标出其位置并采取措施加以妥善保护。

（2）土石方施工

土方开挖的顺序、方法必须与设计工况相一致，并遵循"开槽支撑，先撑后挖，分层开挖，严禁超挖"的原则。

① 测量。在土石方施工前，应具备施工图、工程地质与水文地质、气象、施工测量控制点等资料，查明施工场地影响范围内原有建筑物及地下管线等情况；应对施工场地进行测量复核，平面控制和高程控制网均应符合有关规定和标准；应编制施工专项方案和地下水控制方案，如需要爆破，还需要编制爆破施工方案。

② 排水设施修建。在山坡地区施工时，宜优先按设计要求做好永久性截水沟，或设置临时截水沟，沟壁、沟底应防止渗漏。在平坦或低洼地区施工时，应根据场地的具体情况，在场地周围和需要地段设置临时排水沟或修建挡水堤。

③ 土石方开挖。土方开挖要处于干作业状态。土方开挖应从上至下分层分段依次进行，随时注意控制边坡坡度，并在表面做成一定的流水坡度。当开挖过程中发现土质

弱于设计要求等情况时，要同设计单位进行变更，防止发生滑坡。

石方开挖应根据岩石的类别、风化程度和节理发育程度等确定开挖方式：对软地质岩石和强风化岩石，可以采用机械开挖或人工开挖；对于坚硬岩石宜采取爆破开挖；对开挖区周边有防震要求的建筑结构或设施的地区进行开挖，宜采用机械和人工开挖或爆破施工。

④ 边坡支护。不具备自然放坡条件或有重要建（构）筑物地段的开挖，还要做好边坡支护，并做好变形监测。边坡支护可采取挡土墙支护、排桩支护、锚杆支护、喷锚支护、土钉墙支护等支护方式。

⑤ 降水。如有地下水，可采取明排、截水、回灌等方法降水。地下水位宜保持低于开挖作业面和基坑槽底 500mm。降水结束后应及时拆除降水系统，并进行回填处理。

⑥ 清槽验收。开挖至设计标高后，应对坑底进行保护，经验槽合格后，方可进行垫层施工。对特大型基坑，宜分区分块挖至设计标高，分区分块及时浇筑垫层。必要时，可加强垫层。

（3）地基施工

地基包括灰土地基、砂和砂石地基、土工合成材料地基、粉煤灰地基、强夯地基、注浆地基、预压地基、水泥土搅拌桩复合地基、高压喷射注浆桩复合地基、砂桩地基、振冲桩复合地基、土和灰土挤密桩复合地基、水泥粉煤灰碎石桩复合地基及夯实水泥土桩复合地基等形式。

地基的施工方法包括换填、压实、夯实等多种方法。各方法的施工顺序也是不同的。以压实填土地基为例，填料前，应清除填土层底面以下的耕土、植被或软弱土层等。基槽内压实时，应先压实基槽两边，再压实中间。根据不同的填料，应采取水平分层、分段填筑，并分层压实的方法。

压密注浆地基施工可按下列步骤进行：①钻机与注浆设备就位；②钻孔或采用振动法将金属注浆管压入土层；③当采用钻孔法时，应从钻杆内注入封闭泥浆，然后插入孔径为 50mm 的金属注浆管；④待封闭泥浆凝固后，捅去注浆管的活络堵头，提升注浆管自下而上或自上而下进行注浆。

（4）基础施工

基础有无筋扩展基础、钢筋混凝土扩展基础、桩基础、筏形与箱形基础等。无筋扩展基础和二次结构砌筑是类似的。钢筋混凝土扩展基础和筏形与箱形基础的施工顺序包括放线、支模、绑钢筋、浇混凝土、养护等顺序，和主体结构施工基本类似。

在基础施工中较为特殊的是桩基础施工。按成桩方法，桩有以下分类：

非挤土桩：干作业法钻（挖）孔灌注桩、泥浆护壁法钻（挖）孔灌注桩、套管护壁法钻（挖）孔灌注桩；

部分挤土桩：长螺旋压灌灌注桩、冲孔灌注桩、钻孔挤扩灌注桩、搅拌劲芯桩、预钻孔打入（静压）预制桩、打入（静压）式敞口钢管桩、敞口预应力混凝土空心桩和 H 型钢桩；

挤土桩：沉管灌注桩、沉管夯（挤）扩灌注桩、打入（静压）预制桩、闭口预应力混凝土空心桩和闭口钢管桩。

桩基础施工顺序主要有以灌注桩为代表的成孔、护壁、放钢筋笼、破桩头、桩承台施工顺序，以管桩为代表的定位、打桩、接桩、桩承台施工顺序。以泥浆护壁成孔灌注桩为例，其施工顺序如下。

① 成孔与清孔。测量放线及成孔设备就位后，必须平整、稳固，确保在成孔过程中不会发生倾斜和偏移。应在成孔钻具上设置控制深度的标尺，并应在施工中进行观测记录。成孔时一般要在孔口安置护筒。泥浆护壁成孔灌注桩在清孔过程中，应不断置换泥浆，直至浇筑水下混凝土。

② 安放钢筋笼。搬运和吊装钢筋笼时，应防止变形，安放时应对准孔位，避免碰撞孔壁和自由落下，就位后应立即固定。

③ 混凝土浇筑。钢筋笼吊装完毕后，应安置导管或气泵管二次清孔，并应进行孔位、孔径、垂直度、孔深、沉渣厚度等检验，合格后应立即灌注混凝土。开始灌注混凝土时，导管底部至孔底的距离宜为 300～500mm。导管埋入混凝土深度宜为 2～6m。严禁将导管提出混凝土灌注面，并应控制提拔导管速度。

（5）主体施工

① 模板施工。首先要进行模板加工，模板应按图加工制作。通用性强的模板宜制作成定型模板。竖向模板安装时，应在安装基层面上测量放线，并应采取保证模板位置准确的定位措施。横向模板安装在已经搭好的脚手架上，并穿对拉螺栓。地下室外墙和人防工程墙体的模板对拉螺栓中部应设止水片，止水片应与对拉螺栓环焊。模板安装完成后，应将模板内杂物清除干净。

② 钢筋施工。钢筋施工和模板施工顺序是同步的，其顺序为钢筋下料、画钢筋位置线、运钢筋到使用部位、绑扎钢筋、钢筋接长、放置垫块。

钢筋加工宜在常温状态下进行，宜在专业化加工厂（场）进行。画钢筋位置线时要准确。在搬运钢筋过程中，避免钢筋碰撞。绑扎钢筋时参照相关规范细部构造要求。钢筋接长要注意接长方式与搭接率。放置垫块要注意放置的位置和数量。

③ 混凝土施工。浇筑前应检查混凝土送料单，核对混凝土配合比，确认混凝土强度等级，检查混凝土运输时间，测定混凝土坍落度，必要时还应测定混凝土扩展度，在确认无误后再进行混凝土浇筑。

浇筑混凝土前，应清除模板内或垫层上的杂物。表面干燥的地基、垫层、模板上应洒水湿润；现场环境温度高于 35℃ 时宜对金属模板进行洒水降温；洒水后不得留有积水。

混凝土浇筑的布料点宜接近浇筑位置，宜先浇筑竖向结构构件，后浇筑水平结构构件，浇筑区域结构平面有高差时，宜先浇筑低区部分再浇筑高区部分。混凝土振捣应采用插入式振动棒、平板振动器或附着振动器，必要时可采用人工辅助振捣。

混凝土浇筑后，在混凝土初凝前和终凝前宜分别对混凝土裸露表面进行抹面处理，并及时进行保湿养护，保湿养护可采用洒水、覆盖、喷涂养护剂等方式。

（6）砌筑施工

① 砌筑流程。

a. 设置砌筑控制线。由基准控制线，引出砌筑轴线、边线；在地面上弹出给水管、排水管、弱电管、强电管等线管的定位线。

b. 皮数杆。在墙体转角处立好皮数杆或利用混凝土墙柱做皮数杆，杆上标明块层、灰缝、窗台板、门窗洞口、过梁、圈梁、预制件等的高度及位置。

c. 砌筑。采用干法施工时，因采用专用砌筑砂浆或专用黏结剂，砌块无须浇水预湿。采用湿法施工时，砌筑时需在砌筑面适量浇水以清除浮灰，其中烧结砖要提前淋水湿润，保证砌筑砂浆的强度及砌体的整体性。

② 抹灰流程。

a. 清理基底。将墙面上残留砂浆、污垢、灰尘等清理干净，并用水浇墙，将砖缝中的尘土冲掉同时将墙面湿润。

b. 挂网。在不同材料基体结合处等位置挂加强网。挂网的材料可采用镀锌钢丝网、镀锌钢板网、（涂塑或玻璃）耐碱纤维网格布。

c. 贴灰饼。吊垂直、套方、打灰饼。检查后确定抹灰厚度，并用水泥砂浆做成灰饼，操作时先贴上灰饼再贴下灰饼。有时需要根据灰饼再做冲筋。

d. 抹灰。在墙体湿润的情况下抹底层灰，先刷水泥浆一遍，随刷随抹底层灰。根据需要再抹中层灰、面层砂浆及罩面灰。

(7) 外墙施工

① 真石漆施工。

a. 墙面基层处理。首先对基层进行查看，对表面浮粒、残渣进行铲除，确保表面清洁，无疏松物，不潮湿；对表面细微裂缝、砂眼、阳角碰坏等细小缺陷处进行全方位修复处理。

b. 刮涂防潮腻子两遍。采用防水腻子在抗裂层砂浆上批刮进行找平；施工时，用抹刀将腻子均匀地施涂于基面上，第二道应在第一道完全干固后方可批涂；腻子干固后进行打磨至表面无刮痕、平整为止，并清除浮灰。

c. 滚涂抗碱底漆。基层封底前对门窗、空调支架等金属件部位进行必要的包裹和遮盖，待整体喷涂完成后去除，以防止污染和锈蚀；腻子干透后方可涂刷底漆。

d. 分格缝弹线刷漆。根据要求对墙面进行分格，分格时从整个单体的四周由上而下同时分格，以保证四周相应的灰缝在同一水平线上，所有竖向灰缝相互平行，铅垂，做到灰缝横平竖直。

采用分格缝漆涂刷分格缝，为保证分格缝不出现露底，分格缝漆涂刷宽度可适当比设计宽一点，保证分格缝宽度范围内分格缝漆饱满。

e. 分格缝二次弹线与贴分格缝美纹纸。由于涂刷分格缝漆后，第一次分格缝弹线已被遮掩，为让胶带分格条顺直，需进行二次弹线，只需弹出分格缝一条边线即可。美纹纸粘贴时，与第二次分格缝弹线对齐即可。

f. 喷涂真石漆与打磨。采用喷涂法施工，施工前必须进行试喷，以确定所用喷嘴、工作压力、喷枪移动速度等施工因素，确保施涂质量和效果。喷涂时从上面到下面按顺序施工。

在喷涂防水保护膜之前，需用砂纸磨掉已干透涂层表面的浮砂及砂粒之锐角，增加天然真石漆表面的美感，同时保证防护膜完全覆盖。

g. 撕揭分格美纹纸。胶带撕揭前，需用裁纸刀在胶带纵横交接处，沿平行于水平胶带的方向，将竖向胶带切断，以避免撕揭胶带时真石漆脱落。

胶带撕揭后，对灰缝进行整理和整修，以保证灰缝顺直且宽窄一致，修理时，应避免二次污染。

h. 滚涂防尘罩面漆。在真石面漆施工完毕，涂层表面硬干后才能进行罩面漆喷涂施工；可采用喷涂、滚涂法施工。

② 幕墙施工。

a. 安装预埋板。根据图纸设计的石材分格确定石材主受力点后，进行幕墙预埋板定位弹线（需定位在混凝土上）；在定位弹线好的预埋板位置进行打孔并清孔，安装锚栓，进行预埋板的焊接。

b. 龙骨。先焊接竖向龙骨，焊接完成后对其下部进行防锈处理，防锈处理完后再刷一道铝粉漆；再进行横向龙骨的焊接，进行整体龙骨的除锈，刷防锈漆，待防锈漆干后在其表面刷一道银粉漆。

c. 石材安装、修补、打胶。分配到位的幕墙根据龙骨位置及分格进行施工；施工完成后，进行细部的修补及打胶。

14.2.2 施工方法确定

施工方法的确定原则：遵循先进性、可行性和经济性兼顾的原则。施工方法应结合工程的具体情况和施工工艺、工法等按照施工顺序进行描述。

（1）土石方工程

土石方工程施工方法的确定要考虑土石方工程量、土石方开挖或爆破方法、土石方施工机械、放坡坡度或土壁支撑形式和搭设方法，排水设施设置等因素。

（2）基础工程

浅基础施工方法的选择要考虑垫层、混凝土基础和钢筋混凝土基础施工技术要求，以及地下室的施工技术要求。深基础要考虑具体的基础形式、施工机械等因素。

（3）砌筑工程

砌筑工程方法的选择要考虑砌筑材料、方法和质量要求，弹线及皮数杆的控制要求，以及脚手架搭设方法。

（4）钢筋混凝土工程

钢筋混凝土工程要考虑模板类型及支模方法，钢筋的加工、绑扎、焊接和机械连接方法，选择混凝土的搅拌、运输及浇筑顺序和方法，混凝土搅拌振捣方法，浇筑设备的类型和规格，施工缝的留设位置等因素。

（5）结构安装工程

结构安装工程施工方法的确定要考虑起吊重量，起重机械的位置或开行路线，构件运输及堆放要求等因素。

（6）屋面工程

屋面工程施工方法的确定要考虑各个分项工程施工的操作要求及屋面材料的运输方式等因素。

（7）装饰工程

装饰工程施工方法的确定要考虑装饰各分部工程的操作要求和方法以及材料运输方式和存储要求等因素。

（8）专项工程

专项工程，如脚手架工程、临时用水用电工程、季节性施工等专项工程施工方法的确定要考虑该专项工程所处的具体环境及技术要求等因素。

14.2.3 施工案例

某工程施工过程案例请扫二维码查看。

某工程施工过程案例

14.3　"四新"技术应用案例

"四新"技术
应用案例

先进的施工技术、施工工艺、新型材料和新机具（"四新"技术）的使用和技术创新，是优质高效地完成工程任务，创造过程精品、保证工程质量，加快工程进度、缩短施工周期，极其有效地降低工程造价，完全实现建筑物设计风格和使用功能的关键所在。

住房和城乡建设部发布的《建筑业 10 项新技术（2017 版）》，分别为地基基础和地下空间工程技术，钢筋与混凝土技术，模板脚手架技术，装配式混凝土结构技术，钢结构技术，机电安装工程技术，绿色施工技术，防水技术与围护结构节能，抗震、加固与监测技术，信息化技术。

"四新"技术应用案例请扫二维码查看。

 在线习题

本章习题请扫二维码查看。

第 15 章
施工进度控制

 学习目标

了解进度控制目标体系；
掌握进度控制方法；
了解进度检查与调整。

15.1 进度控制目标

15.1.1 进度控制的内涵

建设工程进度控制是指对工程项目建设各阶段的工作内容、工作程序、持续时间和衔接关系根据进度总目标及资源优化配置的原则编制计划并付诸实施，然后在进度计划的实施过程中经常检查实际进度是否按计划要求进行，对出现的偏差情况进行分析，采取补救措施或调整、修改原计划后再付诸实施，如此循环，直到建设工程竣工验收交付使用。建设工程进度控制的最终目的是确保建设项目按预定的时间交付使用或提前交付使用，建设工程进度控制的总目标是建设工期。工期和进度是两个既互相联系，又有区别的概念。由工期计划可以得到各项工期的各个时间参数，当然就反映工程的进展状况。工期常常作为进度的一个指标，它在表示进度计划及其完成情况时有重要作用，所以进度控制首先表现为工期控制，有效的工期控制才能达到有效的进度控制，但仅用工期表达进度是不完全的，会产生误导。

15.1.2 进度控制目标体系

为了有效地控制施工进度，首先要将施工进度总目标从不同角度进行层层分解，形成施工进度控制目标体系，从而作为实施进度控制的依据。建设工程施工进度控制目标体系如图 15-1 所示。

从图 15-1 可以看出，建设工程不但要有项目建成交付使用的确切日期这个总目标，还要有各单位工程交工动用的分目标以及按承包单位、施工阶段和不同计划周期划分的分目标。各目标之间相互联系，共同构成建设工程施工进度控制目标体系。其中，下级目标受上级目标的制约，同时下级目标保证上级目标的实现，最终保证施工进度总目标的实现。

（1）按项目组成分解，确定各单位工程开工及使用日期

各单位工程的进度目标在工程项目建设总进度计划及建设工程年度计划中都有体

现。在施工阶段应进一步明确各单位工程的开工和交工使用日期，以确保施工总进度目标的实现。

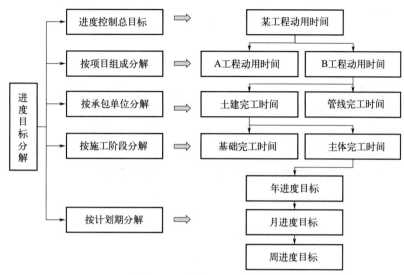

图 15-1　建设项目目标分解

（2）按承包单位分解，明确分工条件和承包责任

在一个单位工程中有多个承包单位参加施工时，应按承包单位将单位工程的进度目标分解，确定出各分包单位的进度目标，列入分包合同，以便落实分包责任，并根据各专业工程交叉施工方案和前后衔接条件，明确不同承包单位工作面交接的条件和时间。

（3）按施工阶段分解，划定进度控制分界点

根据工程项目的特点，应将其施工过程分成几个阶段，如土建工程可分为基础、结构和内外装修阶段。每一阶段的起止时间都要有明确的标志，特别是不同单位承包的不同施工段之间，更要明确划定时间分界点，以此作为形象进度的控制标志，从而使单位工程动用目标具体化。

（4）按计划期分解，组织综合施工

将工程项目的施工进度控制目标按年度、季度、月（或旬）进行分解，并用实物工程量、货币工作量及形象进度表示，将更有利于综合施工的进度要求。

同时，还可以据此监督其实施，检查其完成情况。计划期愈短，进度目标愈细，进度跟踪就愈及时，发生进度偏差时也就更能有效地采取措施予以纠正。这样，就形成一个有计划、有步骤的协调施工，长期目标对短期目标自上而下逐级控制，短期目标对长期目标自下而上逐级保证，逐步趋近进度总目标的局面，最终达到工程项目按期竣工交付使用的目的。

15.1.3　进度控制目标确定

为了提高进度计划的预见性和进度控制的主动性，在确定施工进度控制目标时，必须全面、细致地分析与建设工程进度有关的各种有利因素和不利因素。只有这样，才能制订出一个科学、合理的进度控制目标。确定施工进度控制目标的主要依据有：建设工程总进度目标对施工工期的要求；工期定额、类似工程项目的实际进度；工程难易程度和工程条件的落实情况等。在确定施工进度分解目标时，还要考虑以下各个方面：

①　对于大型建设工程项目，应根据尽早提供可使用单元的原则，集中力量分期分批建设，以便尽早投入使用。这时，为保证每一使用单元能形成完整的生产能力，就要考虑这些使用单元交付使用时所必需的全部配套项目。因此，要处理好前期使用和后期建设的关系、每期工程中主体工程与辅助及附属工程之间的关系等。

②　合理安排土建与设备的综合施工。要按照它们各自的特点，合理安排土建施工与设备基础、设备安装的先后顺序及搭接、交叉或平行作业，明确设备工程对土建工程的要求和土建工程为设备工程提供施工条件的内容及时间。

③　结合工程的特点，参考同类建设工程的经验来确定施工进度目标。避免只按主观愿望盲目确定进度目标，从而在实施过程中造成进度失控。

④　做好资金供应能力、施工力量配备、物资供应能力与施工进度的平衡工作，确保工程进度目标的要求而不使其落空。

⑤　考虑外部协作条件的配合情况。包括施工过程中及项目竣工交付使用所需的水、电、气、通信、道路及其他社会服务项目的满足程序和满足时间。它们必须与有关项目的进度目标相协调。

⑥　考虑工程项目所在地区地形、地质、水文、气象等方面的限制条件。

总之，要想对工程项目的施工进度实施控制，就必须有明确、合理的进度目标，否则控制便失去了意义。

15.2　进度控制方法

常用的进度比较方法有横道图、S曲线、香蕉曲线、前锋线和列表比较法。

15.2.1　横道图比较法

横道图比较法是指将项目实施过程中检查实际进度收集到的数据，经加工整理后直接用横道线平行绘于原计划的横道线处，进行实际进度与计划进度比较的方法。采用横道图比较法，可以形象、直观地反映实际进度与计划进度的对比情况。例如某工程项目基础工程的计划进度和截至第8周末的实际进度如图15-2所示，其中双线条表示该工程计划进度，粗实线表示实际进度。从图中实际进度与计划进度的比较可以看出，到第8周末进行实际进度检查时，挖土方和做垫层两项工作已经完成；支模板按计划完成；绑扎钢筋按计划应该完成40%，而实际只完成20%，任务量拖欠20%。根据各项工作的进度偏差，可以采取相应的纠偏措施对进度计划进行调整，以确保该工程按期完成。

15.2.2　S曲线比较法

S曲线比较法是以横坐标表示时间，纵坐标表示累计完成任务量，绘制一条按计划时间累计完成任务量的S曲线，然后将工程项目实施过程中各检查时间实际累计完成任务量的S曲线也绘制在同一坐标系中，进行实际进度与计划进度比较的一种方法。从整个工程项目实际进展全过程看，单位时间投入的资源量一般是开始和结束时较少，中间阶段较多。与其相对应，单位时间完成的任务量也呈同样的变化规律，如图15-3所示，随工程进展累计完成的任务量则应呈S形变化。因其形似英文字母"S"，得名S曲线。

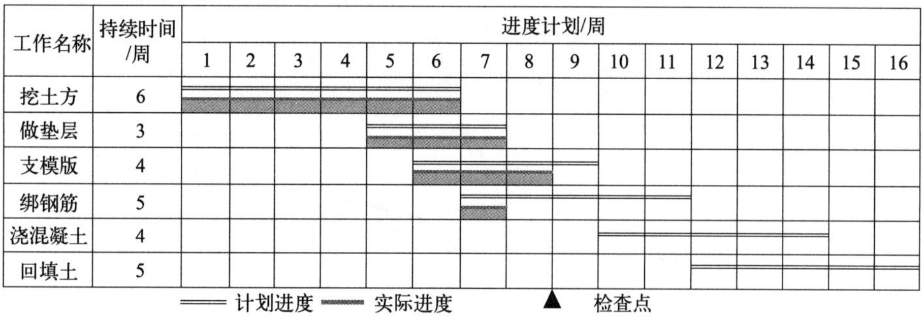

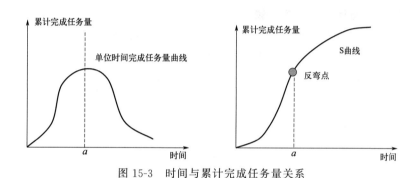

图 15-2　横道图比较法

图 15-3　时间与累计完成任务量关系

（1）S 曲线的绘制方法

下面以一简例说明 S 曲线的绘制方法。

【例 15-1】　某混凝土工程的浇筑总量为 $2100\mathrm{m}^3$，按照施工方案，计划 9 个月完成，每月计划完成的混凝土浇筑量如图 15-4 所示，试绘制该混凝土工程的计划 S 曲线。

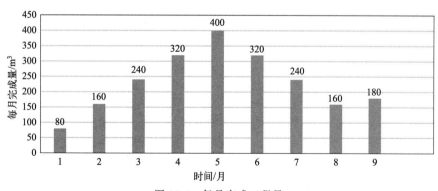

图 15-4　每月完成工程量

【解】　根据已知条件确定单位时间计划完成任务量。在本例中，将每月计划完成混凝土浇筑量列于表 15-1 中。

表 15-1　完成工程量汇总

时间/月	1	2	3	4	5	6	7	8	9
每月完成量/m^3	80	160	240	320	400	320	240	160	180
累计完成量/m^3	80	240	480	800	1200	1520	1760	1920	2100

计算不同时间累计完成任务量。在本例中，依次计算每月计划累计完成的混凝土浇筑量，结果列于表 15-1 中。根据累计完成任务量绘制 S 曲线。在本例中，根据每月计划累计完成混凝土浇筑量而绘制的 S 曲线如图 15-5 所示。

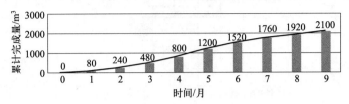

图 15-5　累计完成混凝土浇筑量 S 曲线图

（2）实际进度与计划进度的比较

同横道图比较法一样，S 曲线比较法也是在图上进行工程项目实际进度与计划进度的直观比较。在工程项目实施过程中，按照规定时间将检查收集到的实际累计完成任务量绘制在原计划 S 曲线图上，即可得到实际进度 S 曲线，如图 15-6 所示。通过比较实际进度 S 曲线和计划进度 S 曲线，可以获得如下信息：

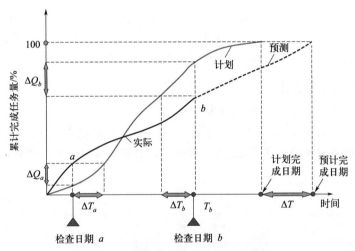

图 15-6　实际进度与计划进度 S 曲线对比

工程项目实际进展状况：如果工程实际进展点落在计划 S 曲线左侧，表明此时实际进度比计划进度超前，如图 15-6 的 a 点；如果工程实际进展点落在计划 S 曲线右侧，表明此时实际进度拖后，如图中的 b 点；如果工程实际进展点正好落在计划 S 曲线上，则表示此时实际进度与计划进度一致。

工程项目实际进度超前或拖后的时间：在 S 曲线比较图中可以直接读出实际进度比计划进度超前或拖后的时间。如图 15-6 所示，ΔT_a 表示 T_a 时刻实际进度超前的时间；ΔT_b 表示 T_b 时刻实际进度拖后的时间。

工程项目实际超额或拖欠的任务量：在 S 曲线比较图中可直接读出实际进度比计划进度超额或拖欠的任务量。如图 15-6 所示，ΔQ_a 表示 T_a 时刻超额完成的任务量，ΔQ_b 表示 T_b 时刻拖欠的任务量。

后期工程进度预测：如果后期工程按原计划速度进行，则可做出后期工程计划 S 曲线如图 15-6 中虚线所示，从而可以确定工期拖延预测值 ΔT。

15.2.3　香蕉曲线比较法

香蕉曲线是由两条 S 曲线组合而成的闭合曲线。由 S 曲线比较法可知，工程项目累计完成的任务量与计划时间的关系，可以用一条 S 曲线表示。对于一个工程项目的网络计划来说，如果以其中各项工作的最早开始时间安排进度而绘制 S 曲线，称为 ES 曲线；如果以其中各项工作的最迟开始时间安排进度而绘制 S 曲线，称为 LS 曲线。两条 S 曲线具有相同的起点和终点，因此两条曲线是闭合的。

在一般情况下，ES 曲线上的其余各点均落在 LS 曲线上相应点的左侧。由于该闭合曲线形似"香蕉"，故称为香蕉曲线，如图 15-7 所示。

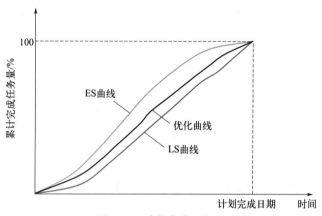

图 15-7　香蕉曲线比较法

（1）香蕉曲线比较法的作用

香蕉曲线比较法能直观地反映工程项目的实际进展情况，并可以获得比 S 曲线更多的信息。其主要作用有：

① 合理安排工程项目进度计划。如果工程项目中的各项工作均按其最早开始时间安排进度，将导致项目的投资加大；而如果各项工作都按其最迟开始时间安排进度，则一旦受到进度影响因素的干扰，又将导致工期拖延，使工程进度风险加大。因此，一个科学合理的进度计划优化曲线应处于香蕉曲线所包络的区域之内，如图 15-7 中的优化曲线所示。

② 定期比较工程项目的实际进度与计划进度。在工程项目的实施过程中，根据每次检查收集到的实际完成任务量，绘制出实际进度曲线，便可以与计划进度进行比较。工程项目实施进度的理想状态是任一时刻工程实际进展点应落在香蕉曲线图的范围之内。如果工程实际进展点落在 ES 曲线的左侧，表明此刻实际进度比各项工作按其最早开始时间安排的计划进度超前；如果工程实际进展点落在 LS 曲线的右侧，则表明此刻实际进度比各项工作按其最迟开始时间安排的进度拖后。

③ 预测后期工程进展趋势。利用香蕉曲线可以对后期工程的进展情况进行预测。例如在图 15-8 中，该工程项目在检查日期的实际进度超前。检查日期之后的后期工程进度安排如图中虚线所示，预计该工程项目将提前完成。

（2）香蕉曲线的绘制方法

香蕉曲线的绘制方法与 S 曲线的绘制方法基本相同，不同之处在于香蕉曲线是以工

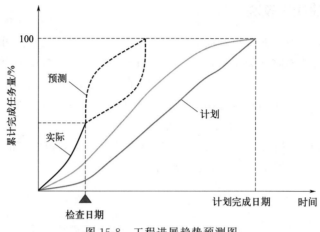

图 15-8　工程进展趋势预测图

作按最早开始时间安排进度和按最迟开始时间安排进度分别绘制的两条 S 曲线组合而成。其绘制步骤如下：

① 以工程项目的网络计划为基础，计算各项工作的最早开始时间和最迟开始时间。

② 确定各项工作在各单位时间的计划完成任务量，分别按以下两种情况考虑。根据各项工作按最早开始时间安排的进度计划，确定各项工作在各单位时间的计划完成任务量。根据各项工作按最迟开始时间安排的进度计划，确定各项工作在各单位时间的计划完成任务量。

③ 计算工程项目总任务量，即对所有工作在各单位时间计划完成的任务量累加求和。

④ 分别根据各项工作按最早开始时间、最迟开始时间安排的进度计划，确定工程项目在各单位时间计划完成的任务量，即将各项工作在某一单位时间内计划完成的任务量求和。

⑤ 分别根据各项工作按最早开始时间、最迟开始时间安排的进度计划，确定不同时间累计完成的任务量或任务量的百分比。

⑥ 绘制香蕉曲线。分别根据各项工作按最早开始时间、最迟开始时间安排的进度计划而确定的累计完成任务量或任务量的百分比描绘各点，并连接各点得到 ES 曲线和 LS 曲线，由 ES 曲线和 LS 曲线组成香蕉曲线。

在工程项目实施过程中，根据检查得到的实际累计完成任务量，按同样的方法在原计划香蕉曲线图上绘出实际进度曲线，便可以进行实际进度与计划进度的比较。

【例 15-2】　某工程项目网络计划如图 15-9 所示，图中箭线上方括号内数字表示各项工作计划完成的任务量，以劳动消耗量表示；箭线下方数字表示各项工作的持续时间（周），试绘制香蕉曲线。

【解】　假设各项工作均为匀速进展，即各项工作每周的劳动消耗量相等。

确定各项工作每周的劳动消耗量：

工作 A：30/3＝10；工作 B：60/5＝12；

工作 C：54/3＝18；工作 D：51/3＝17；

工作 E：26/2＝13；工作 F：60/4＝15；工作 G：40/2＝20。

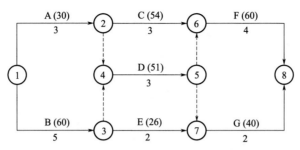

图 15-9　某工程项目网络计划

计算工程项目劳动消耗总量 Q：

$$Q=30+60+54+51+26+60+40=321$$

根据各项工作按最早开始时间安排的进度计划，确定工程项目每周计划劳动消耗量及累计劳动消耗量，如图 15-10 所示。

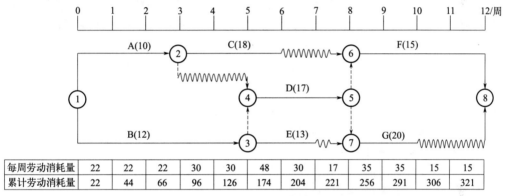

每周劳动消耗量	22	22	22	30	30	48	30	17	35	35	15	15
累计劳动消耗量	22	44	66	96	126	174	204	221	256	291	306	321

图 15-10　按工作最早开始时间编制的进度计划与劳动消耗量

根据各项工作按最迟开始时间安排的进度计划，确定工程项目每周计划劳动消耗量及各周累计劳动消耗量，如图 15-11 所示。

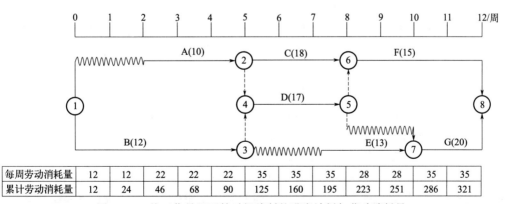

每周劳动消耗量	12	12	22	22	22	35	35	35	28	28	35	35
累计劳动消耗量	12	24	46	68	90	125	160	195	223	251	286	321

图 15-11　按工作最迟开始时间编制的进度计划与劳动消耗量

根据不同的累计劳动消耗量分别绘制 ES 曲线和 LS 曲线，便得到香蕉曲线，如图 15-12 所示。

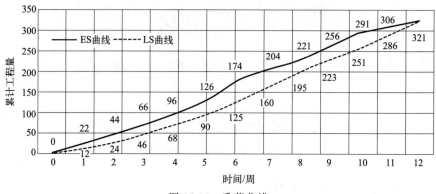

图 15-12　香蕉曲线

15.2.4　前锋线比较法

前锋线比较法是通过绘制某检查时刻工程实际进度的前锋线，进行工程实际进度与计划进度比较的方法，它主要适用于时标网络计划。所谓前锋线，是指在原时标网络计划上，从检查时刻的时标点出发，用点划线依次将各项工作实际进展位置点连接而成的折线。前锋线比较法是通过实际进度前锋线与原进度计划中各工作箭线交点的位置来判断工作实际进度与计划进度的偏差，进而判定该偏差对后续工作及总工期影响程度的一种方法。

采用前锋线比较法进行实际进度与计划进度的比较，其步骤如下：

（1）绘制时标网络计划图

工程项目实际进度前锋线是在时标网络计划图上标示，为清楚起见，可在时标网络计划图的上方和下方各设一时间坐标。

（2）绘制实际进度前锋线

一般从时标网络计划图上方时间坐标的检查日期开始绘制，依次连接相邻工作的实际进展位置点，最后与时标网络计划图下方坐标的检查日期相连接。

工作实际进展位置点的标定方法有两种：

① 按该工作已完成任务量比例进行标定。假设工程项目中各项工作均为匀速进展，根据实际进度检查时刻该工作已完成任务量占其计划完成总任务量的比例，在工作箭线上从左至右按相同的比例标定其实际进展位置点。

② 按尚需作业时间进行标定。当某些工作的持续时间难以按实物工程量来计算而只能凭经验估算时，可以先估算出检查时刻到该工作全部完成尚需作业的时间，然后在该工作箭线上从右向左逆向标定其实际进展位置点。

（3）进行实际进度与计划进度的比较

前锋线可以直观地反映出检查日期有关工作的实际进度与计划进度之间的关系。对某项工作来说，其实际进度与计划进度之间的关系可能存在以下三种情况：工作实际进展位置点落在检查日期的左侧，表明该工作实际进度拖后，拖后的时间为二者之差；工作实际进展位置点与检查日期重合，表明该工作实际进度与计划进度一致；工作实际进展位置点落在检查日期的右侧，表明该工作实际进度超前，超前的时间为二者之差。

（4）预测进度偏差对后续工作及总工期的影响

通过实际进度与计划进度的比较确定进度偏差后，还可根据工作的自由时差和总时差预测该进度偏差对后续工作及项目总工期的影响。由此可见，前锋线比较法既适用于工作实际进度与计划进度之间的局部比较，又可用来分析和预测工程项目整体进度状况。以上比较是针对匀速进展的工作。对于非匀速进展的工作，比较方法较复杂。

【例 15-3】　某工程项目时标网络计划如图 15-13 所示。该计划执行到第 7 周末检查实际进度时，发现工作 A 和 B 已经全部完成，工作 D、E 分别完成计划任务量的 40% 和 50%，工作 C 尚需 3 周完成，试用前锋线法进行实际进度与计划进度的比较。

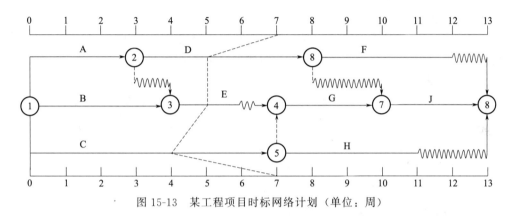

图 15-13　某工程项目时标网络计划（单位：周）

【解】　工作 D 实际进度拖后 3 周，将使其后续工作 F 的最早开始时间推迟 3 周，并使总工期延长 2 周；工作 E 实际进度拖后 1 周，既不影响总工期，也不影响其后续工作的正常进行；工作 C 实际进度拖后 3 周，将使其后续工作 G、H、J 的最早开始时间推迟 3 周。由于工作 G、J 开始时间的推迟，从而使总工期延长 3 周。综上所述，如果不采取措施加快进度，该工程项目的总工期将延长 3 周。

15.3　进度计划检查与调整

15.3.1　影响施工进度的因素

为了对建设工程施工进度进行有效的控制，必须在施工进度计划实施之前对影响建设工程施工进度的因素进行分析，进而提出保证施工进度计划实施成功的措施，以实现对建设工程施工进度的主动控制。影响建设工程施工进度的因素有很多，主要有以下几个方面：

（1）工程建设相关单位的影响

影响建设工程施工进度的单位不只是施工承包单位。事实上，只要是与工程建设有关的单位，如政府部门、业主、设计单位、物资供应单位、资金贷款单位，以及运输、通信、供电部门等，其工作进度的拖后必将对施工进度产生影响。对于那些无法进行协调控制的进度关系，在进度计划的安排中应留有足够的机动时间。

（2）物资供应进度的影响

施工过程中需要的材料、构配件、机具和设备等如果不能按期运抵施工现场，或者是运到施工现场后发现其质量不符合有关标准的要求，都会对施工进度产生影响。

（3）资金的影响

工程施工的顺利进行必须有足够的资金作为保障。一般来说，资金的影响主要来自业主或者是由于没有及时给足工程预付款，或者是由于拖欠了工程进度款，这些都会影响承包单位流动资金的周转，进而影响施工进度。

（4）设计变更的影响

在施工过程中出现设计变更是难免的，一般是由于原设计有问题需要修改，或者是由于业主提出了新的要求。

（5）施工条件的影响

在施工过程中一旦遇到气候、水文、地质及周围环境等方面的不利因素，必然会影响施工进度。此时，承包单位应利用自身的技术组织能力予以克服。

（6）各种风险因素的影响

风险因素包括政治、经济、技术及自然等方面的各种可预见或不可预见的因素。政治方面的有拒付债务、制裁等；经济方面的有延迟付款、汇率浮动、换汇控制、通货膨胀、分包单位违约等；技术方面的有工程事故、试验失败、标准变化等；自然方面的有地震、洪水等。必须对各种风险因素进行分析，提出控制风险、减少风险损失及减小对施工进度影响的措施，并对发生的风险事件给予恰当的处理。

（7）承包单位自身管理水平的影响

施工现场的情况千变万化，如果承包单位的施工方案不当、计划不周、管理不善、解决问题不及时等，都会影响建设工程的施工进度。承包单位应总结吸取教训，及时改进。

15.3.2　施工进度的动态检查

在施工进度计划的实施过程中，由于各种因素的影响，常常会打乱原始计划的安排而出现进度偏差。因此，必须对施工进度计划的执行情况进行动态检查，并分析进度偏差产生的原因，以便为施工进度计划的调整提供必要的信息。

施工进度检查的主要方法是对比法，即利用一定方法将经过整理的实际进度数据与计划进度数据进行比较，从中发现是否出现进度偏差以及进度偏差的大小。通过检查分析，如果进度偏差比较小，应在分析其产生原因的基础上采取有效措施，解决矛盾，排除障碍，继续执行原进度计划。如果经过努力，确实不能按原计划实现时，再考虑对原计划进行必要的调整，即适当延长工期，或改变施工速度。计划的调整一般是不可避免的，但应当慎重，尽量减少计划性的调整。

15.3.3　施工进度计划的调整

通过检查分析，如果发现原有进度计划已不能适应实际情况时，为了确保进度控制目标的实现或需要确定新的计划目标，就必须对原有进度计划进行调整，以形成新的进度计划，作为进度控制的新依据。施工进度计划的调整方法主要有两种：一是通过缩短某些工作的持续时间来缩短工期；二是通过改变某些工作间的逻辑关系来缩短工期。在实际工作中应根据具体情况选用上述方法进行进度计划的调整。

（1）缩短某些工作的持续时间

这种方法的特点是不改变工作之间的先后顺序关系，通过缩短网络计划中关键线路上工作的持续时间来缩短工期。这时，通常需要采取一定的组织、技术、经济等措施来达到目的。

（2）改变某些工作间的逻辑关系

这种方法的特点是不改变工作的持续时间，而只改变工作的开始时间和完成时间。对于大型建设工程，由于其单位工程较多且相互间的制约比较小，可调整的幅度比较大，所以容易采用平行作业的方法来调整施工进度计划。而对于单位工程项目，由于受工作之间工艺关系的限制，可调整的幅度比较小，所以通常采用搭接作业的方法来调整施工进度计划。但不管是搭接作业还是平行作业，建设工程在单位时间内的资源需求量都将会增加。除了分别采用上述两种方法来缩短工期外，有时由于工期拖延得太多，当采用某种方法进行调整，其可调整的幅度又受到限制时，还可以同时利用这两种方法对同一施工进度计划进行调整，以满足工期目标的要求。

 在线习题

本章习题请扫二维码查看。

第 16 章　施工组织实验

　学习目标

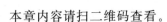

了解进度实验的操作方法;
了解施工场地布置实验的操作方法;
了解施工工艺模拟实验的操作方法。

本章内容请扫二维码查看。

施工组织实验

参考文献

[1] 成虎，李洁，杨高升，等. 工程管理设计原理与实务 [M]. 北京：中国建筑工业出版社，2023.

[2] 鲁贵卿. 工程人文实论 [M]. 北京：清华大学出版社，2014.

[3] GB/T 50502—2009. 建筑施工组织设计规范.

[4] 张华明，杨正凯. 建筑施工组织 [M]. 2版. 北京：中国电力出版社，2013.

[5] 全国注册咨询工程师（投资）资格考试参考教材编写委员会. 工程咨询概论（2012年版）[M]. 北京：中国计划出版社，2011.

[6] TY 01—89—2016. 建筑安装工程工期定额.

[7] 孙锡衡，程铁信. 全国统一建筑安装工程工期定额计算方法与使用 [M]. 北京：中国计划出版社，2001.

[8] 建标 186—2017. 食品检验检测中心（院、所）建设标准.

[9] 建标 192—2018. 中等职业学校建设标准.

[10] 余群舟，宋协清. 建筑工程施工组织与管理 [M]. 2版. 北京：北京大学出版社，2012.

[11] 中国建设监理协会. 建设工程进度控制（2023年版）[M]. 北京：中国建筑工业出版社，2023.

[12] 成虎. 工程项目管理 [M]. 北京：高等教育出版社，2010.

[13] JGJ/T 121—2015. 工程网络计划技术规程.

[14] 丛培经. 建设工程施工网络计划技术 [M]. 北京：中国电力出版社，2011.

[15] GB/T 13400.3—2009. 网络计划技术 第3部分：在项目管理中应用的一般程序.

[16] 中国建设监理协会. 建设工程进度控制（2014年版）[M]. 北京：中国建筑工业出版社，2014.

[17] 王艳艳，黄伟典. 工程招投标与合同管理 [M]. 4版. 北京：中国建筑工业出版社，2023.

[18] JGJ 250—2011. 建筑与市政工程施工现场专业人员职业标准.

[19] 《建筑施工手册》（第五版）编委会. 建筑施工手册 [M]. 5版. 北京：中国建筑工业出版社，2012.

[20] 桑培东，杨杰. 建筑企业经营管理 [M]. 北京：中国电力出版社，2014.

[21] 全国一级建造师执业资格考试用书编写委员会. 建筑工程管理与实务（2015年版）[M]. 北京：中国建筑工业出版社，2015.

[22] 全国一级建造师执业资格考试用书编写委员会. 建筑工程管理与实务（2023年版）[M]. 北京：中国建筑工业出版社，2023.

[23] 刘刚，张利. 承包商项目管理中项目策划的分析 [J]. 建筑经济，2003（6）：39-40.

[24] 刘品品. 多台塔机布置方案的施工成本研究 [D]. 济南：山东建筑大学，2016.

[25] 祝兰兰. 群塔作业技术在工程项目中的应用 [J]. 建筑科技，2019，3（3）：65-67，83.

[26] 高振铎. 土木工程施工机械实用手册 [M]. 济南：山东科学技术出版社，2004.

[27] JGJ/T 10—2011. 混凝土泵送施工技术规程.

[28] 令狐延，孙晖，李杰. 超高层建筑施工电梯关键技术研究与应用 [J]. 施工技术，2016，45（1）：4-9.

[29] GB 50720—2011. 建设工程施工现场消防安全技术规范.

[30] JGJ 59—2011. 建筑施工安全检查标准.

[31] GB 5144—2006. 塔式起重机安全规程.

[32] JGJ 46—2005. 施工现场临时用电安全技术规范.

[33] GB 50194—2014. 建设工程施工现场供用电安全规范.

[34] JGJ 33—2012. 建筑机械使用安全技术规程.

[35] JGJ 146—2013. 建设工程施工现场环境与卫生标准.

[36] JGJ 80—2016. 建筑施工高处作业安全技术规范.

[37] JGJ 130—2011. 建筑施工扣件式钢管脚手架安全技术规范.

[38] GB 50140—2005. 建筑灭火器配置设计规范.

[39] 中建《建筑工程施工BIM应用指南》编委会. 建筑工程施工BIM应用指南 [M]. 北京：中国建筑工业出版社，2014.

[40] 许佳华. 水暖工程常用公式与数据速查手册 [M]. 北京：知识产权出版社，2015.

[41] GB 50015—2019.建筑给水排水设计标准.

[42] GB 50026—2020.工程测量标准.

[43] DB11/T 446—2015.建筑施工测量技术规程.

[44] GB 50201—2012.土方与爆破工程施工及验收规范.

[45] GB 50202—2018.建筑地基基础工程施工质量验收标准.

[46] JGJ 79—2012.建筑地基处理技术规范.

[47] JGJ 94—2008.建筑桩基技术规范.

[48] GB 51004—2015.建筑地基基础工程施工规范.

[49] GB 50666—2011.混凝土结构工程施工规范.

[50] 全国二级建造师执业资格考试用书编写委员会.建筑工程管理与实务（2014年版）[M].北京：中国建筑工业出版社，2014.